劣化混凝土结构的管理

Management of Deteriorating Concrete Structures

[英] 乔治·萨默维尔 著
贡金鑫 何化南 译
商怀帅 校

中国建筑工业出版社

著作权合同登记图字：01－2012－0762号
图书在版编目（CIP）数据

劣化混凝土结构的管理/（英）萨默维尔著；贡金鑫，何化南译．—北京：中国建筑工业出版社，2012.7
ISBN 978－7－112－14322－1

Ⅰ.①劣… Ⅱ.①萨…②贡…③何… Ⅲ.①劣化—混凝土结构—技术管理 Ⅳ.①TU37

中国版本图书馆CIP数据核字（2012）第100826号

本书由乔治·萨默维尔（George Somerville）著，介绍了关于混凝土劣化的原理、劣化的机制及诊断、结构评估、结构修复及改造等方面的内容。本书集中了西班牙、瑞典和英国的科学家、工程师、研究人员和承包商在过去十年的工作经验，着重指明了劣化混凝土结构的整体管理方式，以一种新的角度，给结构加固改造技术人员以指导，希望帮助他们来理解业主的真实需要，以及如何来满足业主的这种需要。

本书可供政府部门、设计单位、检测机构等与既有建筑管理、检测、改造工作相关的单位及人员参考。

责任编辑：郦锁林　董苏华　万　李
责任设计：赵明霞
责任校对：姜小莲　王雪竹

劣化混凝土结构的管理
[英] 乔治·萨默维尔　著
贡金鑫　何化南　译
商怀帅　校
*
中国建筑工业出版社出版、发行（北京西郊百万庄）
各地新华书店、建筑书店经销
华鲁印联（北京）科贸有限公司制版
北京凌奇印刷有限责任公司印刷
*
开本：787×1092毫米　1/16　印张：14　字数：343千字
2012年8月第一版　2012年8月第一次印刷
定价：46.00元
ISBN 978－7－112－14322－1
(22401)

目　录

前　言

编写本书的灵感来自作者曾在10年间参与的3个欧洲委员会基金项目，项目的内容全部与劣化混凝土结构的耐久性、评估、修补和管理有关。这3个项目的缩写分别为BRITE 4062、CONTECVET和REHABCON，在本书中均有提及。BRITE 4062涉及的内容是有关劣化原理方面的，CONTECVET论述了劣化影响的评估，REHABCON论及的是新信息怎样符合现有资产管理系统。随着工作的开展，队伍不断壮大，合作伙伴为来自西班牙、瑞典和英国的科学家、工程师、研究人员和承包商。当然，这10年的合作还带来了意想不到的好处，那就是使技术专家正确理解了业主的真实需要以及满足这些需要的方式。

本书首次使用了“逐层评估”的概念。应用此概念的方法既简单又贴近实际，与大多数评估所使用的信息的数量和质量相对应。此方法本质上是确定性的，为考虑劣化，本书对设计公式进行了修改并引入了最近相关的研究结果。业主们对此方法都很重视，因为此方法提供了当前和未来状况与初始设计状况的直接比较。

在过去几年中，相继出现了不同的资产管理系统以满足不同国家、不同结构类型的需要，而这些系统一般都是孤立的，很少有技术转移，本书对此列举了一些实例。这些系统的迅速发展促使了更为精确的计算机管理系统的诞生，从而可从更准确的测量技术中获得输入信息。同时，劣化学科的研究已从过去了解基本机理发展为正确评价这些机制对结构性能的影响方面，在这里，基本趋势是以可靠度理论和概率方法为基础的首要原则。尽管这是可接受和可控制的，但仍然存在缺乏足够实际资料的问题，因为劣化对所有主要作用影响的真实评价只能来自物理试验。简言之，研究成果尚未达到满足业主进行管理真实需要的理想形式，管理方面是指可确定是否有必要采取补救措施，如果有必要，最好的选择是什么样的。修复和补救措施的范围很广，有多种方案可供选择，因此选择也是一个问题。不过，目前有一种更加科学的方法可用来评估各种修补方案，使这种情况正在逐步好转。本书重点放在欧洲标准EN 1504的方法和有关现场补救措施性能的反馈上。

总之，我们需要填补上述空白并使整个资产管理过程在有效性和实际水平上一体化。本书开辟了未来发展的道路，所涉及课题的范围很宽，重点放在原则和方法上，在某些细节方面涉及一些已经发布的指南。

乔治·萨默维尔（George Somerville）

于旧温莎，伯克郡

2007年5月

致　谢

出版本书的想法源于作者过去10年中参与的三个连续的EC基金资助项目，参加人员还有来自西班牙、瑞典和英国的同行。书中重要的技术资料来自西班牙的Geocisa公司和IETcc研究所；瑞典的CBI、Skanska、Cementa AB等研究所及公司，以及Lund技术大学，还有英国的英国水泥协会、英国建筑研究院（BRE）和英国交通研究所（TRL）。有价值的资料也来自这三个国家的主要业主，包括桥梁、建筑、停车场等结构，以及各种土木工程设施。参与者众多，不能一一列举。作者对参与的所有个人及组织10年来积极友好的合作表示感谢，他们不仅为业主-合作伙伴提供了及时有用的信息，还提出了连续监测的概念，这一概念是本书的中心内容。

很多组织在评估管理的不同方面编制了指南。作者论述了其中的许多详细内容，特别是混凝土协会、国际预应力混凝土联合会（fib）、美国混凝土协会（ACI）、英国建筑研究院（BRE）、英国标准化协会（BSI）、混凝土修复协会和混凝土桥梁发展协会。本书列出了上述所有参考文献，对引用的图和表表示感谢。因为有了这些详细的资料，作者才能致力于研究其中的原理和方法。

由于需要感谢的人太多，不能将每个人的名字一一列出。但有些名字不得不提。如过去40年中，英国水泥协会及水泥和混凝土协会以前的同事们，特别是与我在EC基金项目期间密切合作的同事Mike Webster博士。他后来在伯明翰大学L. A. Clark教授的指导下进一步深造完成博士论文，他在伯明翰的研究团队中在劣化的工程研究方面作出了重要贡献。他的论文与先前C&CA和TRL同事编写的报告，是本书第5章和第6章的基础。

最后也同样重要的一点，是本书出版过程中的分工协作。Jackie Fitch准确理解了我的手稿，并将其录入为电子文件。Isabel Harvey将粗糙的草图制作成为精美的图片。在Taylor & Francis出版社工作的Katy Low对本书的出版提供了很大帮助。

第1章 概 论

1.1 背景

我们每个人往往都不是用系统化的方式进行思考，通常在日常生活中都要作决定，这些可看做是管理和维护。对于个人物品，如鞋、家具或家用车辆等，一般都涉及修补、维护或更新。这些物品大部分寿命比较短，市场上出现新一代或更有吸引力的产品时，我们往往会弃旧换新。这种购买新物品的趋势日益增加，形成了所谓的“丢弃型社会”文化。

甚至在我们自己的家中，这种态度也在改变。过去家家户户通常使用刷过油漆的木门或窗，现在逐渐用塑料来代替，很显然这样更换需要的维护更少了。随着家庭需要的改变，以分隔或扩建的方式进行改造变得越来越普及，这种改变其实就是人们的期望或性能要求的改变。

至少在目前，当我们迈进更广泛的结构领域时，所看到的画面却是非常不同的。人们期望结构的寿命更长久（但定义不明确），但最初的设计并没有考虑使用寿命及维护需要；而对时间因素的考虑大部分都是根据材料及结构规范进行的。在实践中人们也无法解释为什么如此。50多年前，英国规范给出了不同类型结构的设计寿命，但绝大多数都被忽略了。在同一时期，人们试图用一种一般的方法来形成一个合理的维护制度，这一点非常重要，因为40年前维护工作约占建筑业预算的30%，而现在已经上升到50%以上。

混凝土结构的现状由于耐久性问题变得更复杂了，人们已经了解了一些类型的侵蚀作用，如硫酸盐侵蚀，现在还出现了一些新的形式，如硅灰石膏。物理方面的侵蚀包括磨蚀及冻融作用，人们正试图通过规范来处理这方面的问题。碱骨料反应（ASR）也算是一种可怕的侵蚀作用，人们正在努力研究并逐渐了解这种作用。不过，主要的危险还是腐蚀，其原因是混凝土的碳化或各种因素产生的氯化物作用，尤其是路面上使用除冰盐产生的氯化物。

从研究的角度看，耐久性处理已经成为一个迅速发展的行业，其目标主要是理解所涉及的机理及其产生的效应。这些效应对结构性能及强度的影响尚不是很明确；研究人员在此领域倾向于以风险分析及概率法为基础，采取一种普遍的方法进行处理。

当我们正努力理解并使用新的科学信息时，业主却每天面对着日趋劣化的结构及对其进行管理的需求，还要随时想着功能、安全性及适用性。总的来说，合理决策的依据还没有明确。是先预防或至少延缓劣化速率还是先修补、改造、加固或重建？当我们要在全寿命成本（WLC）和维持令人满意的技术性能之间取得一个较好的平衡时，什么是最有效的措施？何时应该采取措施？

为了满足这一要求，修补及预防措施的发展已成为一个迅速发展的行业。根据不同原理已经形成了具有各种不同目标的补救措施，针对每种措施，市场上有大量可供选用的方案。从发展和实验室测试方法可以看出，过去人们强烈依赖制造商的资料，只是最近才出台了一些主要以欧洲标准化协会（CEN）标准及欧洲标准 EN 1504（参见第 7 章）为依据的标准。尽管有关修补后长期性能的可靠资料仍然不足，但越来越多的反馈表明了人们的期望和实际状态。因此，修补业依据更为科学的基础，已经发展得更有组织性了。

资产管理和维护的重要性在未来将会越来越高。混凝土会永久保持原状的传统观点已经证明是错误的，因为混凝土会受到不可预见的或被忽略的侵蚀作用。另外，设计和施工过程远不能达到完美的地步。维持结构性能需同时注意功能性淘汰问题，使人们对性能要求和荷载增加的期望越来越高。而且，资产管理已变得越来越具有前瞻性并更加注重亲身实践，对风险管理方法的依赖也越来越小。另外，可持续性也将扩大现有基础设施使用的需要。

总的来说，需要从全寿命性能和全生命成本方面进行思考的观点已获得认同，但如何最好地实现这种需要尚未明确。业主已尽其所能来处理，至少在某一类型的结构上已有所进步。混凝土桥梁就是一个具体的例子，因为它们受到除冰盐的威胁最大。这是一个变化和发展的动态年代，本书提供了一个全方位视角，着重于简单的工程方法。

1.2 本书简介

1.2.1 概况

在前言中我们已经了解到，我们所要讨论的主题范围很宽，因此很难在所有方面都作介绍。本书着重于介绍原理、实践和方法，书后的参考文献对此提供了必要的详细资料。

本书所要表达的思想是使方法尽可能简单，与所获得资料的质量和可靠性一致。对混凝土结构的评估，永远也不会是一门精确的学科，需要对其风险进行管理，但因具有不确定性，所以当为所选方案设定临界状态时，无论是对其自身评估还是对修补策略进行评估，都需要进行工程鉴定。另外，本书还以连续评估的概念为依据，尽可能通过调查来制定有足够把握的措施。图 1-1 的流程图对此进行了阐述，该图在第 3 章和第 4 章中还会再次提到。随着调查的进行，在 4 个阶段的任一阶段都可以获得充足的信息，调查一般包括初步调查和详细调查，如图 1-2 所示。初步调查是很有必要的，详细调查取决于什么样的信息较容易获得及劣化的特点和严重性。

第 2 章～第 6 章与图 1-1 密切相关，同时也为初步调查和详细调查之间提供了平衡，这种平衡在每一阶段都很有必要，第 6 章对详细评估作了较多的论述［图 1-1 的阶段(4)］，第 7 章给出了有关最合适补救措施选择方面的指导。

第 1.2.2 节概括了每一章的要点。

1.2.2 范围及要点

1.2.2.1 第 2 章 有关劣化的观点和反馈

第 2 章简单介绍了结构使用性能的反馈，同时确定了不同类型结构主要劣化机理的相对重要性，与此同样重要的是劣化的主要原因，因为这里有值得我们吸取的教训，不仅要重视对现有结构的调查和评估，还要对用于新建工程的现行规范作出调整。

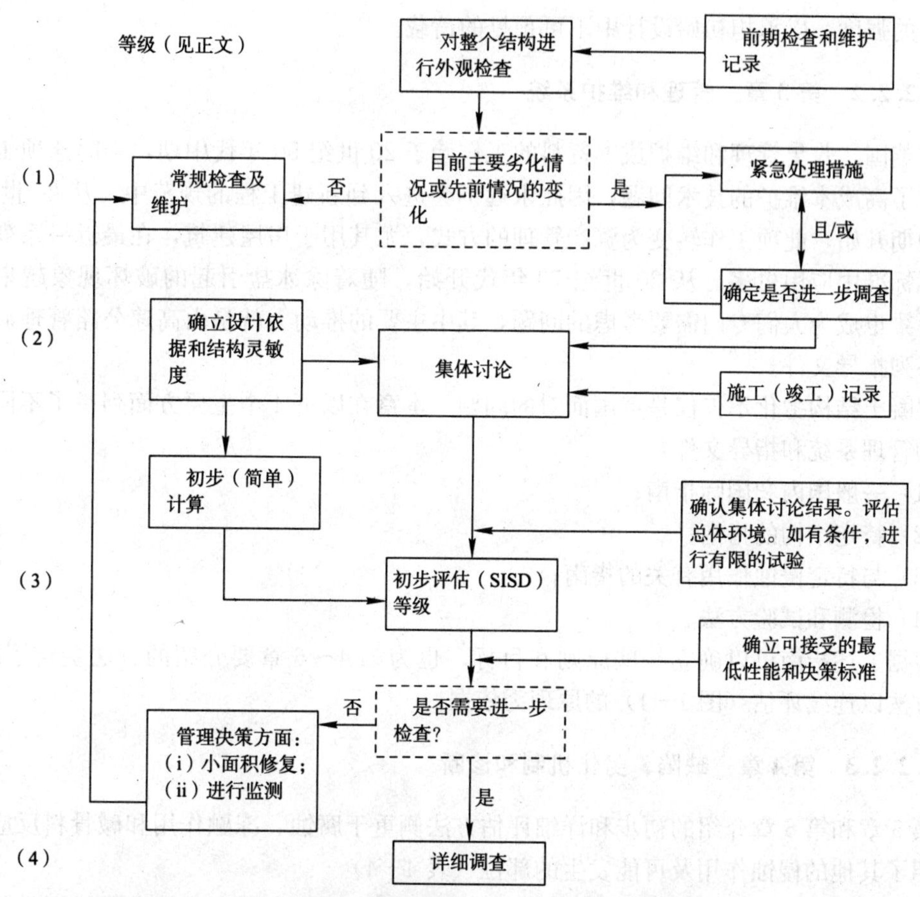

图1-1 描述采取措施的4阶段连续评估流程图

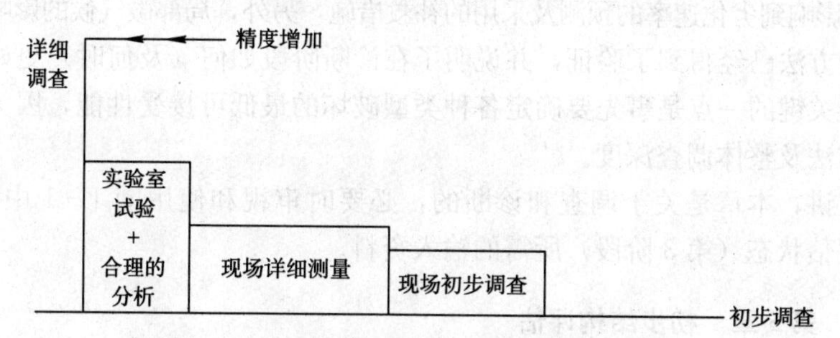

图1-2 评估中初步调查与详细调查的平衡

影响劣化的主要因素有一般环境及局部微气候，尤其在潮湿的条件下，水是侵蚀作用的运输工具。具有有效接缝及排水系统的结构在任何环境下都表现出良好的性能，这表明在任何补救措施中，改善对水的控制会起到很大作用。同时还可以看到，细部和施工缺陷是主要原因。混凝土保护层及结构不同部位混凝土的质量有很大差别。从反馈中我们看到，在21世纪，人们在向更高耐久性方向努力的同时，主要的推动力仍然是材料方面。

相对而言，结构很少由于劣化而发生倒塌。倒塌的原因很多，不是一种因素导致的。评估时要认真考虑结构灵敏度，需要明确可接受的最低技术性能。另一方面，许多结构都有储备的强度，以承担初始设计中不可预见的荷载。

1.2.2.2 第3章 管理和维护系统

在英国，收集管理和维护成本资料的工作始于20世纪50年代中期，当时这项工作直接导致了高成本维护的技术问题，因此永远不会进入到新建工程的规范中。从20世纪60年代中期开始，此项工作转变为资产管理的方式，尤其用于房屋建筑，在最近一系列英国及国际标准中应用更多。从20世纪70年代开始，随着除冰盐引起的破坏现象越来越明显，桥梁也成为人们专门需要考虑的问题，其中主要的推动力就是由高速公路管理局发布的一系列指导文件。

混凝土结构劣化不仅仅是英国面对的问题，本章在以下4个主要方面列举了不同类型结构的管理系统和指导文件：

（1）一般国内和国际指南；

（2）特定结构的指南；

（3）与特定侵蚀作用有关的指南；

（4）检测和试验方法。

根据上述指南可以确立一些原则和目标，也为第4～6章要介绍的方法奠定了基础，这些方法以连续评估（图1-1）的原理为依据。

1.2.2.3 第4章 缺陷、劣化机制和诊断

第5章和第6章介绍的初步和详细评估方法侧重于腐蚀、冻融作用和碱骨料反应。本章介绍了其他的侵蚀作用及可能发生的部位（表4-4）。

本章在介绍劣化机理之前，先介绍了一般缺陷的类型。查明劣化的主要原因是很关键的，因为这会影响到劣化速率的预测及采用的补救措施，另外，局部微气候的影响也很重要。

有的试验方法已经得到了验证，并说明了在诊断阶段如何（及何时）更好地使用这些方法。其中最关键的一点是事先要确定各种类型破坏的最低可接受性能，因为这会影响所选用的试验方法及整体调查深度。

从根本上讲，本章是关于调查和诊断的，必要时审视和使用图1-1中的所有内容，以获得初步评估状态（第3阶段）所需的输入资料。

1.2.2.4 第5章 初步结构评估

本章以针对破坏类型的标准数值方法为基础，这些方法在CONTECVET指南[5.1]中有介绍。CONTECVET项目已经证明，早期为碱骨料反应提出的基本评估方法经修改也可用于腐蚀和冻融作用评估。

在这一关键阶段，将图1-1所有方格中搜集的信息集中到一起进行评估，这需要采用系统的方法，不只是根据调查资料，还要将其进行分类并仔细选择试验。对资料的理解也很重要，不过这需放在特定环境中考虑。此方法是破坏分类的一个标准版本（第3章给出的几种可能性之一），但必须融入结构的工程观点。该方法及理念在第5章中有介绍，具体体现在以下小节：

5.1　概述
5.2　对试验数据的解释
5.3　有关破坏类型的工程观点
5.4　初步评估：一般原理和方法
5.5　碱骨料反应的初步评估
5.6　冻融作用的初步评估
5.7　腐蚀的初步评估
5.8　干预*的性质和时间

最后的第5.8节给出了有关将干预时间同结构严重性等级联系起来的指导，第7章从补救措施方面对此做了更为详细的介绍。

表1-1　针对碱骨料反应可采取的措施与结构严重性等级的关系

原结构安全等级	硅酸盐反应环境下的状况	措施	备注
N D	满意	除进行常规检测外，不采取其他措施	容易确定
C B	临界	保守的选择： ①详细评估 ②有限的措施 ③监测 ④荷载试验	难以确定采取什么措施，需要做更多调查
A	可能不恰当	取决于详细评估结果，进行补救及进行荷载试验	相对容易确定

注：1. 第1列的等级值（SISDs）是参照文献［3.39］中有关碱骨料反应等级列出的，这里只是示意性的。所有侵蚀作用的详细情况在第5章和第6章中进行论述。
2. 大多数结构都包含有不同等级值SISDs的构件，SISDs相近的构件应划为一类，以便于管理。
3. 采取措施的时间取决于结构的状况、未来的使用和寿命要求，广义上说都与SISDs有关。
4. 任何策略都应确保结构性能适当，使其寿命延长并改善外观，这一阶段是比较保守的。
5. 在确定管理方案之前，必须要进行详细评估。

应该承认的是，此过程既不是一门精确的学科也不是简单的线性回归。数据也许不恰当，存在某些不确定性，这都需要进一步调查。一个简单方法是将严重性分为满意、临界和可能不恰当3个等级，表1-1中碱骨料反应（硅酸盐反应）方面的内容对此进行了论述。第1组和第3组的措施相对简单，第2组需要进一步调查。第2组和第3组最常见的后续措施是进行详细评估（第6章）。

1.2.2.5　第6章　详细结构评估

第6章论述的详细结构评估方法从本质上说是确定性的，使用传统的与设计有关的方法，利用测量的或评估的数据更新材料的力学特性和截面特性，确定劣化效应。其中包括风险评估，但更多的是分项系数的使用和最低技术性能的再评估。评估时采用越来越少的假设（如真实荷载和截面特性可通过测量获得），表明可采用较低的安全系数而不影响整

* 本书中“干预”指采取措施——译者注。

体可靠性。总的设计依据为欧洲规范 2。

简单来说，结构分析与临界部位残余强度评估是分开进行的，因为与强度相比，劣化影响更明显的是构件刚度。

劣化对不同的作用效应如受弯、受压、受剪、粘结和锚固有一定影响，对利用改进的设计公式计算这些作用效应的方法也有影响，而这些影响有足够的空间来评估。受弯和受压性能的预测相对容易，受剪和粘结性能预测则较为困难，需要更为关注，需要参考大量的试验数据。对碱骨料反应，作者有幸获得了伯明翰大学、运输研究实验室（TRL）和英国水泥协会前任同事提供的数据库。有关冻融作用效应的相关数据非常有限，这反映在第 6 章所做的尝试性建议中。

对于腐蚀，试验数据主要来自 3 个渠道：运输研究实验室、伯明翰大学和作为 CONTECVET 项目一部分的西班牙的 Geocisa。在分析这些数据时，作者尤为感谢英国水泥协会的前任同事 M. P. Webster，其博士论文[6.11]对此作出了很大贡献。

对于第 5 章的初步评估，没有一部分内容是精确的，也不可能精确。不过，原理比较全面，随着越来越多数据的积累，措施将会进一步改进。

1.2.2.6 第 7 章 保护、预防、修补、翻修和改造

这是一个庞大的课题，所有方面的详细处理都远远超出了本书的范围，然而，这仍是混凝土结构评估管理的基本部分，所涉及的原理及过程是很重要的，同时也给出了详细的参考。

本章各节的范围和方法如下：

7.1 概述
7.2 已修补结构的性能要求
7.3 混凝土保护、修补、翻修和改造方案的分类
7.4 修补及补救措施的性能要求
7.5 工程规范
7.6 选择过程
7.7 使用过程中修复的性能
7.8 干预时间
7.9 修补方案选择的一般原则
7.10 欧洲标准 EN 1504 在选择过程中的作用
7.11 实践中修补方案的选择
7.12 本章总结

在对已有方案进行分类时（第 7.3 节），采用的是欧洲标准 EN 1504 的体系[7.13]，涉及所有可能的情况并建立了修补的 11 项原则，作者相信这份文件会决定修补业的未来。另外还以其他多个标准（附表 7 - 1 和附表 7 - 2）为依据，其显著特点是不仅强调了施工和质量控制，还强调了监督和后续管理的需要。

在特定的情况下，选择修补方案之前，一定要明确从性能的角度看需要什么，不仅是对需要修补的结构（第 7.2 节），也对所选择的补救方案（第 7.4 节）。不管是哪个阶段，

都要注重性能，因为众所周知，过去所遵循的规范方法导致很多情况下实际结果与人们所期望的不符。

选择过程本身可能涉及遵循如图1-3所示的流程图。该图是从混凝土修复协会网站（CONREPNET）下载的，其中涉及欧洲标准EN 1504中的原则（M1-M11）。

第7章的第7.7节很重要，对混凝土修复协会网（CONREPNET）项目中有关使用中修补性能的资料进行了总结，并将以研究和试验为基础的人们所期望的结果与现场可能出现的结果作了比较，另外还强调了环境影响真实性能的重要性。在影响补救措施的选择方

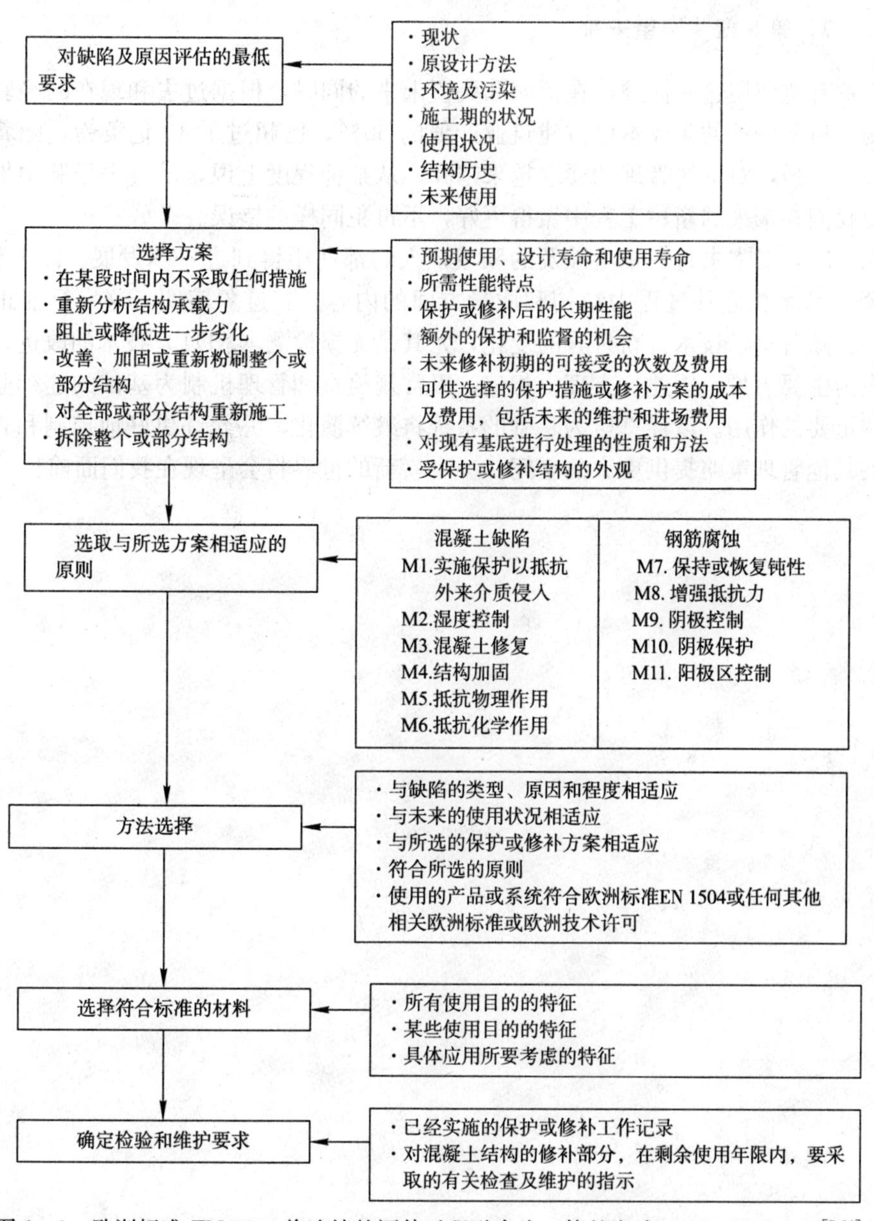

图1-3 欧洲标准EN 1504将连续的评估过程融合为一体的方式（CONREPNET[7.16]）

面，干预时间也很重要，第 7.8 节对此做了介绍。干预时间取决于性能-时间曲线上结构当前的状态。

对于选择过程，当前的很多方法都是以性能指标和权重系数为基础的数值方法，这些方法在复杂性和细节上有很大不同。第 7.9 节使用的方法取自于混凝土修复网 CONREP-NET 的文件[7.16]。作者相信此种方法将会被更多地以欧洲标准 EN 1504 为依据的方法所取代，这些方法有明确的以试验方法和质量控制系统为依据的性能要求。

最后，第 7.11 节依照图 1－3 中的流程图，引导读者从实践的层次了解整个选择过程。

1.2.2.7 第 8 章 展望未来

第 8 章有意使用这一标题，在预测和展望未来的同时，根据过去和现在的经验对未来进行预测。目前修补的年成本已占建筑业产值的 50%，已超过了 10 亿英镑，随着可持续发展势头的增强，对资产管理的要求越来越高。从某种程度上说，从过去经验中得到的教训可以使我们在未来的新建工程中做得更好，不再犯同样的错误。

毫无疑问，对本书每一章所涉及的领域，人们都期望得到进一步发展。欧洲标准 EN 1504 的颁布应增加修补过程中结构和质量方面的内容。有迹象表明，这一行业正在作出积极响应。随着科学技术日新月异的变化，尤其是无损检测（NDT）技术的改进，检测技术有望成为主要力量。因此，有理由相信，以常规检查和管理机制为基础的连续监测将起到越来越重要的作用。以计算机为基础的系统将继续演化，并允许更好地控制和查询，为业主发展其他管理策略提供更大的空间。一个崭新的世界将会呈现在我们面前！

第2章　有关劣化的观点和反馈

本章针对不同类型结构出现的缺陷问题，简要介绍了使用过程中有关性能的反馈。在资产管理预案中与此相关的内容包括提供劣化主要原因及劣化多样性；在对调查性质和范围进行决策时，这些是很有帮助的，而调查可使人们更好地理解资产的现状并加强资产管理，进而确定要采取的必要措施和干预时间。

1986年，作者发表了题为“混凝土结构的设计寿命”的论文[2.1]，主要论述了耐久性方面的知识并对混凝土结构设计和施工过程中的改进措施提出了建议。作者根据当时的调查资料，提出了一个先进的观点，即在设计和施工过程中，应注重使用方法的整体性，而不是仅依靠材料规范的传统方法。本章介绍这份资料的意义并提供最新的信息，目的是寻求评估过程中有价值的规律和问题。

2.1　调查资料

最初的调查资料[2.2]是Paterson根据法国的10000份保险案例分析总结出的。Paterson报道了图2-1所示的、与常见的建筑材料有关的信息，所表达的信息非常明确，即如果对设计和施工多加重视的话，一般缺陷和劣化现象就会显著降低。这些规律仅有很小的差别，已为很多国家所证实，包括美国和瑞士。

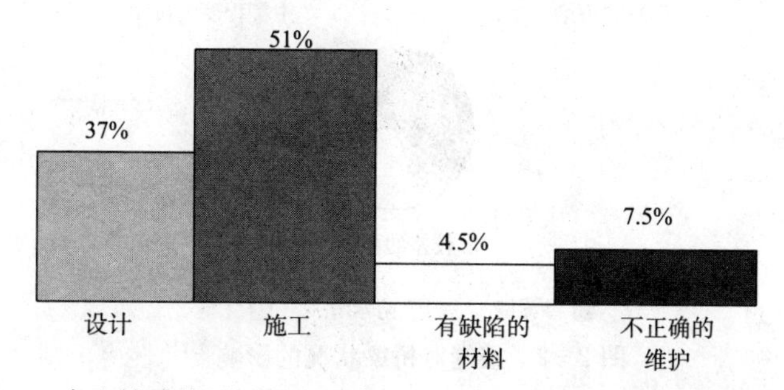

图2-1　产生缺陷的原因及发生率（10000份案例，法国：Paterson[2.2]）

Paterson未给出“缺陷”的定义，也没有完全明确在“设计”和“施工”的标题下发生了什么。对劣化进行更深入研究时，会发现其他更详细的、与特殊结构有关的调查也是如此，具有类似的规律。这些年英国建筑研究协会（BRE）已发布了大量与劣化及不同类型建筑状况有关的报告，20世纪50年代后期有一篇关于战后为应急需要而建的预制钢筋混凝土房屋的报道[2.3]。

这个大致相似的结构家族由许多不同的“系统”组成，而从理论上讲，这些系统是可以改善的，如混凝土保护层很薄，而混凝土技术又使得施工工艺和长期寿命受到限制；氯化钙曾作为常规的防冻剂得到广泛应用，但后来发现其对钢筋有腐蚀作用而被取缔。许多房屋在建成后的30～50年内出现了问题，详细调查表明主要原因是腐蚀。大部分房屋尽管在结构上是完好的，但仍需进行修补。在某些情况下，裂缝出现的时间可能长达30年，但劣化速率一直在变化且可能持续变化。虽然这些结构可按一个群体进行调查，但之后的管理却是通过将日常维护与翻修相结合的方式按单体进行的。总的来说，它们为劣化的原因及管理和维护方案的选择提供了范例。

我们研究最多的结构是混凝土公路桥梁。原因很明显，这种类型的结构最容易受到腐蚀作用，特别是使用除冰盐时。我们所进行的很多状况调查是一般[2.4]调查或针对特殊桥梁[2.5,2.6]的调查。一般调查表明，结构上有缺陷的混凝土桥梁所占比例相对较低；不过，详细调查表明，在引起缺陷的原因中，设计和施工因素差不多各占一半。

文献［2.4～2.6］未涉及耐久性和腐蚀方面的内容，不过这方面的信息确实有，如 Wallbank 和 Brown 的两个典型文献都提到了此方面的问题。Wallbank[2.7]详细调查了 200 多个公路桥梁，调查劣化的主要原因是腐蚀；在大体相似的环境下，对于几乎相同的结构，其劣化速率却有很大不同。劣化的原因主要是使用了除冰盐，以及设计和施工质量问题。

Wallbank 明确指出，从设计考虑，腐蚀的重要原因是水处理的细部设计存在的问题，这不仅包括排水及防水，还有接缝类型以及处理裂缝的方式。图 2-2 对此进行了阐述。“差”的桥梁有大量会引起渗漏的接缝，“好”的桥梁没有接缝。这在评估中是很重要的，先鉴定哪些结构比较敏感，采用保护系统来控制排水，以此提出可行方案延长寿命。

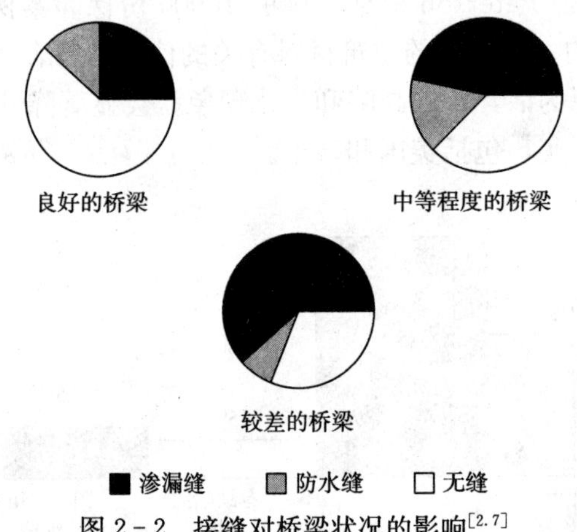

图 2-2　接缝对桥梁状况的影响[2.7]

根据常规调查结果和变化的倾向，Brown[2.8]验证了 Wallbank 的观点。他对不同地理环境的 3 个不同位置的 92 座桥梁进行了一般调查，并从中选取 17 座桥梁进行了详细调查，包括与耐久性有关的参数的测量，如透氧性、毛细孔隙度、吸水性等。这些桥梁建于 1915～1972 年间，调查的目的是研究那个时期使用的水泥、配合比及保护层对耐久性的影响。

现代混凝土对碳化不敏感，使用这些混凝土的桥梁所处的地理位置及其功能意味着它们比更旧的结构遭受到除冰盐作用的机会更多。这是确定这些桥梁状况的一个主要因素，而此状况反过来会受含除冰盐溶液水通过的影响，特别是通过接缝从桥面向梁及墩顶部排水时，这一影响要比来自于道路喷洒的氯化物的影响更大。由于存在较大的离散性，对上述所提的与耐久性有关的参数进行精确测量几乎是不可能的，测量结果符合扩散模型，但没有对此模型进行严格的定义。

将 Wallbank[2.7]和 Brown[2.8]的研究结果与结构评估联系起来，可以明确以下几点：

—性能（劣化的特点和速率）是随高度变化的。

—对于旧桥，当除冰盐很少或不存在时，较薄的保护层和较大的配合比是导致碳化并引起腐蚀的原因。

—氯化物是引起风险的主要因素，影响的大小取决于局部微气候。当局部微气候是由渗漏接缝及其他原因形成的裂缝引起的时，要比接近于“健康”混凝土的一般潮湿状况更危险。

—当保护层厚度较薄或混凝土耐久性没有根据施工期间用于对强度进行检验的标准对比试件推定的耐久性好时，可以明确作出判断，施工质量是一个主要因素。有关这方面的内容，本章稍后还要介绍。

虽然上述结论是根据桥梁的相关调查资料得出的，但有理由相信，海洋环境结构的情况与此类似[2.9]。

为全面了解缺陷及劣化的频率和原因，需要一份有代表性的基准统计资料。但在英国却不是这样，人们正在努力分析单个或群体结构的已公布的调查结果。其中一份综述包括 271 个案例[2.10]，尽管从定量的角度看可能不精确，但确实为我们提供了一些启示。

图 2-3 所示为引起不同类型结构劣化的不同机制的发生频率。引起桥梁劣化的最普遍原因是外部氯化物引起的腐蚀。对于房屋建筑来说，引起劣化的最普遍原因是混凝土碳化。停车场也容易遭受氯化物引起的腐蚀，其次是冰冻作用的影响。对于海上建筑物，劣化的主要原因仍然来自于外部氯化物引起的腐蚀，尽管因为样本中包括大量尺寸与桥梁相似的海上建筑物，这容易使人产生混淆。对更多的受波浪作用的大体积结构，磨蚀也是劣化的一个主要原因，也有一些腐蚀是由碱骨料反应引起的。由图 2-3 可以看出，外部氯化物引起的腐蚀和碳化引起的腐蚀是两个最主要的劣化机制，占所有情况的 50%以上。在评估工作中，鉴别劣化的原因是很重要的，大多数情况下不止是一种机制，需在调查阶段识别最主要的机制。

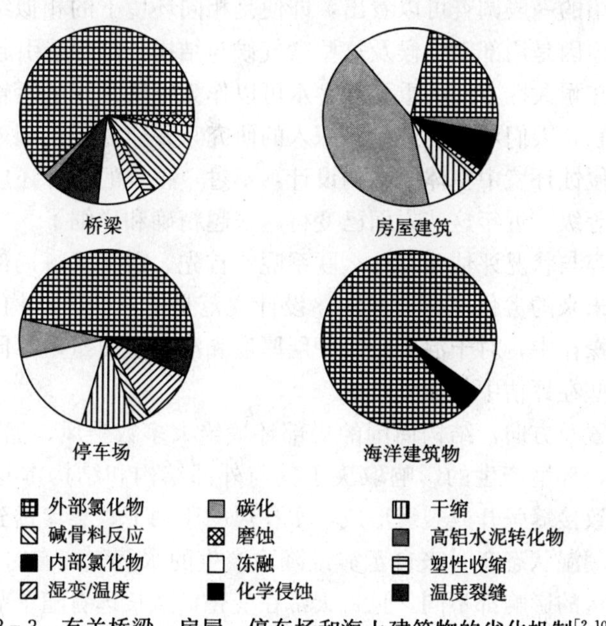

图 2-3　有关桥梁、房屋、停车场和海上建筑物的劣化机制[2.10]

该篇综述[2.10]的另一个特点是尽可能找出引起劣化的各种因素，概括于表 2-1，由于原作者使用的术语不同，在汇编该表时也遇到了一些困难。表中导致劣化的“环境”因素仅仅代表当结构处在具有各种侵蚀作用的环境且不能抵抗它所处环境的作用，这是表 2-1 最大的特点，说明失效不是由一个具体原因引起的，……虽然这样说，也应注意到表中所列的其他因素。将设计、细部构造和施工质量问题结合在一起，表明了 Wallbank[2.7]和 Brown[2.8]的研究结果会应用很广泛。

表 2-1　文献［2.10］分析的导致结构失效的因素

导致劣化的因素	案例数目	案例所占百分比（%）
保护层较薄	47	11.6
环境	156	38.5
混凝土质量差	64	15.8
细部设计差	29	7.2
施工工艺差	17	4.2
规范错误	6	1.5
接缝/防水失效	31	7.7
概念设计不合理	2	0.5
材料选择错误	53	13
案例总数目	405	100

2.2　环境和局部微气候

从第 2.1 节介绍的一般调查可以看出，即使是相同环境下的相似结构，性能也有很大不同。不同的可能原因是局部微气候及这些微气候与结构外部构造引起的反应。

我们都知道水在耐久性方面的重要性，水可以作为侵蚀作用的运输介质，也可以作为劣化机制的主要元素，人们对此已进行了深入的研究，并建立了模型来说明此过程。目前有些模型直接用于侵蚀环境中主体结构的设计，不过，正规的设计还应包括混凝土保护层规定及限定的环境等级，近年这些方面已变得越来越精确和详细了。

那么此方面内容与状况评估又有什么联系呢？首先，需要了解局部环境的特点和侵蚀作用，这会影响到未来的劣化速率。其次，设计规范是针对实体结构构件（未开裂的梁、柱等）的，在实际操作中，对于混凝土保护层厚度和混凝土质量，不同的工艺标准也会导致很大的不同，这些在评估中都需要考虑。

取决于地理位置及方向，结构周围的局部环境绝大多数受风、温度和水的综合影响。从耐久性的角度看，环境产生的影响取决于其与外部结构和结构本身边界相互作用的方式。位置变化会导致接缝张开或裂缝形成，水在风的驱动下，会渗透到这些脆弱的区域形成潮湿状态。这种潮湿状态有时来自于雾或降雨产生的水蒸气，有时来自于溢流或积水。潮湿状态对每个结构的影响都不同，且每天都在变化，从长远看随季节也在变化。

为了对此重要性有更好的理解，有必要进一步识别研究已表明的对劣化范围和强度有重大影响的因素，表 2-2 简要概括了碳化或氯化物引起的腐蚀。可以看出该表既描述了混凝土的特性，也说明了从微观层次和宏观层次划分的气候类别。需要注意的是，表中将重点放在了微观作用上，因为在实际工程中微观作用影响更大，而且在模拟图 2-4 所示的水、二氧化碳或氯化物的侵入过程时，精确的输入是必要的。

表 2-2 环境作用

C1 碳化产生的环境作用	**C2 氯化物产生的环境作用**
作用	**作用**
1）CO_2 浓度	1）氯化物浓度：阳离子型
2）湿度-温度	2）湿度-温度
3）钢筋表面的氧气浓度	3）钢筋表面的氧气浓度
4）氯化物	4）碳化（氢氧化物含量）
所影响的混凝土性能	**所影响的混凝土性能**
1）孔隙率（可渗透性）	1）可渗透性（扩散系数）
2）混合料胶结能力［碱和氧化钙的含量］	2）混合料胶结能力［铝酸三钙（C_3A）的含量］
3）混凝土含气量	3）混凝土湿度
气候分类	4）碱度［氯离子（Cl^-）/氢氧根离子（OH^-）的临界值］
微观作用	**气候分类**
a）风向	**微观作用**
b）冷凝：太阳朝向、温度变化、密闭空间	a）风向
c）内部潮湿	b）雨水冲刷
d）渗漏	c）冷凝：太阳朝向、温度变化、密闭空间
宏观作用	d）渗漏-接缝
a）干燥或免遭雨淋	e）不规则的氯化物分布
b）持续潮湿	**宏观环境**
c）遭受雨淋（干湿交替）	a）海洋环境
d）涂层	i）遮蔽、暴露于大气
	ii）浸没于水下
	iii）潮汐
	iv）浪溅
	b）除冰盐环境
	i）低速循环（kg，氯化钠 NaCl/a），高速循环
	c）工业环境

对于海堤结构，在识别其最危险区方面已取得了一定的进步。图 2-5 所示为海堤高度范围内 4 个不同的危险区，因为局部微气候总在变化，反过来会产生不同的传输机制，在这种机制下，氯化物渗入混凝土并影响其内部状况，引起腐蚀（有水和氧气）。考虑到周围温度，最危险区域可能是图中的（1）区和（2）区。

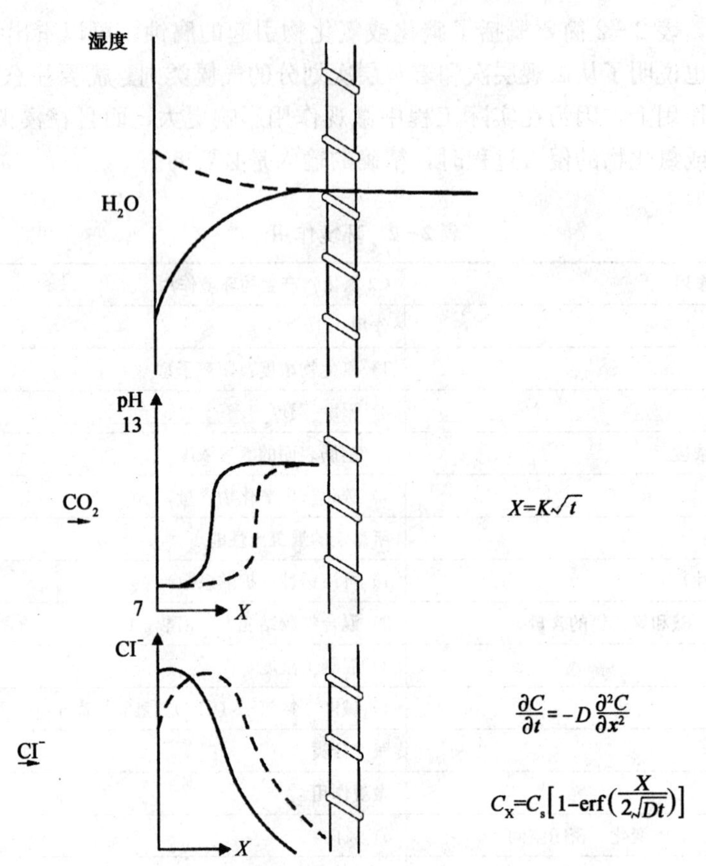

图 2-4　混凝土的湿度、碳化和氯化物示意图

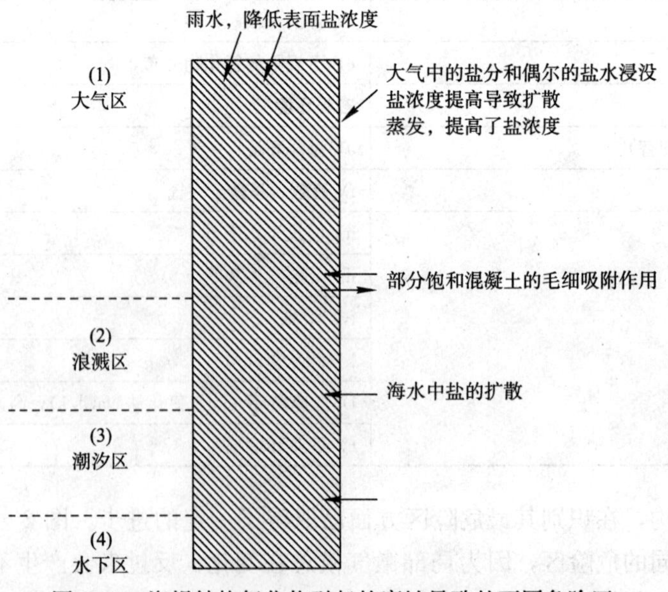

图 2-5　海堤结构氯化物引起的腐蚀导致的不同危险区

对于桥梁，判别脆弱区域和危险的微气候更困难一些，原因如下：

(1) 不同区域的暴露条件有很大不同，甚至是取决于其位置及方向的局部条件；

(2) 结构类型会影响以下方面：

(i) 整体设计概念（如静定或超静定）；

(ii) 外边界的工程细部设计；

(iii) 排水措施；

(iv) 接缝的效能；

(v) 内保护的等级。

图2-6示出了受除冰盐作用的桥梁可能的微气候状况。由图可以看出，水可以以4种不同的形式起作用，实际情况将取决于接缝的性能，最终的潮湿状况取决于混凝土表面的情况及是否有裂缝等。虽然很难概括，但有证据表明，当存有水或有水流动时，支撑体系特别脆弱。

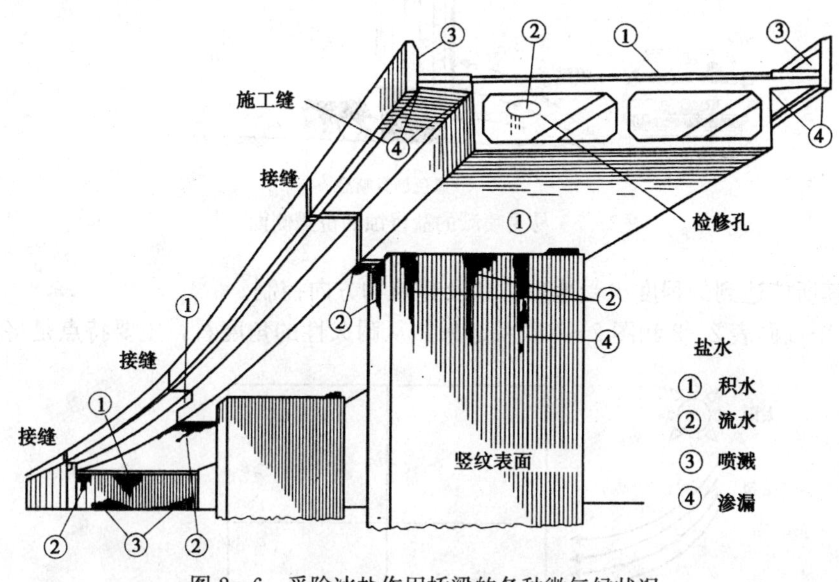

图2-6 受除冰盐作用桥梁的各种微气候状况

在日常检查中，评估工程师会针对明显的劣化迹象，考虑进行更加详细的调查，还可能会进行一些渗透性试验。为了得到更多的有用信息，必须从整体上研究桥梁的局部微气候，以确保能够判别出最危险的区域，其中一个可行的方法是对不同的潮湿运动分别进行判别和研究，如图2-7所示。图中考虑了盐的喷洒，清楚表明了新建桥梁在设计方面需要特别关注的区域[2.11]。

对于建筑结构，首先从耐久性的角度看，某些类型的建筑可分类到公用建筑中，一方面因为它们是开放的、无遮蔽的，另一方面是因为其功能使其易于受到特定的侵蚀作用，如体育建筑的看台或交通设施的公共汽车站都可归为第一类。第二类是受除冰盐作用的结构，如多层停车场。还有一些建筑物属于特殊情况，如核设施或化工厂。

不过，大多数建筑基本上都是封闭结构。无论是完全无遮蔽的混凝土结构还是完全被外墙包围的室内混凝土框架结构，它们的表面是不一样的。微气候将受图2-8所示的因

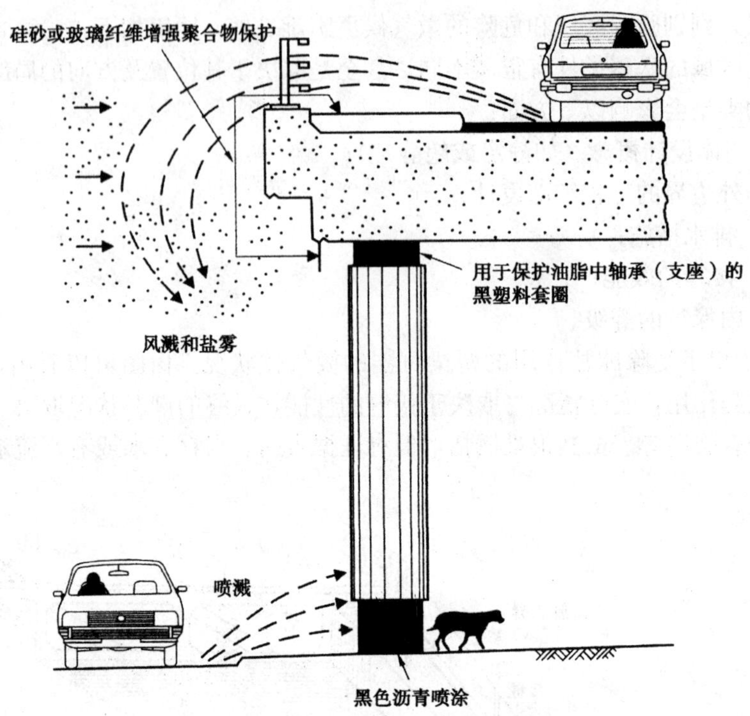

图 2-7 易受喷溅的盐侵蚀的桥梁侧面[2.11]

素控制，其所能达到的程度也受地理位置及建筑物方向控制。

将图 2-8 同表 2-2 和图 2-4 联系起来，从耐久性的角度看，主要特点是将混凝土的

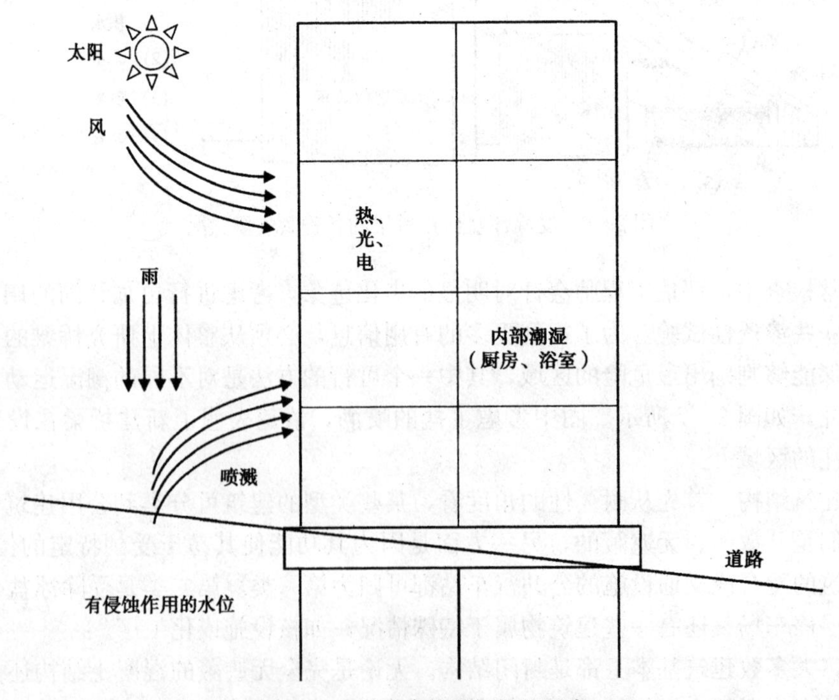

图 2-8 影响建筑微气候的因素

特性与局部微气候结合了起来。另外，在判别危险区域时，建筑物表面的细部状况也是一个重要因素。为此有必要了解雨水向接缝渗透的机理，如图 2－9 所示。

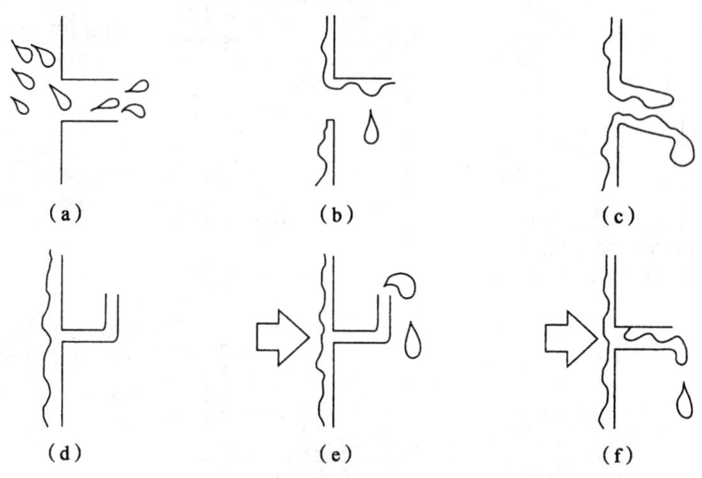

图 2－9　雨水向接缝渗透的机理

(a) 动能；(b) 表面张力；(c) 重力；(d) 毛细作用；(e) 压力辅助下的毛细现象；(f) 气压差

第 2.2 节的主要目的是为评估工程师提供感性认识。表 2－2 代表了工程师所考虑问题的目标，但其所能实现的程度，特别考虑到气候分类问题，在很大程度上受实际状况影响，每一个结构实际状况往往都不同。尽可能了解与结构有关的资料、仔细判别最危险区域、对最具侵蚀性的局部微气候（受与结构本身接触影响）进行合理的估计和判断，是评估工程师最初要实施的几个步骤，没有上述步骤，后面的分析无论多精确，在预测未来的劣化速率时也是毫无意义的。

2.3　设计、细部和施工质量的影响

本节目的是评述从现场调查中得到的反馈，调查内容是为施工过程中混凝土质量和混凝土保护层的变化，而这种变化是由于设计、细部设计及施工时使用的标准与设计时使用的标准有所不同及耐久性问题导致的。本节是第 3 章的引述，介绍了劣化机理及其诊断和可能产生的影响，重点放在与腐蚀有关的混凝土质量和混凝土保护层方面。

1985 年，Dewar[2.12] 用图描述了不同类型的“混凝土”，如图 2－10 所示。当浇筑简支梁时，就会出现这些“混凝土”。Dewar 的论文是有关耐久性试验的，他要强调的是验证结果都是通过对标准对比试件的强度测量（Labcrete，实验室混凝土）而得出的。结构构件中的混凝土强度一般都低于按标准对比试件测试的强度，因此在过去几十年中，设计人员考虑到这一问题时，会在强度计算的公式中引入分项安全系数和其他系数。这种强度的降低与图 2－10 中不同区域的确切联系目前尚不清楚，但其与“核心混凝土”区联系最为密切，该区域的混凝土强度比较高。

然而，从耐久性方面考虑，人们关注的是图 2－10 中混凝土保护层和混凝土质量较差的区域，与强度相比，更为关注吸水性和渗透性（图 2－4）。大多数调查资料未提供有关这些特性的直接信息，而是取决于工作性、密实和养护，通过缩减小毛细孔道并降低浇筑

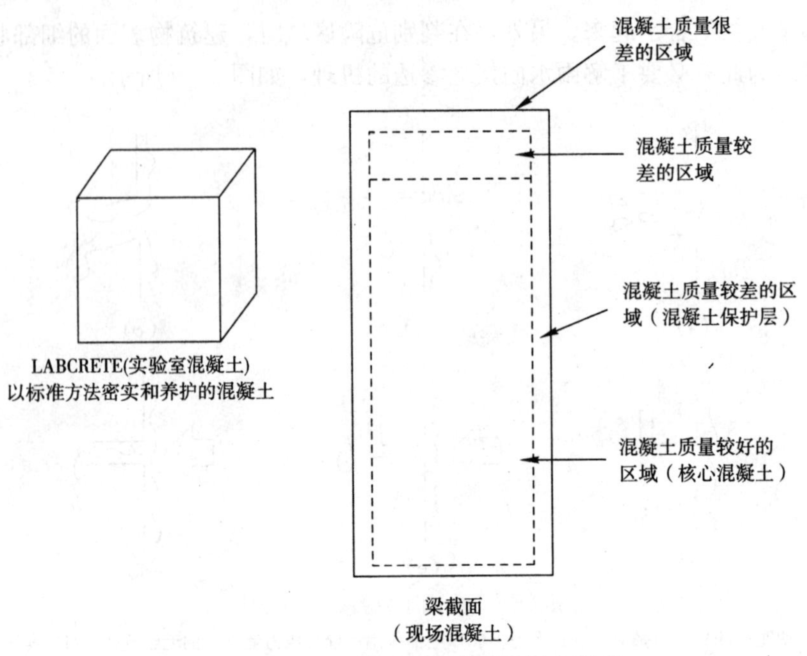

图 2-10　Dewar 定义的各种“混凝土”[2.12]

中的水灰比来实现。为更好地了解实际施工中混凝土强度的变化，必须依靠强度试验，强度可通过钻芯取样或无损检测（NDT）实测。若使试验结果满足理想的耐久性评估要求，需要仔细处理，因为耐久性与强度不是线性关系。如果可建立两者的关系，那么根据现场调查结果就能推断耐久性的变化。

在英国，早在 20 世纪 90 年代之前就已获得大量现场资料，这些资料可能需根据新近的施工和技术进行更新，如自密实混凝土和外加剂的使用。利物浦大学和贝尔法斯特女王大学都致力于这方面的研究，都对测定混凝土现场强度采用的新型无损检测（NDT）方法感兴趣，接下来他们主要把目光放在这些方法的使用上（文献［2.13］和［2.14］提供了一些通过其他渠道获得的资料）。

构件内强度的变化取决于构件的类型。根据大量的现场实测资料，Bungey 等[2.13]也发现竖向浇筑构件的强度随高度变化会降低。图 2-11 为一具体的例子，通过与标准对比试件的强度进行比较，示出了不同类型的构件从顶部到底部强度的变化范围。文献［2.13］给出了图 2-12 所示的梁和墙强度的等高线。实际工程中也会受到几何因素和密实程度的影响（操作技巧和细心程度）。有些资料还指出，一般情况下钢筋所占比例不同也会导致混凝土强度的变化。

现场等效 28d 立方体强度

有证据表明，现场强度受几何因素影响，随着高度增加，上部水灰比会增大，距离上部越近，就越难以振实（图 2-10）。一个很大问题是不能明确充分密实状态的定义以及缺乏判断密实的方法；规范中常这样表达：混凝土应充分振实。对这一问题的研究寥寥无几，但可以利用一些指南[2.15]，这里将振捣效果与氯化物渗透和冻融破坏联系起来。

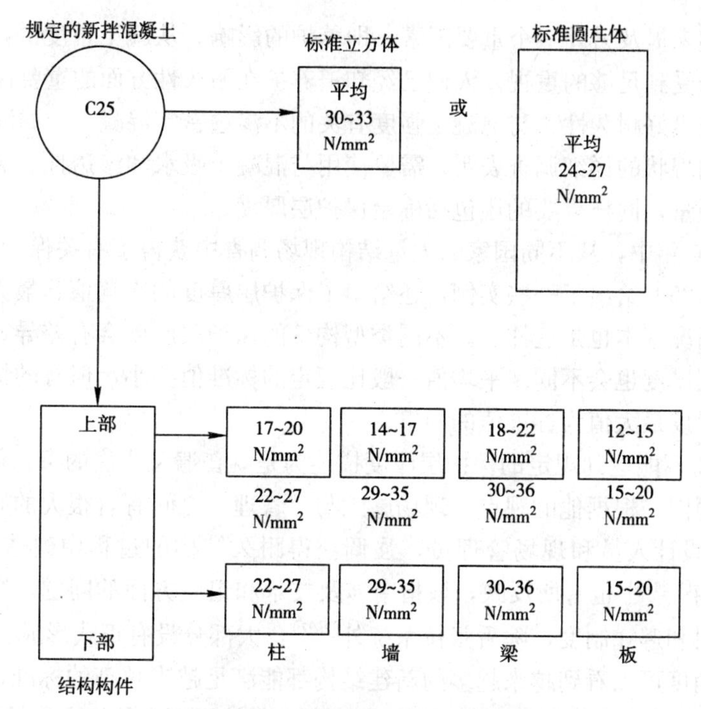

图 2－11　标准试件强度与现场构件强度之间的关系[2.13]

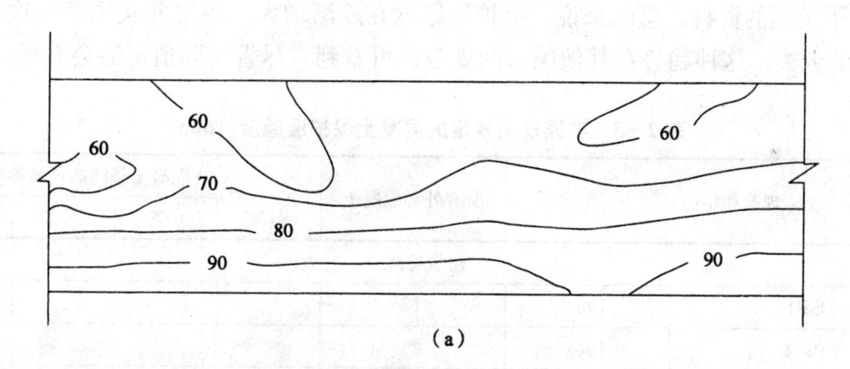

（a）

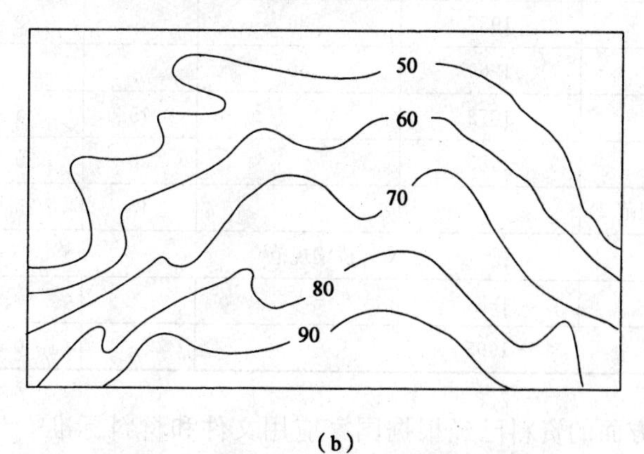

（b）

图 2－12　梁和墙的典型等强度线[2.13]

（a）梁的典型等强度线（%）；（b）墙的典型等强度线（%）

前面的叙述未提及另外一个重要因素，即养护的影响。从施工角度讲，养护是一个关键过程，但却未受到足够的重视。人们已经知道养护在耐久性方面的重要性[2.16-2.18]，特别是促进使用具有良好耐久性、与混凝土强度有关的不渗透密实混凝土，如混凝土保护层。

对已有结构现状的详细调查表明，需要使用与混凝土吸水和渗透性有关的方法研究保护层混凝土的质量，同样重要的还包括确定保护层厚度。

在过去的30年中，从不同国家的大量结构现场调查中获得了有关保护层厚度的资料，文献［2.19～2.25］给出了一些实例，还给出了保护层厚度的平均值、最大值、最小值和标准差。实际情况基本也是这样的。不同类型构件的保护层厚度会有差异，但有时同一类型构件的保护层厚度也会不同。平均值一般比规定的标准值要小，但有的情况保护层厚度为零或保护层厚度最大值为标准值的两倍。

Clark[2.25]将不能达到规定的保护层厚度描述为是既普遍又头痛的事。他的工作包括判别出现缺陷的原因。根据他的观点，现场施工与“管理”之间有着很大的脱节。后者包括设计人员/细部设计人员和现场管理员，强调获得耐久结构的过程中建造能力的重要性，这在最近的指南[2.26]中也有所反映，该指南涉及技术和组织方面的问题，组织问题包括协调、交流、校对和遵守制度，除后张拉系统外[2.27]，大部分没有正式形成。

从评估的角度可以看到越来越多的新建结构都能满足越来越高的标准，但在评估中了解缺陷产生的原因是很重要的，还要了解近年混凝土保护层厚度的规定值是怎样变化的，表2-3示出了英国的资料。总的来说，保护层厚度在逐渐增大。1972年英国第一次尝试将环境作简单的分类，这种趋势在其他国家的规范也可看到，尽管实际值可能会有很大变化。

表2-3　英国规范规定的混凝土保护层厚度（mm）

规范和年份		所有外部混凝土	C40混凝土暴露的环境等级			
			温和	中等	恶劣	非常恶劣
建筑规范						
DSIR	1933	12				
CP114	1948	25				
CP114	1957	38				
CP114	1969	40				
CP110	1972		15	25	30	60
BS8110	1985		20	30	40	50
ENV1992-1-1（欧洲规范2）			15	25	40	40
桥梁规范						
BS5400	1984			30	35	50
BS5400	1995			40	45	60

更多有关这一方面的资料已经根据国家应用文件和材料标准[2.29]在欧洲规范2[2.28]的最终版本中作了规定，包括对环境进行更为详细的分类，以及混凝土质量的规定和每种规定下的保护层厚度。

总的来说，在评估方面，尽管最新的设计标准和规范已经作了一些改进，但混凝土质量及保护层的变化也是一个很重要的因素，特别是在考虑细部和微气候的影响及与结构的外部构造相互作用时。

2.4 现场补救/修补系统的性能

对使用中修补/保护系统性能的量化反馈还比较简单。有多个案例研究涉及破坏评估并给出选择某种特殊补救措施的原因，将一些案例汇集到一起[2.10-2.30]。尽管这些案例读起来还不错，但很难从中总结出一般性的指导原则，特别是选择评估方案的共同标准。在缺少量化的资料时，业主的态度和成本就显得尤为重要。

为了适应日益增大的市场需求，出现了很多修补和补救系统，此过程现仍在进行中，并引进了新的配方和技术。其中很多是专用的材料及系统，大多数是实验室研究，只是最近才出现了一种实际可用的方法，如打补丁修补[2.31]，同时出现了进行不同类型修补的指导性文件，如由英国混凝土协会[2.32-2.34]、美国混凝土协会[2.35]和国际预应力混凝土协会[2.36]制定的文件，另外还有多个其他案例。

这些指导性文件以研究资料和实施修补过程中的实际经验为根据。考虑到表面预处理及安装过程，施工工艺标准对有效的修补来说很关键，另外还有一些其他需要注意的地方(但并不常用)：

—旧混凝土与修补材料间在强度和刚度方面需要相容[2.31]。

—良好的粘结很重要。

—混凝土与修补材料电化学上要相容。通常不能完全了解腐蚀过程的特点，修补区域的范围一般比应该修补的范围小（文献 [2.37，2.38]）。

—预算、成本及预测的技术性能很关键[2.39]。

上述过程是缓慢发展的，真正需要的是来自现场的定量资料。最近的一项案例研究就很有意思[2.40]，描述了一座处于侵蚀环境中的桥梁，使用了多种不同的修补及保护方法，12 年后对这些方法的有效性进行评估，其有效性是不同的，主要受准备工作和施工质量的影响。

作为欧盟基金企业混凝土协会网（CONPRENET）的一部分，Tilly[2.41]提出了一项对 11 个欧洲国家的 70 座桥梁进行定性调查的建议，这些桥梁都是在 1908 年到 20 世纪 90 年代间建造的，修补已达 33 年。人们将这些桥梁的研究结果与对 140 个其他结构（如建筑结构、大坝、停车场、核电站和工业建筑）进行的研究进行了比较。修补系统包括：

—打补丁（水泥基或聚合物改性水泥）；

—涂层；

—灌缝；

—喷射混凝土；

—电化学处理；

—加固。

不同类型修补的数量如图 2－13 所示。

在对修补性能进行分类时，使用了 3 级评价体系：

（1）成功；无劣化迹象（45%）；

（2）有劣化的迹象（如微裂缝、涂层变色，但无需采取补救措施，25%）；

（3）失效，急需采取补救措施（30%）。

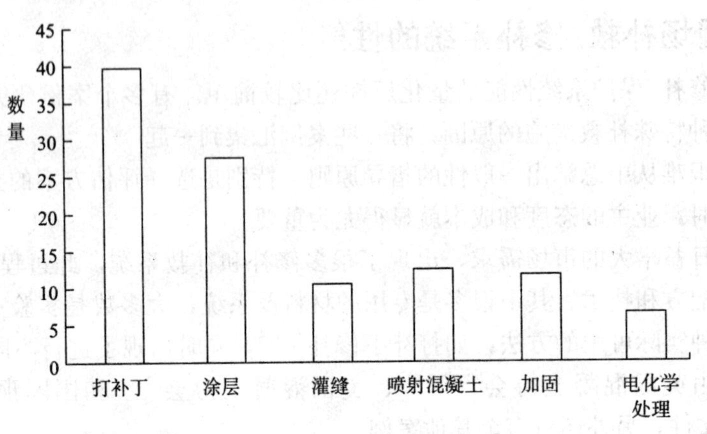

图 2－13　修补类型（Tilly[2.41]）

对桥梁来说，每一等级所占百分比如上所述，其他结构的情况与此类似，只是失效比例小一些（22%），成功的比例更高一些（53%）。

图 2－14 将这份资料分解，对不同修补方法保持的使用年限进行了分类。对于使用年限小于 5 年的修补，有 80%是令人满意的；对于使用年限为 10 年的修补，有 30%是令人满意的；而对于使用年限为 25 年的修补，只有 5%是令人满意的。其他类型结构的数据也大致如此。

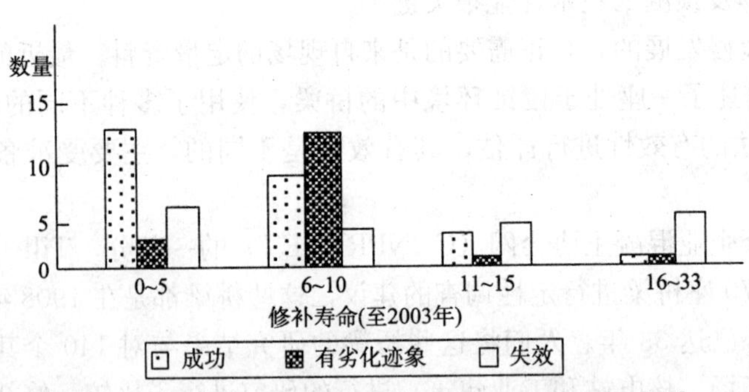

图 2－14　性能分类与修补使用年限的关系（Tilly[2.41]）

修补失效的主要形式如图 2－15 所示，打补丁和涂层修补都会发生连续腐蚀、开裂和剥落。

还可将失效同一些可判别出的原因联系起来，结果如图 2－16 所示。在有些情况下，判别出的原因不止一种，如错误的修补设计、错误的施工方法及较差的施工工艺等。

Tilly 分析的这些案例的价值在于这些案例反映的是实际中的真实性能，而不是可控实验室条件下的性能。这些案例还将劣化特点和诊断范围与修补过程联系起来，包括之后的调查。

图 2－13～图 2－16 的资料显示了相当大的分散性，有 20%的修补在前 5 年就失效了，

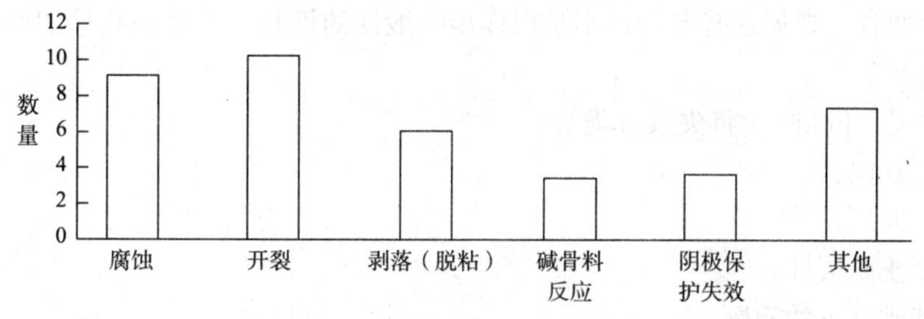

图 2-15　修补失效形式（Tilly[2.41]）

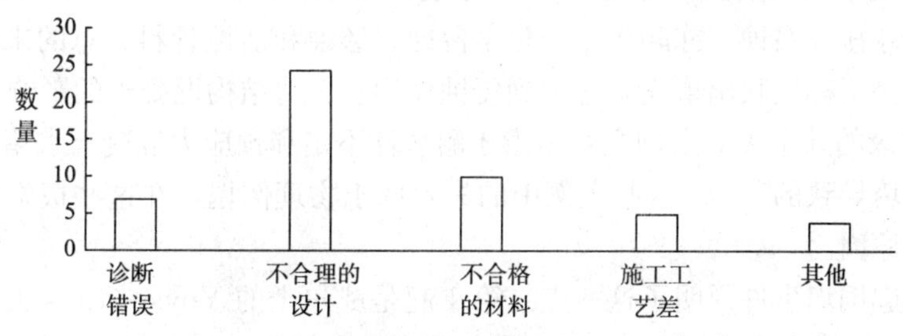

图 2-16　失效与失效原因的关系（Tilly[2.41]）

而有些在 33 年后还保持有效。很难去推断可接受的预期寿命——这是业主确定具体修补方案时所需要的。这表明尽管已有的指南一直在改进，但或许还没有被适当使用，或在某些方面仍有缺陷。Tilly[2.41]根据他的研究结果，提出了下面的建议：

· 把重点放在调查和诊断劣化的最初原因上，即特点和范围；

· 完整修补设计过程的独立检查，以确保其合理性和相容性；

· 对现场修补工作的监督；

· 在验收试验及随后的调查中多采用无损检测技术；

· 向操作人员提供更好的培训，特别是设计方面的培训，以确保他们对操作过程有更好的理解。

现在人们正在努力定义修补系统及材料的不同等级并使其标准化，同时引入一些有根据的试验方法，这将在第 7 章介绍。不可避免地，这些方法绝大部分是以可控的实验室条件为依据的。在适当的时候应将这些方法与从使用过程中得到的性能反馈联系起来，第 2.4 节是为使读者了解这种联系而写的。

2.5　结构问题

2.5.1　历史背景

土木工程协会主席 Hammond[2.42]在 1856 年演讲时引用了 Robert Stevenson 的一些重要观点，他的演讲部分摘录如下：

对成功工程的描述，有关大型工程的事故记录和损坏修补方法的描述对行业内的年轻成员来说更有指导意义，这样的经验应如实记录在协会的档案中。

无论是什么原因，这些都不可能真的发生，尽管某些失效的个案已有详细报道，但就劣化的影响而言，根据这些案例还不足以作出一般性的推断，不过一些早期经验的历史记录确实存在[2.42,2.43]。

对此情况，Feld[2.44]将失效分类为：

1. 设计缺陷；

2. 施工问题；

3. 混凝土耐久性；

4. 与基础有关的问题。

Feld 主要记录的是美国的经验。40 多年前，耐久性作为一个独立的问题被提出，同时还发现了除冰盐及腐蚀、冻融作用、化学侵蚀、磨蚀和活性骨料。总的来说，他所记录的几个失效的例子都反映出事先未意识到侵蚀作用及其对结构混凝土的影响。

Feld 所记录的几个失效案例主要是由于耐久性不足和预应力混凝土水箱、蓄水池和管道处于侵蚀环境导致的[2.44]。这些案例中的失效属于物理倒塌，在这些极端的案例中，存在多个潜在的原因。

最近的 3 起倒塌事件说明了这一点。第 1 起是威尔士的 Ynysy-Gwas 大桥，在自重下发生坍塌[2.45]。该桥由多个纵向 I 字梁组成，这些 I 字梁是对预制梁段进行后张拉制成的，桥面是采用预应力筋穿过翼缘进行横向后张拉形成的。大部分接缝填充砂浆，同时保护钢筋的纸板模穿过接缝。桥面没有混凝土覆盖层，整座桥梁横跨山谷中的一条河流，除冰盐可穿过多孔砂浆渗透入接缝，从而导致钢筋腐蚀，结构失效。

第 2 个事件也与桥梁有关。该桥位于加拿大，《新土木工程师》期刊对此桥作过简要报道[2.46]。坍塌发生在清晨，不幸的是桥梁正在使用中，造成大量人员伤亡，坍塌桥梁的断面如图 2-17（a）所示，图 2-17（b）为失效区域的立面图，从图中可看到主要失效平面。

(a)

图 2-17　加拿大桥梁倒塌（2006）[2.46]

(a) 坍塌断面

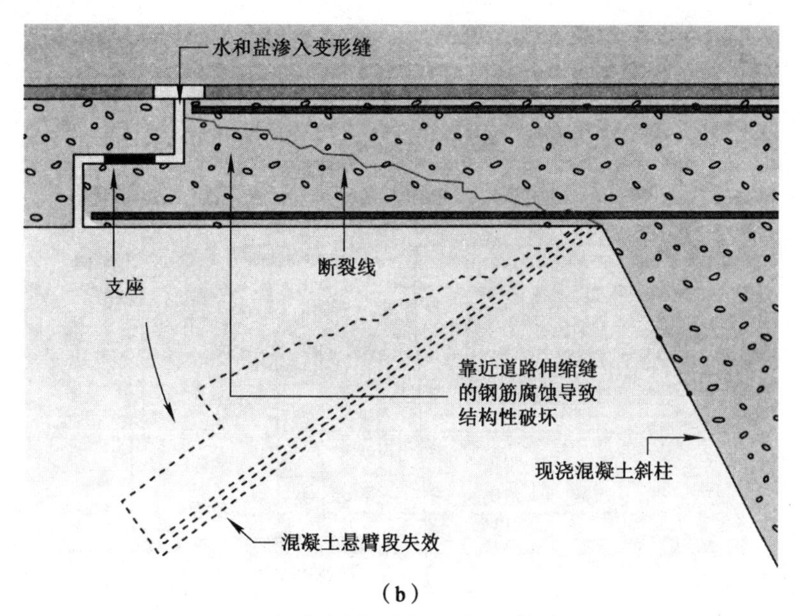

(b)

图 2-17　加拿大桥梁倒塌（2006）[2.46]（续图）

(b) 失效区立面图（悬臂加悬跨），表明了可能的失效平面

该桥坍塌的原因是除冰盐导致的钢筋腐蚀。盐水渗透到悬臂梁端部半接头处的变形缝中。对半接头处准确的钢筋细部构造尚不清楚，同时对该区域进行有效的加固极其困难，正因为如此，英国已不再使用这种类型的接缝。现在看到的是易损的结构细部，与变形缝处的缺陷有关，除冰盐易于渗入关键的局部承载区。还有大量其他引起坍塌的因素，当有侵蚀性介质存在时，就需要对结构进行仔细的检查以确定结构的敏感性。

第 3 个案例与 Wolverhampton 的 Pipers Row 四层停车场有关[2.47]。这是一个采用升板法建造的平板结构，楼板在地面预制，之后提升到一定位置，靠楔形物支撑，然后与原有的立柱浇筑在一起。这种施工方式对装配程序及每根柱四周摆放的楔形物的公差很敏感。该结构建于 1965 年，是按当时的 CP114：1957 规范建造的。

1997 年 3 月 20 日凌晨约 3 点钟，停车场顶板的一部分在没有承受任何外加荷载的情况坍塌了。图 2-18 为该停车场的平面图并标明了失效区域的位置，该区域约 6 个开间，图 2-19 为失效的区域，可以清楚地看出主要破坏模式是冲切破坏。

应健康和安全执行委员会的邀请，对该建筑进行了大量实际和理论方面的司法调查，调查得出的结论如下：

· 基本破坏模式是冲切破坏，破坏可能始于内柱，楼板仅能支撑自重。

· 如果板未劣化，实际建造的结构具有适当的受冲切承载力。

· 由于柱附近板上表面混凝土劣化，导致受冲切承载力降低，这种不断发展的劣化区的宽度和深度影响了上部钢筋的粘结和锚固，因此改变并降低了原本可提供冲切承载力的内力组合。其他因素如温度或柱周围荷载的不均匀分布也会导致破坏，但主要原因是柱附近板上部混凝土的劣化。

· 顶板混凝土的质量变异性大，没有其他楼层的质量好。

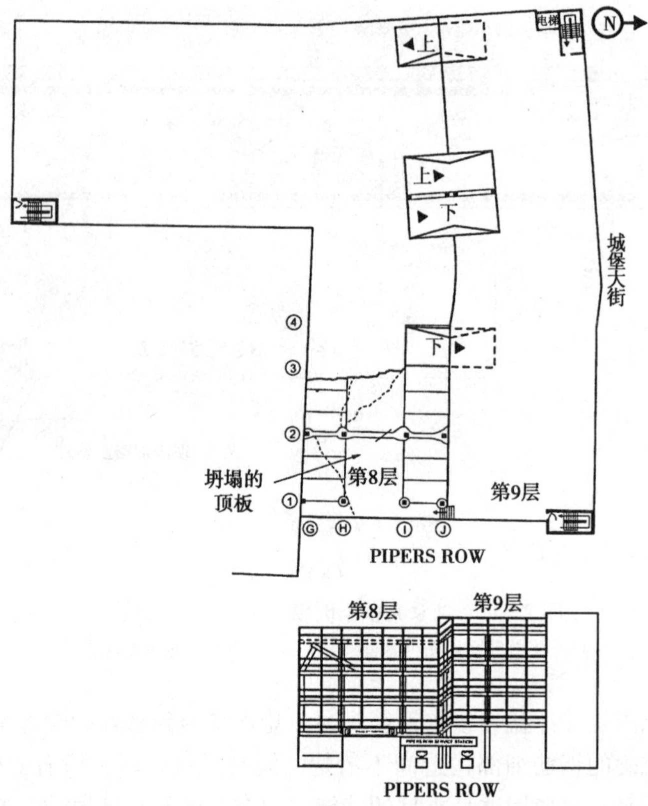

图 2-18 Pipers Row 停车场坍塌区的位置和坍塌范围（健康和安全执行委员会[2.47]）

图 2-19 伍尔弗汉普顿 Pipers Row 停车场顶层楼板坍塌
1997 年 3 月 25 日摄（健康和安全执行委员会[2.47]）

·顶板露天平台经常积水，防水系统逐渐局部失效，导致板大部分时间处于饱水状态，因此抗冰冻作用能力脆弱。

·柱附近的脆性混凝土与冰冻作用所产生的现象类似，也会发生表面剥落和内部机械破坏，但钢筋没有明显的腐蚀。

·坍塌之后对残留试样的检查表明，混凝土劣化已发展到上部钢筋中。理论计算表明，劣化发展到使板原有的承载力降低到与倒塌时作用的外力相符的深度。

Pipers Row 是一项很有意义的研究，得出了非常明确的结论。在该案例中，导致破坏的主要原因是冻融，从结构本身讲存在不止一种缺陷，包括混凝土质量较差，防水系统失效，这种结构形式易于发生连续倒塌破坏。

对 Pipers Row 研究的另一个结果是修补的作用。从 20 世纪 80 年代中期起，对渗水及渗流的关注与日俱增，人们一直在努力对此进行改进。另外，易碎混凝土面积的扩大也受到关注。早在 1996 年人们就开始对结构敏感的区域进行局部修补，这些区域的位置如图 2-20 所示。对坍塌后残片的检查表明，自这些残片与老混凝土分离起，结构上就已经失效了（图 2-21）。

文献中还记载了其他的一些案例。在这些案例中，有些侵蚀作用在失效中扮演了主要角色。所有案例破坏的原因基本上与上述的案例相同，都是几种因素共同起作用，加速了劣化的发展。在评估中认识到这一事实并尽力去判别这些因素是很重要的，因为这关系到采用的补救措施及干预时间。

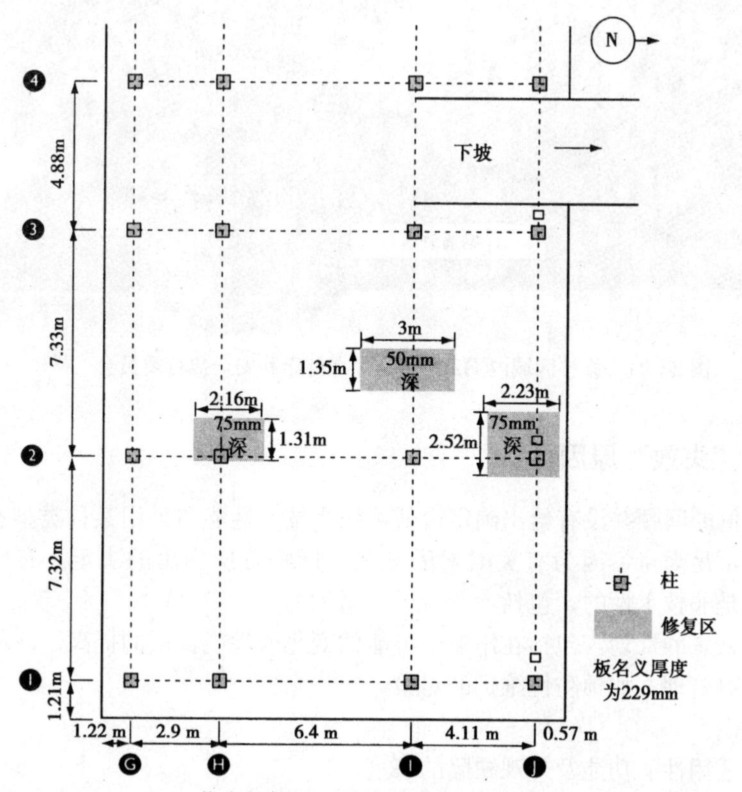

图 2-20　Pipers Row 停车场坍塌区的修补位置（健康和安全执行委员会[2.47]）

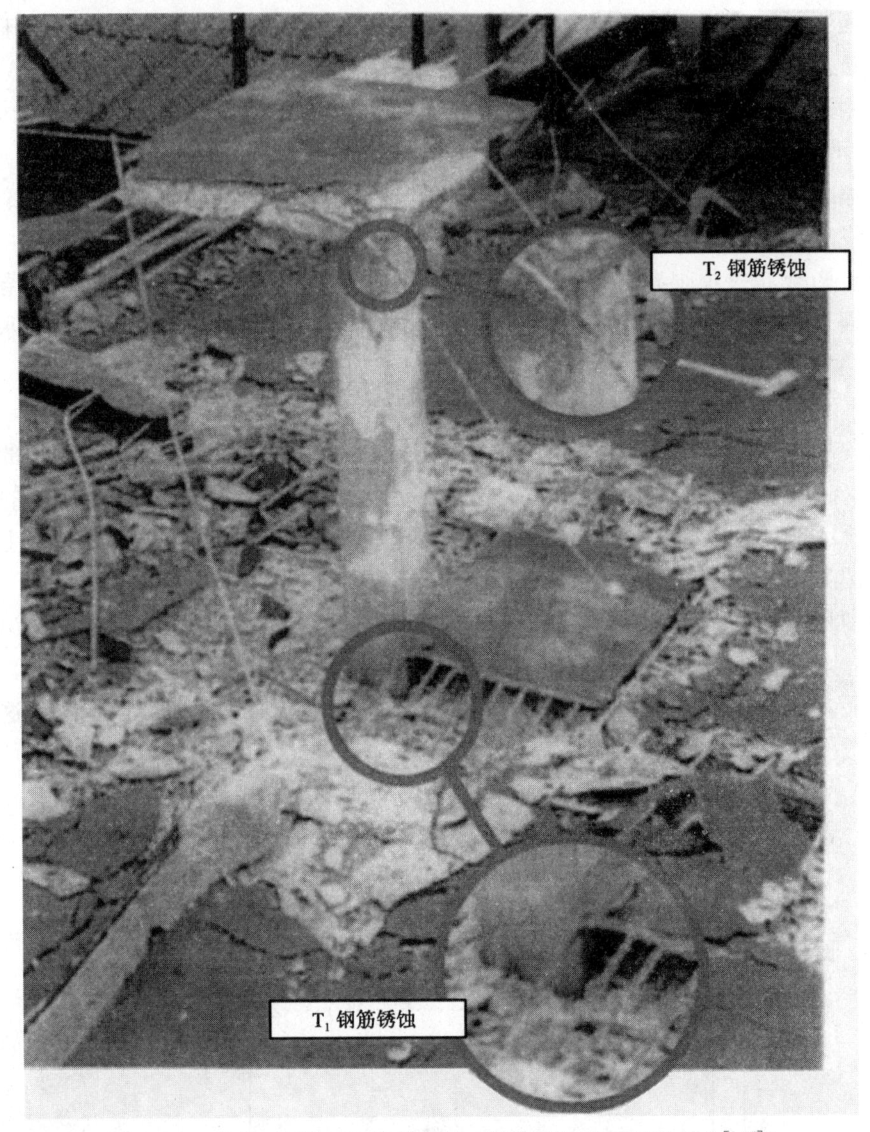

图 2-21　修补区域内 H2 柱的残片（健康和安全执行委员会[2.47]）

2.5.2　“失效”原因

对众多案例的回顾并没有给出确定最低可接受技术性能和采用某种类型补救措施的特定模式。这并不足为奇，因为有关因素的复杂性影响着所作出的决定。有些因素是主观的，还有一些是非技术性的，包括：

· 对结构未来的计划，包括在用途上可能的变化或性能标准的提高。

· 维护策略管理，如预防性维护的对策。

· 预算限制。

· 业主对适用性、功能及外观缺陷的态度。

在此，还要介绍一些基本要求。

安全是人们首要关注的问题，包括强度、稳定性和结构的适用性。为避免或降低第2.5.1节所述的物理失效，确定采取措施的时间倾向于保守。在某种程度上，由于知识和信心在逐渐增加，这种保守的做法现在采用的越来越少，人们更多的是结合以前的情况进行分析，这种分析将越来越准确，因为评估输入值是测量的而不是假定的。

就劣化造成的缺陷而言，主要有两个方面的问题：

1. 与初始设计所提供的结构能力相比，结构能力（弯、剪、粘结、开裂等）有所降低；
2. 破坏可能仅仅是由劣化导致的。

对于第1个问题，评估一般采用分析方法，或者使用修正的设计模型对承担荷载的危险截面进行重新评估，但是人们越来越倾向于使用可靠度方法。任何情况都要获得代表劣化导致的物理损伤的输入参数，一般包括几何尺寸的减小或力学性能的降低，这取决于劣化机制的特点和强度。这需要对每一案例进行仔细观察，以确保对残余承载力的预测有足够的把握。

上面所提到的损伤都有明显的特点，如混凝土或钢筋截面的减小、导致粘结或锚固能力降低的开裂和剥落。外部作用（如冻融作用）可引起混凝土表面剥落（减小保护层有效厚度）或内部机械损坏（降低混凝土强度和刚度）。碱骨料反应产生的主要影响是膨胀，其对结构的影响在于是否存在约束。

上述第2个问题常见于特殊的劣化案例中，一个例子是短柱混凝土保护层的剥落，从而使柱变为细长柱。应力集中的局部区域会很脆弱，如支座，特别是钢筋细部构造较差且混凝土没有受到箍筋约束时。下面的例子提出了一个一般性问题，即不仅要考虑整体结构的强度、刚度和稳定性，还要关注比较脆弱的局部区域。

有关这方面的内容在涉及评估问题的第6章还会深入介绍。这里，反馈得到的基本信息是要求不仅提出和使用分析方法，输入观察或测量的劣化数据代表值，还要提出能够代表最低可接受技术性能的基本原则，这对选取最合适的补救措施及干预时间是至关重要的。

如果在普遍意义上考虑“失效”，那么还需要考虑最低可接受技术性能的其他方面，大多数情况需要从适用性角度考虑。由于刚度降低或过度变形导致使用功能降低是主要问题。无论什么原因导致的开裂都值得关注，其中密闭性或避免渗漏很重要。腐蚀导致的过度顺筋开裂会引起人们的担心，如果导致梁角或板底混凝土剥落，人们的考虑将会从强度降低转为残片坠落可能会引起的安全问题。

2.5.3 结构敏感度和储备强度

在评估采取措施的紧迫性时，另外需考虑的一个因素是结构的类型和特点。有些结构天生就易于发生劣化，其中超静定性次数、承载机制甚至钢筋细部构造的质量非常重要。在Pipers Row的例子中（第2.5.1节），本可以控制连续倒塌的程度，因为板底部钢筋贯通柱。这种思考方式可扩展到单个构件或危险截面：锚固或承载区是否有箍筋约束？构件是超筋还是配筋不足？劣化发生于危险截面还是沿搭接长度？局部刚度降低是否影响整体结构荷载效应的分布等。

另一个方面是储备强度的存在，这一点在初始设计中并未考虑。有关此方面的指导文件已由混凝土桥梁技术开发组出版[2.48]。除考虑加载路径或抗力形式之外，下面是一些具体的例子：

·在边缘有约束的情况下，板中的受压膜作用；

·抗剪评估采用比拟变角桁架模型；

·支座产生的横向压力提供的约束。

这类情况的出现，倾向于使评估向使用更为精确的分析方法方向发展，与以规范中一般性的保守规定为依据的方法相比，这些方法更好地反映了结构真实承载力。随同建议书BA79/98[2.49]的颁布，该方法正式用于英国的公路桥梁评估中。

BA79/98以评估原理为依据，评估的起始水准较低，如有必要，以后需进一步提升。评估的5个水准如下：

水准1：使用简单的分析方法及按规范规定进行评估；

水准2：使用更加严格的分析方法进行评估；

水准3：使用对桥梁荷载和承载力更好的估计方法进行评估；

水准4：使用规定的目标可靠度进行评估；

水准5：使用全概率可靠度分析方法进行评估。

水准1到水准3达到了安全性中令人满意的水平，此水平是现行设计规范中采用的半概率方法的基础，代表了大多数情况，目前正努力使其能反映因劣化而改变的既有结构。如可能的话，结构敏感度也应在该方法中考虑。

另外，水准1到水准3能够直接给出与初始设计的比较。当考虑结构整体可靠指标变化时，则需采用水准4和水准5。

2.6 本章总结

本章的目的是提供评估管理特别是结构评估的观点，其中涉及分析的形式，很重要的一点是初始资料是真实的并具有代表性，从工程角度积极了解和思考也很重要。

从反馈中得出的主要信息如下：

2.1 调查资料

(a) 可变性的存在及范围。

(b) 尽管侵蚀作用是引起劣化的原因，但劣化也在很大程度上受设计、细部构造及施工质量影响。

2.2 环境和局部微气候

(a) 一般环境（水、风和温度）对劣化程度有影响（表2-2）。

(b) 更重要的是，结构外表面附近的局部微气候与结构有相互作用，影响混凝土内部的潮湿状况，因此也会影响传输机制（图2-5～图2-8）。

(c) 接缝及排水效能、裂缝的存在会加剧微气候的影响。

(d) 确定采取延长劣化结构寿命的措施时，应考虑局部微气候的控制作用。

2.3 设计、细部构造和施工质量的影响

(a) 由于几何尺寸和施工工艺的原因，结构内部的混凝土质量会发生变化。

(b) 钢筋及预应力筋的保护层也会变化。

（c）有必要研究保护层混凝土的厚度及质量，重点是吸水性和渗透性等耐久性参数。

2.4　现场补救/修补系统的性能

（a）与实验室的可控条件相比，缺少现场真实条件下有关性能的定量数据。

（b）尽管现场经验受到限制，但也表明了存在相当大的可变性（图 2－13～图 2－16），其所受影响是由下列因素导致的：

—诊断错误；

—施工和方法错误；

—施工工艺，包括事先准备和现场操作。

2.5　结构问题

（a）由劣化导致的物理倒塌的案例比较少见，当这种情况发生时，通常有多种原因（第 2.5.1 节）。

（b）在结构评估中，需要明确了解最低可接受技术性能的构成，这会影响采取的补救措施和干预时间（第 2.5.2 节）。

（c）结构评估倾向于向逐步精细结构分析的方向发展，如第 2.5.3 节中的水准 1～水准 5，在按这一路线发展时，以下几点很重要：

—获得真实、有代表性的评估参数；

—充分了解结构的灵敏度；

—如可能，利用已有结构的储备强度。

本章参考文献

2.1 Somerville G. The design life of concrete structures. *The Structural Engineer*. Vol. 64A. No. 2. February 1986. pp. 60–71. IStructE, London.

2.2 Paterson A.C. The structural engineer in context (Presidential Address). *The Structural Engineer*. Vol. 62A. No. 11. November 1984. pp. 335–342. IStructE, London.

2.3 Building Research Establishment (BRE). The structural condition of prefabricated reinforced concrete houses designed before 1960. *BRE Information Paper IP10/84*. BRE, Garston. 1984.

2.4 Dunker K.F. and Rabbat B.G. Performance of prestressed concrete highway bridges in the United States – the first 40 years. *Journal of the Precast/Prestressed Concrete Institute (PCI)*. Vol. 37. No. 3. May/June 1992. pp. 48–64.

2.5 Muller J.M. *25 years of concrete segmental bridges – survey of behaviour and maintenance costs*. Company Report. J. Muller International, San Diego, CA, USA. 1990. p. 48.

2.6 Podolny W. The cause of cracking in post-tensioned concrete box girder bridges and retrofit procedures. *Journal of the Precast/Prestressed Concrete Institute (PCI)*. March/April 1985. pp. 82–139.

2.7 Wallbank E.J. *Performance of concrete in bridges: A survey of 200 highway bridges*. A report prepared for the Department of Transport by G. Maunsell & Partners. HMSO, London. 1989.

2.8 Brown J.H. *The performance of concrete in practice: A field study of highway bridges*. Contractor Report 43. Transport Research Laboratory (TRL), Crowthorne, Berks, UK. 1987. p. 61.

2.9 Di Maio A.A. et al. Chloride profiles and diffusion coefficients in structures located in marine environments. *Structural Concrete*. Vol. 5. No. 1. March 2004. pp. 1–4. Thomas Telford Ltd., London.

2.10 British Cement Association. *Development of an holistic approach to ensure the durability of new concrete construction*. Final report to the Department of the Environment on Project 38/13/21(cc 1031). BCA, Camberley, UK. October 1997. p. 81.

2.11 Pritchard B.P. *Bridge design for economy and durability*. Thomas Telford Ltd., London, UK. 1992.

2.12 Dewar J.D. Testing concrete for durability (Part 1). *Concrete*. Vol. 19. No. 6. June 1985. pp. 40–41. The Concrete Society, Camberley, UK.

2.13 Bungey J.H., Millard S.G. and Grantham M. *Testing of concrete in structures*. 4th Edition. Taylor and Francis, London, UK. 2006.

2.14 Murray A. and Long A.E. A study of the insitu variability of concrete using the pull-off method. *Proceedings of the Institution of Civil Engineers*. Part 2. No. 53. December 1987. pp. 731–745. ICE, London.

2.15 Forssblad L. and Sallstrom S. Concrete vibration – what's adequate? *Concrete International*. September 1995. pp. 42–48. American Concrete Institute (ACI), Detroit, MI, USA.

2.16 Parrott L.J. Effects of changes in UK cements upon strength and recommended curing times. *Concrete*. Vol. 19. No. 9. September 1985. The Concrete Society, Camberley, UK.

2.17 Ho D.S.W. et al. The influence of humidity and curing time on the quality of concrete. *Cement and Concrete Research*. Vol. 19. No. 3. 1989. pp. 457–464.

2.18 Gowripalan N. et al. Effect of curing on durability. *Concrete International*. February 1990. pp. 47–54. American Concrete Institute (ACI), Detroit, MI, USA.

2.19 Johansson A. and Warris B. *Deviations in the location of reinforcement*. Report No. 40. Swedish Cement and Concrete Research Institute, Stockholm, Sweden. 1969.

2.20 Mirza S.A. and Macgregor J.G. Variations in dimensions of reinforced concrete members. *Proceedings of the American Society of Civil Engineers (ASCE)*. Vol. 105. No. ST14. April 1979.

2.21 Morgan P.R. et al. How accurately can reinforcing steel be placed? Field tolerance measurement compared to Codes. *Concrete International*. Vol. 4. No. 16. ACI, Detroit, USA. October, 1982.

2.22 CUR (Commissie Voot Uitvoering van Research, Holland). *Concrete Cover*. Report 113 (2 volumes) 1984. Available from Concrete Information Services, Camberley, UK.

2.23 Marosszeky M. and Chew M.Y.L. Site investigation of reinforcement placement in buildings and bridges. *Concrete International*. Vol. 12. No. 4. ACI, Detroit, MI, USA. April, 1990.

2.24 Clear C.A. *Review of cover achieved on site*. BRE Contract No. EMC/94/86. BRE, Garston, UK. December, 1990.

2.25 Clark L.A. et al. How can we get the cover we need? *The Structural Engineer*. Vol. 75. No. 17. pp. 29–296. 1997. Institution of Structural Engineers, London. UK.

2.26 CIRIA. *Specifying, detailing and achieving cover to reinforcement*. Funders Report RP561/4. CIRIA, London 1999.

2.27 The Concrete Society. *Durable bonded post-tensioned concrete bridges*. Technical Report 47 (2nd edition), 2002. The Concrete Society, Camberley, UK.

2.28 British Standards Institution. Eurocode 2: Design of concrete structures – Part 1.1: General rules and rules for buildings. BS EN 1992-1-1: 2004. BSI, London, 2004.

2.29 British Standards Institution. BS 8500; Concrete – Complementary British Standard to BS EN 206-1. BSI, London. 2002.

2.30 Mallett G.P. *Repair of concrete bridges*. State of the art review. Thomas Telford Ltd., London, UK. 1994. p. 194.

2.31 Canisius T.D.G. and Waleed N. Concrete patch repairs under propped and unpropped implementation. *Proceedings for the Institution of Civil Engineers*. Structures and Buildings 157. April 2004. Issue SB2, pp. 149–156. ICE, London, UK.

2.32 The Concrete Society. *The repair of concrete damaged by reinforcement corrosion.* Technical Report 26. 1984. The Concrete Society, Camberley, UK.

2.33 The Concrete Society. *Guide to surface treatments for protection and enhancement of concrete.* Technical Report 50. 1997. The Concrete Society, Camberley, UK.

2.34 The Concrete Society. *Diagnosis of deterioration in concrete structures.* Technical Report 54. 2000. The Concrete Society, Camberley, UK.

2.35 American Concrete Institute (ACI). *Concrete Repair Manual – 2nd Edition.* 2004. ACI, Detroit, USA. Available in the UK from BRE, The Concrete Society or the Concrete Repair Association.

2.36 International Federation for Structural Concrete (*fib*). *Management, maintenance and strengthening of concrete structures.* Bulletin 17. 2002. *fib*, Lausanne, Switzerland.

2.37 Barkey D.P. Corrosion of steel reinforcement adjacent to structural repairs. *ACI Materials Journal.* July–August 2004. pp. 266–272. ACI, Detroit, MI, USA.

2.38 Vaysburd A.M. and Emmons P.H. Corrosion inhibitors and other protective systems in concrete repair: Concepts or misconcepts. *Cement & Concrete Composites 26.* 2004. pp. 255–263. Elsevier Ltd., USA.

2.39 Yunovitch M. and Thompson N.G. Corrosion of highway bridges: Economic impact and control methodologies. *Concrete International.* January 2003. pp. 52–57. ACI, Detroit, USA.

2.40 Andrews-Phaedonos F. et al. Rehabilitation and monitoring of Sawtells Inlet Bridge – 12 years later. *Concrete in Australia.* Vol. 30. No. 3. September–November 2004. pp. 17–23. Concrete Institute of Australia, Sydney.

2.41 Tilly G.P. Performance of repairs to concrete bridges. *Proceedings of the Institution of Civil Engineers, Bridge Engineering.* Vol. 157. September 2004. pp. 171–174. ICE, London, UK.

2.42 Hammond R. *Engineering structural failures.* Odhams Press Ltd., London. 1956. p. 207.

2.43 Champion S. *Failure and repair of concrete structures.* Contractors Record Ltd., London. 1961. p. 199.

2.44 Feld J. *Lessons from failures of concrete structures.* American Concrete Institute (ACI). Monograph No. 1. 3rd printing 1967. p. 179.

2.45 Woodward R.J. and Williams F.W. Collapse of Ynys-y-Gwas bridge, West Glamorgan. *Proceedings of the Institution of Civil Engineers. Part 1: Design and Construction.* Vol. 84. August 1988. ICE, London.

2.46 New Civil Engineer (NCE). *Poor maintenance blamed for Montreal collapse.* NCE, London, UK. 5 October 2006. p. 5.

2.47 Health and Safety Executive (HSE). *Interim results of Pipers Row investigation.* News Release 30 April 1997. Also, www.hse.gov.uk, for details of the forensic investigation.

2.48 Concrete Bridge Development Group (CBDG). *Notes for guidance on the assessment of concrete bridges.* Technical Report No. 9. CBDG, Camberley, UK. 2005.

2.49 Highway Agency. *The management of sub-standard highway bridges.* BA 79/98. Highways Agency, London, UK. 1998.

第3章　管理和维护系统

3.1　简介和发展史

本章对各种不同的管理和维护系统及如何从技术上或非技术上不断满足业主需要进行了简要评述，目的是为了找出各系统之间的不同。各系统之间存在差别是因为业主使用的方法和策略不同及建筑物的特性、功能和类型不同造成的，但是总目的是相同的。

本书讨论的范围仅限于混凝土结构。在英国，绝大多数混凝土结构是在过去50、60年内建造的，由于当时的历史局限性，人们在试图收集有关维护成本方面的数据，以期为基础设施的管理提供一个系统、合理的方法。

O'Brien的一篇论文[3.1]以房屋建筑为重点提出了下面3个问题：

1. 1950年颁布的实用规范[3.2]，把建筑及其组成部分的寿命分成若干等级；不过，无论是在对设计的影响上，还是在对当时管理和维护制度的影响上，该划分方法都不是很成功。

2. 人们对导致维护成本过高因素的反应，表明结构的设计/细部构造和可建性与材料本身的寿命同样重要。

3. 1955年～1965年间，人们汇总了大量有关维护成本的数据（主要由公共建筑及工程部和建筑研究机构负责）。数据表明，结构使用时间越长，维护成本越高，并且各结构部件之间差异很大。有时，在进行干预之前，由于对劣化程度的接受程度不同，业主态度及参照的标准不同也会导致很大的差异。所运用的策略会随系统从预防性维护到紧急情况管理的改变而改变，但都需要一定的资金。

为了改善这种状况，O'Brien[3.1]提出了“建筑经济学”理论（现称为全生命周期成本分析，LCCA)，尽管知道前几年刚出版了一本类似的维护手册[3.3]，O'Brien还是支持单体建筑维护手册的概念，类似于汽车的维护手册。

后来的20年中，人们收集了更多的成本数据，但也只是更注重把这些信息整理为资产管理的形式。在建筑方面，可参考文献［3.4］。

这种方法引用了结构及其主要部件的初始寿命，其主要贡献是将单个构件及其提供的使用功能（如外部细木工、密封剂、雨水管、瓷砖、锅炉等）细致地列出，并且对其中的每一项都给出了建议：

—替换寿命；

—无需维护的寿命；

—从管理和维护角度需要考虑的项目。

相应提出了检查时间间隔的建议。检查类型主要有以下几种：

- 常规检查：建筑物用户对建筑物连续的、有规律性的观测。
- 一般检查：在有相应资格的专业人员监督下，对主要建筑构件每年一次的外观检查。
- 详细检查：至少每5年由有相应资格的专业人员对建筑结构进行一次的全面检查。

所以，有人建议将各种检查并入到管理制度中，并严格规范相关人员的技术和经验。

近20年来，英国标准和国际标准化组织标准在规范这些方法上有了较大发展。在管理、维护和评估方面，主要有英国标准BS 8210[3.5]和国际标准ISO 13822[3.6]。评估这些标准编制的全过程，有必要参考相应建筑耐久性及使用寿命的规范。这就要参考英国标准BS 7543[3.7]和国际标准ISO 15686-1[3.8]。

现在尚不确定这些文件在实际工程中作为评估管理基础的应用程度。由于这关系到本书的范围，也有可能会有更新的、更详细的规范出版，表3-1仅给出其主要内容。

表3-1　文献[3.5～3.8]关于管理和评估的简要总结

参考文献	主题/名称	范围	注释/主要特征
BS 8210：1986[3.5]	建筑 维护 管理	建筑 总则 建筑纤维材料 工程服务	主要以检查单的形式列出，几乎没有定量要求。一些实用的附录，侧重于记录性能及缺陷数据的标准化和文件记录
ISO 13822：2001[3.6]	对既有结构的评估	评估总框架： —步骤 —初步评估 —详细评估 —措施及环境 —结构分析 —确认	主要明确评估框架中的单元/阶段 一些量化（除信息性附录）包括： —流程图 —可靠度检查数据的评价 —目标可靠度等级
BS 7543：1992[3.7]	建筑物、建筑构件及组成部分的耐久性	结构设计中耐久性的定义 建筑物及其构件的建议寿命 建议的维护水平 导致劣化的介质（附例子）	两者都关注新建建筑，有很多共同点；所以将两者一起考虑，侧重于管理、维护和评估 定义建筑物构件的寿命，对设定两次检查之间的时间间隔有帮助，这些构件被分为可修、可换和终身使用3类
BS ISO 15686-1：2000[3.8]	使用寿命规划—第1部分：总原则	同上，另外还包括： —预测 —系数设计方法 —废弃、灵活处理和再利用 —性能要求和生命周期成本分析（LCCA）	文献[3.7]定义了维护等级，文献[3.8]定义了废弃分类的概念 针对功能和使用上可接受的最低性能有一些应对措施，加上“失效影响”标题下新增的8个类别的措施

表3-1所示为数据不断充实的过程，侧重于一般指南和房屋建筑。即使最早的文献[3.1，3.2]，也认识到了侵蚀作用，但并没有给出如何应对侵蚀作用对资产管理系统影响的具体指导。与此同时，随着对侵蚀作用范围之广及情况之紧急的认识，人们对其解决方法的需求与日俱增。如在英国，直到1960年，除冰盐才得到广泛应用，而其影响在十多年前即已认识到了。

指南中的解决方法很多，有国内和国外的。目前所提到的方法（表3-1）可分为以下几类：

第1类：国内和国际指南。一般性原则，但比较侧重于建筑结构（与设计规范类似）。

第2类：特定结构。这些大多数是由一位或多个业主共同编写的。例如：

—桥梁和公路结构；

—停车场（多层或地下）；

—港口及海上建筑物；

—重大土木工程（大坝等）；

—核设施。

第3类：侵蚀作用。这种指南通常是由这方面的专家委员会编写的，包括：

—碱骨料反应（ASR）；

—腐蚀；

—冻融侵害；

—硫酸盐侵蚀或其他相关侵蚀，如延迟钙矾石和硅石灰膏的形成。

第4类：检查和试验方法。这种类型只与管理和评估方法部分有关。不过这部分内容很重要，因为这部分的独立指导可补充上述3种方法，所以在此单独列出。

每种类型的方法在处理劣化时所采用手段非常不同。第2类方法通常从已有的资产管理系统出发，探索如何将有关劣化的最新信息整合到该系统中。第3类方法的重点不是资产管理和维护的具体影响，而是对特殊机制的完整处理，包括机制的特点和如何避免出现这种机制。资产管理的指南包括概率方法和对基于规范设计公式的修正。

本章后面在介绍第4章～第6章建议的评估步骤之前，给出了指南中每种类型方法的实例，并从中提取一般原则和目标。

3.2 目前资产管理指南的例子

不要求对这部分完全理解，只要求知道每个环节有哪些内容。所选择的案例均能体现每类方法的主要特点。第3.3节将会对其主要原则和目标进行总结。然后按第3.1节的顺序逐一介绍这4类方法。

3.2.1 第1类：国内和国际指南

3.2.1.1 英国结构工程师协会“已有结构的评估[3.9]”

1980年首次出版，前言中简要介绍了评估的发展历史。该文件涵盖了所有类型的常规结构。在此介绍主要有下列原因：

1. 当更多关注结构劣化时，流程图的综合性特点为制作类似但更简洁的图表提供了良好的基础。

2. 评估中，采用的分析方法都考虑荷载组合。这些基于分项系数方法，与大部分极限状态设计规范的半概率法一致。由于材料性能和实际荷载参数精确性的提高，建议降低分项系数的值，这时设计的可靠度并未发生变化。

3.2.1.2 美国混凝土协会（ACI）“已有混凝土建筑的强度评估[3.10]”

美国混凝土协会437委员会（ACI Committee 437）在1967年首次发布了这一问题的报告，到目前已更新了数次。评估的基础是美国混凝土结构设计规范ACI 318，其修订版本对测量或观察的几何、力学特征进行了说明。强调了数据和记录文件的重要性，明确指出了检查及评估应具有连续性。认为结构分析是评估的核心，更精细的分析方法可能对评估更有帮助。

3.2.1.3　加拿大标准协会“已有桥梁的评估[3.11]”

严格来讲，该标准只适用于桥梁，在此介绍该标准是考虑方法的通用性，而且是补充设计规范的一个例子，用于评估。

值得注意的是确定安全等级的方法。尽管评估方法与设计规范有关，但要求的安全等级却是通过最基本的方法建立的，用目标可靠指标 β 表示，具体见表 3-2。

表 3-2　加拿大桥梁规范中关于可靠度方法的说明[3.11]

目标可靠指标 β				
体系性能	构件性能	检查等级		
		INSP1	INSP2	INSP3
S1	E1	3.75	3.5	3.5
	E2	3.5	3.25	3.0
	E3	3.25	3.0	2.75
S2	E1	3.5	3.25	3.25
	E2	3.25	3.0	2.75
	E3	3.0	2.75	2.5
S3	E1	3.25	3.0	3.0
	E2	3.0	2.75	2.5
	E3	2.75	2.5	2.25

β 的目标值受下面 3 个因素影响：

(a) 体系性能，其 3 种类型的定义为：

S1，体系中构件的性能会导致整体破坏；

S2，体系中构件的性能可能不会导致整体破坏；

S3，体系中构件的性能只会导致局部破坏。

(b) 构件性能，其 3 种类型定义为：

E1，承载力突然降低，很少有或无预兆；

E2，与 E1 类似，只不过破坏后的承载力损失较小；

E3，破坏是逐渐发展的，破坏前有预兆。

(c) 检查等级，其 3 种类型定义为：

INSP1，检查不出某个部件的局部破坏；

INSP2，检查只是常规性的（按照规范的规定）；

INSP3，对关键部分及低等级的构件做详细检查，通过计算给出检查结果。

有趣的是，这种又回到基本问题的方法（可靠指标）与用其校准过的规范方法联系了起来，这样既考虑了破坏的后果，又考虑了其可能的性能，同时还考虑了与现场构件有关的一些因素。β 的取值范围很大，正如规范中强调的，需要准确的工程判断能力。

3.2.1.4 CEB/fib 的活动[3.12,3.13]

1998 年，欧洲混凝土委员会（CEB）和国际预应力混凝土联合会（FIP）合并为国际混凝土联盟（fib）。欧洲混凝土委员会特别关注结构耐久性和使用寿命设计，发布了大量反映欧洲在此领域相关活动的公告。发表的这两份报告从其本身的角度看都非常有价值。

要经常将这两份报告放在一起使用，因为其范围基本一致，只不过报告［3.13］更侧重于总体，而报告［3.12］更为详细和定量化。图 3-1 和图 3-2 摘自这两份报告，介绍了已有的一些做法，对后面几章的学习有引导作用。

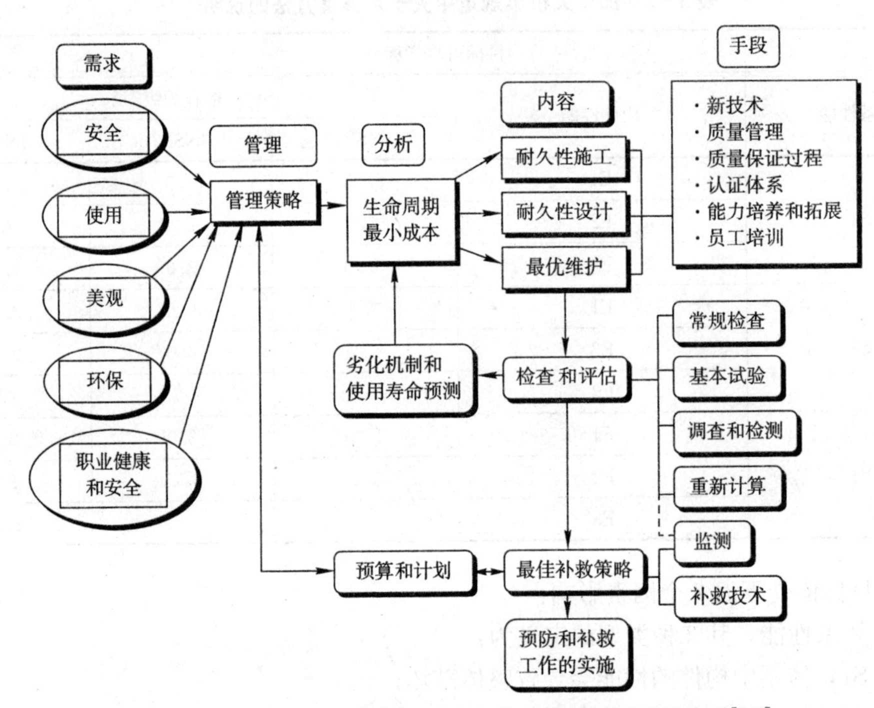

图 3-1 需求、生命周期最小成本与管理和维护活动的关系[3.13]

实际上，图 3-2[3.12]是对图 3-1[3.13]右半部分更为详细的描述，所以可能对资产管理和评估活动更感兴趣。然而，图 3-1 左半部分列出的因素在特定条件下也会影响方法和措施。一个高效的资产管理系统，必须足够全面、强大，以便于将这些因素考虑进去。图 3-2 的一个主要特点是其连续性，从收集相关信息开始，只处理其中有必要处理的信息，同时收集指定渠道的更多信息。在给出合理评级之前，无论是否需要，从环境评估转到定量的分析/可靠性方法，评估阶段都是整个过程的核心环节。文献［3.12］特别强调了这一点，在其附录 A 中给出了各等级的具体说明。

3.2.1.5 混凝土协会技术报告 54[3.14]

该报告的范围与文献［3.12］和文献［3.13］基本相同，但在试验、调查分析和评估方面涉及内容更多、更全面。在此称为第 1 类：一般国内和国际指南，但在第 4 章中作更详细的论述。

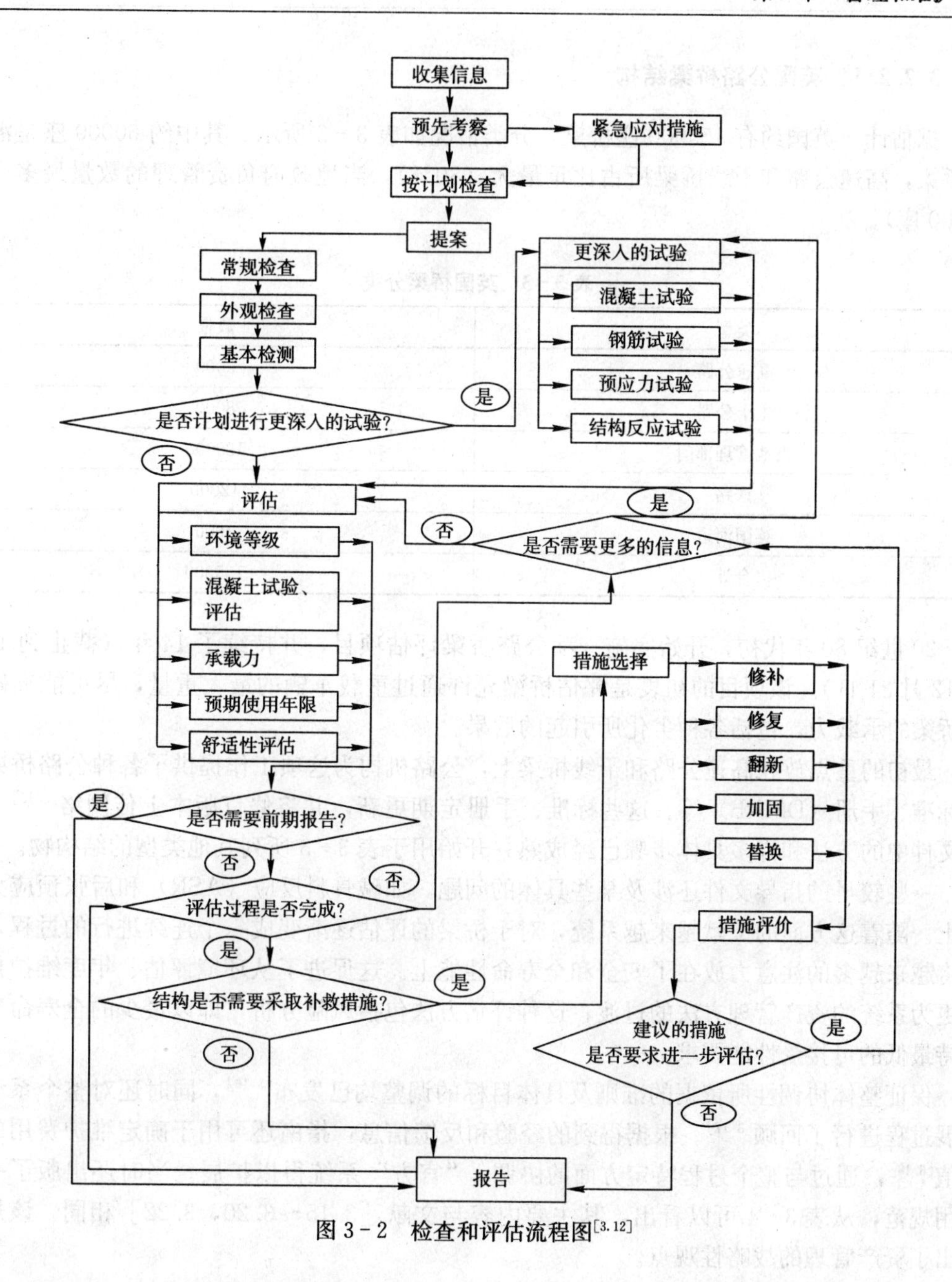

图3-2　检查和评估流程图[3.12]

3.2.2　第2类：特定结构——桥梁

与其他结构类型相比，人们在桥梁结构上花费了大量精力，这是因为桥梁数量庞大，而且经常处于露天的恶劣环境中。

文献［3.13］指出，许多国家都有桥梁方面的标准。因此，这里将桥梁分离出来，其余类型的结构在第3.2.3节中讨论。本书对这一方面内容的介绍并不全面，但选择的实例代表了不同的方法。

3.2.2.1 英国公路桥梁结构

据估计，英国约有155000座桥梁，分类情况如表3-3所示。其中约60000座是混凝土桥梁，高速公路和干线桥梁所占比重最大（80%），当地政府负责管理的数量最多（约43000座）。

表3-3 英国桥梁分类

类型	数量
高速公路	5000
主干公路	8000
当地管理部门	129000
铁路	12000
英国河道	1000
合计	155000

20世纪80年代初，开始实施一项公路桥梁评估项目，并持续了14年（截止到1998年12月31日）。该项目的初衷是评估桥梁允许通过重载车辆的最大重量，尽可能准确估计桥梁的承载力，包括各种劣化所引起的后果。

最初的重点放在高速公路和干线桥梁上，公路机构为这项工作提供了各种公路桥梁设计标准、手册（DMRB）等。这些标准、手册定期更新，并将修订版本上传网络[3.15]。这些文件中的方法和许多具体步骤已经成熟并开始用于表3-3所列其他类型的结构物。

一些较早的指导文件还涉及某些具体的问题，如碱骨料反应（ASR）和后张预应力混凝土。随着这方面的文献越来越系统，对于桥梁的评估逐渐变成一个连续进行的过程，并且将越来越多的注意力放在了安全和全寿命性能上。这促进了从环境评估、年度维护预算向更为系统的资产管理方法的过渡，这种评估方法包括风险分析，即以最少的全寿命费用维持最低的可接受性能要求。

保证整体协调性所依据的准则及具体目标的调整均已发布[3.16]，同时还对整个系统的发展过程进行了回顾[3.17]。根据得到的经验和反馈信息，指南还可用于确定维护费用的建议值[3.18]，通过与整个过程特定方面的协调，“官方”系统得以扩展。当时还出版了一本实用规范，从表3-4可以看出，其主要内容与文献［3.15～3.20，3.22］相同。该规范给出了资产管理的战略性观点。

表3-4 英国公路桥梁管理规范的主要内容[3.22]

总结——规范和重要建议概述 1. 概述——规范目的、现状和范围介绍
2. 管理背景——桥梁管理涉及的全部管理背景和环境介绍
3. 资产管理计划——资产管理及在公路结构管理中应用介绍
4. 财政计划和资源管理——对不熟悉此方面内容的桥梁管理者做财政问题的介绍
5. 维护计划和管理——有关发展和实施可降低成本和可持续维护计划过程的介绍

续表

6. 检测和监测——支持一个好的管理实践所需的制度和技术介绍
7. 结构评估——结构检测、再评估制度介绍，提供评估过程指南
8. 非常规荷载管理——非常规荷载移动管理方法指南的介绍
9. 资产信息管理——信息管理过程和公路结构对相关信息要求的介绍
10. 桥梁管理系统框架——为规范全面实施，桥梁管理系统（BMS）要求功能方面指导的介绍
11. 规范实施——桥梁管理者实施规范方法的介绍
附录——提供补充信息的 14 个附录

在过去的 20～30 年中，英国公路桥梁的发展情况与在其他国家没有太大区别。一方面，需要处理各种类型的劣化机制（如侵蚀或碱骨料反应）；另一方面，有必要建立评估结构承受越来越大活荷载能力的方法。经验方法已经逐渐发展成为一种系统的资产管理方法，既有策略，又很具体[3.21,3.22]。

将整个系统拆分为基本形式，形成图 3－3 所示的简单例子。t_1 年对两座不同的桥梁进行评估。该图看起来似乎简单，却说明了系统的很多重要特征：

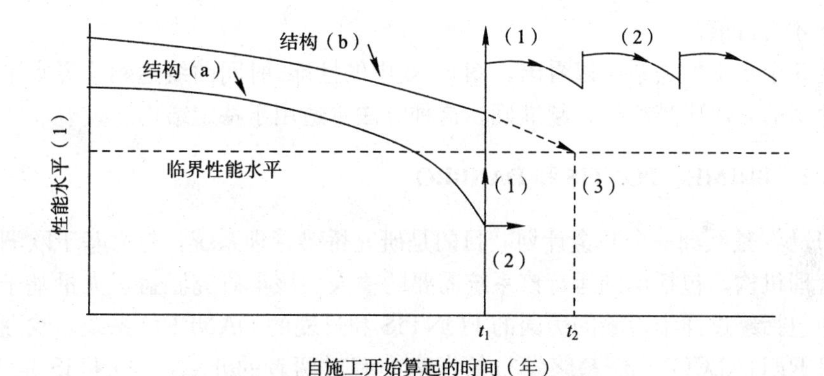

图 3－3　英国桥梁资产管理的简单例子

结构（a)。维护方案：1 立即对结构进行加固；2 限制结构荷载/采取临时措施并进行监测

结构（b)。维护方案：1 立即对结构进行加固；2 通过小修减轻劣化/对结构进行监测；3 做最少的工作，维持到 t_2 年进行更换

1. 在此过程中，纵轴表示的性能水平可分为 2 个阶段：

(a) 初步评估阶段，条件评估可用来确定是否需要进行更为具体的（定量的）分析来评估、检验结构的承载力；

(b) 具体评估阶段，主要评估结构的强度、刚度、稳定性和适用性等性能。

2. 一旦达到临界性能水平，就要采取必要措施，只有评估人员对临界性能水平要满足的要求有清楚的认识，整个系统才能很好地运转。

3. 明确性能-时间曲线的斜率很重要，通过它可确定两次检查的最长时间间隔。

4. 在具体评估阶段，计算性能-时间曲线时，BA79/98[3.23]系统的说明指出：“近似分析方法的选择主要取决于桥梁的结构形式和要求的精度。最简单的方法尽管保守，却是最快的方法，应在采用精确但复杂的方法之前使用。”

从原理上讲，评估可分为 5 个等级：

水平 1——简单

简单的分析方法可给出保守的承载力估计。

水平 2——精确

更为精确的分析和更好的结构模型。可使用梁格分析法和有限元法，也可使用非线性和塑性分析法。该水平的检查包括材料强度特征值的确定。特征值是根据已有数据推断而来的，而不是从现场实测得来的。

水平 3——特定桥梁

该水平的评估包括“评估”特定桥梁的活荷载，涉及的材料特征值应取实测结果。

水平 4——经校准的标准

水平 1～水平 3 的评估都是根据有关安全的规范进行的，安全水平是参考以往满足要求桥梁的性能得到的。对于水平 4 的评估，可对荷载和承载力标准及相关分项安全系数进行修正。修正基于可靠度研究、判断和以往的经验。

水平 5——体系可靠度分析

该水平的评估需要荷载和承载力公式中所有变量的概率信息。通常认为这种方法只在特殊情况下才有价值。

从以上 5 个水平的关系可以看出，图 3－3 中的性能-时间曲线达到临界水平的时间越长，要求使用的方法应越严格、越准确。这种方法更适用于特定结构。

3.2.2.2 BRIME、PONTIS 和 DANBRO

BRIME[3.24]是欧洲一个基金计划，目的是研究桥梁管理系统，然后基于欧洲网络建立一个桥梁管理机构，包括识别运行该系统需要的输入。该项研究涵盖了大量基于计算机的系统，其中包括经过详细检验的美国的 PONTIS 和丹麦的 DANBRO 系统。欧洲发起的另外一个项目 REHABCON[3.25]最终发行的指南中有对两者的介绍。PONTIS 是 1989 年美国联邦公路局发起建立的，通过美国各州公路和运输工作者协会，目前已得到 40 多个交通部门的认可。DANBRO 起初是丹麦发起建立的，除丹麦外，其他很多国家也在使用。

两个系统都得到广泛使用，目的十分相似：

- 满足并保持安全标准；
- 维持公路网的承载力；
- 使维护费用最小；
- 组织预防性维护；
- 有效使用基金资源；
- 维持整个建筑物寿命周期内的投资。

每个系统包括的内容也大体是相似的：信息采集、整理、预测、成本和预算、计划、优化及确定方案。主要部分随相互之间的影响有所不同。图 3－4 是 DANBRO 的整体构架，清楚说明了项目维护的重要性及如何参考评估结果进行最终决策。对于结构相似的大部分建筑物，该构架包含的内容是必不可少的。

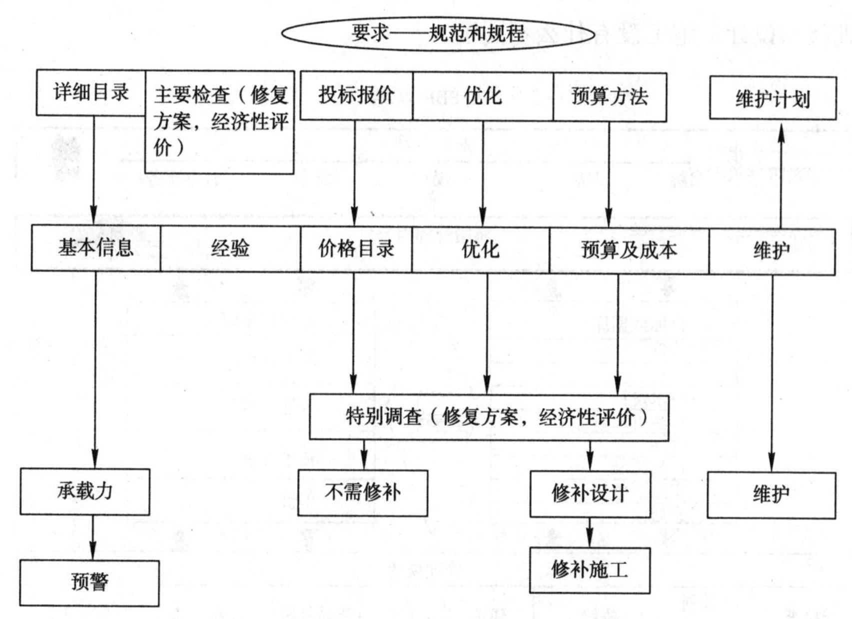

图3-4　DANBRO管理系统包含的内容[3.24,3.25]

3.2.2.3　瑞典桥梁管理系统：SAFEBRO

文献［3.25］对SAFEBRO进行了总结。图3-5是该系统的所有组成部分，其中有5个主要模块：

(a) 总体管理方案；

(b) 桥梁管理内容；

(c) 目标资料库（桥梁库的基本项目）；

(d) 知识数据库；

(e) 处理模块。

策略/活动由（a）和（b）决定。处理模块（e）用于确定、校正（c）中的主要数据，然后记录在已知数据库（d）中。定义和其相互关系简单明了。该系统是在计算机上实现的，是根据某个方面的指导文件（如检查制度[3.26]）编写的。这样重点放到了相关人员的能力和培训，以及文件和记录的质量和保管方面。以下是建议的5种类型的检查和频率：

常规检查　常规性的检查，主要检查常规病害；

表观检查　主要线路两年检查一次，其他的每年一次；

总体检查　$\ngtr$3年；

重点检查　$\ngtr$6年；

特别检查　如有必要，检查观察到的损坏或重要构件。

对于每一种检查的目的和范围，指南都有详细的说明。

SAFEBRO和前面提到的其他系统都有一个共同特点，即需要可靠的文字记录，如图3-5中的5个组成部分。这些记录应容易理解，形式应便于分析、评估和很好地进行决策。如前所述，无论一个系统多么具体、多么详尽，都应有工程人员进行决策的空间，这样资产管理就与设计、施工没有什么不同了。

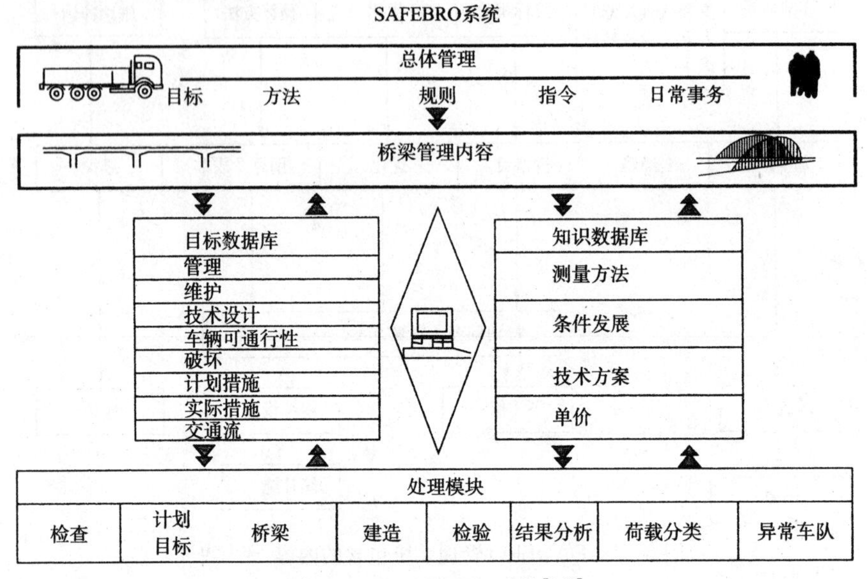

图 3-5 SAFEBRO 系统[3.25]

3.2.3 第 2 类：特定结构——其他结构

在资产管理系统的发展过程中，桥梁受到了更多的关注，其他类型结构的管理方法也得到了发展。这些方法可能是国际上、国家或业主采用的方法，通常是因结构维护成本比预期的高或对安全性、使用性和功能性（技术）降低的担忧而激发的。本部分的目的是介绍其中的几种方法，侧重于比较有利的方面，如果可能，将其应用到其他环境中。

3.2.3.1 多层停车场（MSCP）

至少在英国，有关多层停车场资产管理的系统方法得到了较大发展，这可能是由第 2 章[2.47]提到的 Pipers Row 的倒塌破坏引起的。下面 4 个文献详细地论述了这一事件：

1. 文献［3.27］。该报告评述了结构的性能，总结了缺陷的种类及产生缺陷的主要原因。

2. 文献［3.28］。根据已有停车场性能的反馈信息，提出了新型停车场设计和建造的建议方案。

3. 文献［3.29］。提出已有停车场检测和维护的建议方案。

4. 文献［3.30］。表明了态度的转变，包括使停车场更加吸引用户及使其更便于使用和维护。

总之，多层停车场的各层是敞开的（图 3-6），所承受的风、雨和温度作用都很特殊。汽车会将水带入停车场，有时会带进融雪盐，车印残余物中氯化物的检测结果说明了这一点。与传统建筑物的环境相比，总体环境更像露天公路和海洋结构。

以前，停车场都是按照当时的建筑规范设计的，而不是实际的露天环境。通常按预定的造价进行设计，就混凝土质量和所需的保护层厚度而言，施工质量一般较差。节点、排水和防水细部辅助构件的设计也变化多样，由于水洼和渗漏等，产生了很多水管理方面的问题。总之，理想的环境受到腐蚀，楼板和屋面受到冻融作用。这里只简单列出这些因素，在检查和评估过程中，有助于引导相关人员查阅文献。文献［3.28］就是对新建工程的上述情况进行修复的一次尝试。

图 3－6　典型的露天混凝土框架停车场

在评估方面，土木工程协会（ICE）[3.29]建议将重点放在终身维护计划的发展上。表3－5 列出了这些计划的特点。与前面提及的其他系统的共同特点包括：

- 系统、常规性的方法；
- 连续评估。按照要求，从日常监测到性能调查，再到结构评估；
- 与评估方法一样，需要经验和技术支持。

表 3－5　文献［3.29］中的全寿命维护计划

全寿命维护计划			
任务	执行者	责任人	执行频率
监测（每日）	停车场人员	停车场管理员	每日一次
检查（常规）	检查员/监测员	停车场管理员	6 个月一次
详细情况检查	顾问工程师	业主/用户	5 年一次
结构评估	顾问工程师	业主/用户	10 年一次
专门检查	顾问工程师	业主/用户	根据需要而定

对于停车场，由于其特性和环境荷载的特殊性，第 3 点是至关重要的。在干预的时间选择上也需要很好地把握。主要取决于以下因素：

- 结构敏感性，如冗余度；
- 微气候（局部气候）的恶劣程度；
- 关键截面出现缺陷的程度和位置；

·预计劣化速率。

另外，该协会还提出了其他的管理方法，重点在预防性维护上，包括对水更好地控制和对微气候的控制。与结构维修和外观补救或预防性修补相比，对各种可供选择的修补方案进行经济和技术评估是值得提倡的，这一点很重要，因为调查数据表明[3.27]，许多停车场的维修不是不经济就是修后维持的时间太短。

3.2.3.2 港口、码头和海洋结构

在海洋结构耐久性方面已经做了很多研究，内容涉及具有决定性的微气候、传输机理及劣化类型（第2章，图2-5）。但资产管理系统方面的信息很少。

国际航运协会[3.31,3.32]的出版物有很多这方面的信息。文献［3.32］用全寿命成本将初始设计与资产管理联系起来，在技术上很大程度依靠桥梁方面的经验，名义寿命为50～80年。然而，外观和方法上的不同主要是因为功能丧失或停工造成的，这会给业主的收入带来一定损失——这与桥梁不同，用户会因延误时间遭受经济损失。例如，关闭一个码头6天，维修费用20000美元，但是同时贸易损失会达到1500000美元。在给出一般性、详细的指南时所面临的一个问题是，港口的基础结构会有很大不同。图3-7是从文献［3.32］摘录的，简要说明了这一问题。结构构件可以是实体、平面或混凝土框架。然而，针对原结构和修复构件的主动式计算机数据系统，应提供必要的资产管理系统指导，使高效计算机数据系统受到关注。文献［3.32］还有一个重要特点，就是它在5个主要案例研究中得到应用。

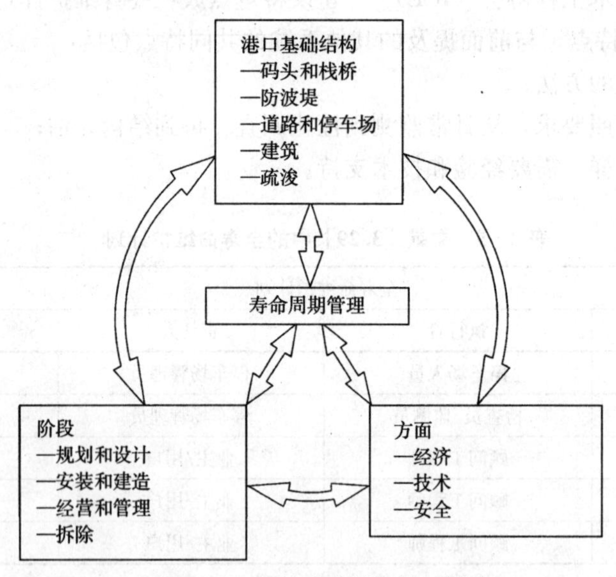

图3-7 码头寿命周期管理[3.32]

3.2.3.3 一般土木工程

不同于港口，一般土木工程涉及的是一个很大的范畴，结构类型更多，用户的要求和策略也多种多样。包括各种重要的大型公共建筑物、公共设施、工业过程、供水及其使用

的所有方面，零售业、供电、运动及休闲和内陆运输装置等。除个别小领域外，没有一个一致的、重点发展的资产管理体系——经常依靠从其他领域（如桥梁）转化的技术。

鉴于其重要性，将这一部分单独列出。首先，应认识到这是一个需要了解的重要领域，需要高于平均的发展水平；其次，尽管其他领域的方法可能是适用的，但是某些方面可能会有所不同。如局部气候和侵蚀作用，因为大部分土木工程结构都是暴露于空气中的；有时，侵蚀作用有其特殊性。对于所有评估工作，耐久性“荷载”必须清楚，这一点很重要。第 2 个重要问题是性能要求，这时差别便会表现出来。安全度总是重要因素，但出于使用中重要阶段功能连续性的考虑，对使用性的关注要高于一般情况。

文献［3.25］中关于水力发电业的管理系统便是一个很好的例子。多年来，美国工程兵部队在这方面也做了很多工作[3.33]。他们试图将条件评估的使用标准化从而进行决策，早期的例子如图 3－8 和图 3－9 所示。图 3－8 为基本条件指数（CI）系统，用 0～100 的数值将其分为 3 个作用区域。图 3－9 为其应用的例子，对不同的维护策略进行了比较。

区域	条件指数	条件描述	推荐做法
1	85～100	非常好：无可检测到的缺陷。可见一些老化或磨损	不需采取紧急补救措施
	70～84	很好：仅有小面积的劣化或缺陷明显	
2	55～69	好：劣化或缺陷明显，但结构功能未受到太大影响	建议对修补方案进行经济分析来确定合适的方案
	40～54	一般：中度劣化。功能可满足使用要求	
3	25～39	差：结构至少一处出现严重劣化。功能已不能满足使用要求	需通过详细计算确定是否需要维修、修复或重建。建议进行安全性计算
	10～24	很差：过度劣化。勉强有一定功能	
	0～9	失效：不再具有使用功能。主要构件整体失效或结构全部失效	

图 3－8 美国工程兵部队的基本条件指数（CI）系统[3.33]

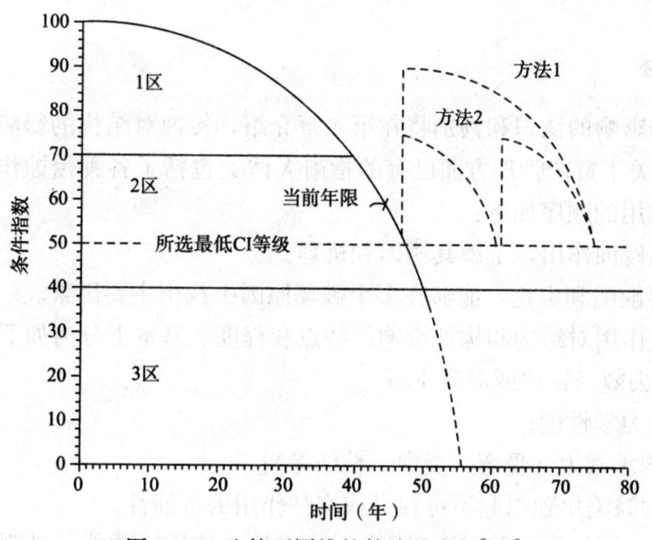

图 3－9 比较不同维护策略的案例[3.33]

a. 是否有必要将设施的CI提高到90（方案1）？同样，CI达到75（方案2）是否满足要求？

b. 按照方案2的要求，如果在14年内需反复维修，资金是否够用？

c. 在方案1中，前14年中CI只下降5的可能性是多少？

该系统需在很长时间内进行监控和测量，主要取决于环境因素及数量指标的分配方式。这种方法既简单又灵活，以3个区域的划分为特征，特别是对相似结构的评估具有很高的实用价值。这种系统易于进一步完善和定义，北美的大部分业主已使用其升级后的版本。

3.2.3.4 核设施

这是土木工程的一个分支，也是一个很特殊的领域，需要一个控制比较准确的系统方法。对于相对比较次要的土木结构，并不总是需要系统的每个环节都非常精确，但是开发工作需进行得紧张而细致，从中也能学到很多有用的东西。核工业本身有了一定的发展，但是也有很多活动是国际建筑材料及结构试验与研究实验所联合会（RILEM）赞助的。本书不对该方法进行详细讨论，而是给出相关文献供查阅。

资产管理的一个重要特征是符合更新的行为准则。文献［3.34］与电子文本手册（COSTAR）共同为设定该标准的文件，该电子手册综合了目前关于劣化和资产管理的文献。

文献［3.35］中有RILEM的活动参考文件，提供了对国际相关活动的评述，也促成了从其出版至今的多次研讨会。RILEM还发起了新的委员会内部活动，主要针对混凝土在放射性废弃物处置设施中的使用。

经济合作与发展组织（OECD）[3.36]和国际原子能协会（IAEA）[3.37]是这一领域中另外两个国际组织。文献［3.34～3.37］共同涵盖了目前的实践活动，由此可获得更具体的信息，也为一些国家的活动奠定了基础。

3.2.4 第3类：侵蚀作用

3.2.4.1 概述

有关侵蚀作用影响的认识和判别将在第4章介绍，侵蚀对结构的影响将在第5章和第6章介绍。但是，关于资产管理方面已有的指南大体上包括了各种侵蚀作用，本节将分别论述。评估侵蚀作用的顺序如下：

（a）能够识别侵蚀作用，了解其诱因和机理。

（b）通过观察缺陷和劣化，能够在多个破坏原因中找出主要因素。

（c）了解侵蚀作用对结构和构件影响的特点和程度。基本上分为如下几个等级：

（i）截面失效（钢筋或混凝土）；

（ii）影响力学性能；

（iii）影响承载力（受弯、受剪、粘结等）；

（iv）此种缺陷单独引起不可预见或交替作用的可能性。

（d）了解（c）中的项目对强度、刚度、稳定性、使用、功能、外观或其他性能的影响，而其他性能指标对不同结构类型可能很重要。

(e) 估计时间因素。结构劣化的速度。

文献中基本都是关于所有主要破坏机理的文章和论文。大部分都比较关注 (a) 中的内容，侧重于从科学角度探讨和估计每一因素变化引起的相对影响。当该理论阶段发展到实际应用阶段，更多将重点放到更为详细的论述和过程说明方面，而不是方案评估上，从而降低新建结构的风险。对 (b) 也有很多研究，但在工程中关于 (c) ～ (e) 的信息就比较少了。

然而，确实有一些这方面的指南，这部分文献将在后面章节论述更严重的侵蚀作用时介绍。

3.2.4.2　碱骨料反应 (ASR)

这里首先考虑这种反应机理，并不是因为它是最重要的因素，而是因为对它的研究最透彻。在英国，针对第3.2.4.1小节中的第5条已经有了相关的权威指南。

1992年英国首次出版了针对受碱骨料反应影响的已有建筑评估的国家指南[3.38]。人们已经认识到这种作用的膨胀性，不只是材料特性的改变或出现裂缝等，更是对约束或结构细部敏感性的影响。处理的基本方法是对结构构件受侵害的严重程度进行评估，建立其与结构所在环境、失效后果、膨胀指数及钢筋细部构造等级的关系。除此之外，该报告还给出了如下两点指导：

(a) 在结构承载力设计时，考虑碱骨料反应的作用（特别是接缝），如何修改设计规范中的计算公式；

(b) 对于受碱骨料反应影响程度不同的结构，如何进行管理。

随着收集的数据越来越多，文献 [3.15，3.20] 给出了进一步的指导，这种基本方法也得到了发展。应特别提到CONTECVET指南[3.39]，它修正了这种方法，使之能够用于限制膨胀。另外，该指南还就如何修改规范的公式（包括欧洲规范2中的公式）问题给出了更多具体指导。

3.2.4.3　腐蚀

这可能是所有侵蚀中最重要且广泛存在的作用，大多数指导文件都有这方面的研究，如文献 [3.10～3.15，3.20]。

在第3.2.4.1小节的 (a) ～ (e) 中，(a) 和 (b) 及部分 (e) 都涉及腐蚀方面的内容。对结构因素 (c) 和 (d)，尚没有一致性的方法。人们尝试研究一种全可靠度的评估方法（BA79/98[3.23]中的水平5，见第3.2.2.1小节）。CONTECVET已经表明，用于评估碱骨料反应对结构构件侵蚀严重程度的方法也可用于腐蚀的情况，并且用已有的实测数据作了校准。现在已有更多的试验数据可以利用（文献 [3.20]），然而还需做进一步的努力去发展这种方法——当考虑腐蚀时，结构评估仍然是资产评估的薄弱环节。混凝土协会技术报告54[3.14]中相对简单、全面的方法，以混凝土协会早期关于裂缝的报告为基础，是一个更为实用的方法。

3.2.4.4　冻融循环作用

冻融循环作为混凝土一种劣化机理，英国研究相对较少，但世界上的其他地区将此作为重要因素进行了研究。如在斯堪的纳维亚，人们做了很多这方面的研究。冻融循环作用对混凝土的影响主要有两个方面：

(a) 内部力学损伤；

(b) 在有盐溶液的情况下引起表面剥落。

冻融作用只是在混凝土饱和到一定程度才会发生。随着混凝土中的水变成冰，产生膨胀压力，导致混凝土开裂变形，这与碱骨料反应引起的开裂非常相似，有些裂缝的形式甚至与硫酸盐侵蚀产生的裂缝相似。这里对开裂原因的判断很重要，因为不同机理的进一步发展会有很大不同。实际的影响是抗压、抗拉强度损失和弹性模量 E 降低。一般对抗压强度的影响较小（小于 30%），但抗拉强度和粘结强度损失最多可达 70%，弹性模量 E 可损失至原来的一半。

初始表面损伤发生在水泥表层，但会扩散到混凝土内部，特别是同时造成内部力学性能的损伤，这样粒径大的粗骨料露出，进而导致混凝土表面瓦解、剥落。

这里提及冻融作用有两个原因：

1. 准确判断的重要性，确认确实是冻融作用；

2. 对腐蚀和碱骨料反应引起的侵蚀，采用相同的方法作进一步的结构评估。这在 3 本 CONTECVET 指南[3.42]中的第 3 本中有论述。

3.2.4.5 不同类型的硫酸盐侵蚀

在英国，土和地下水中的硫酸盐是最有可能侵蚀混凝土的化学物质。很多年前人们就认识到了常见的硫酸盐侵蚀，按侵蚀性对其类别进行了定义。在规范和标准中，针对每种侵蚀等级，建议使用相应类型的抗侵蚀混凝土，同时认为外部硫酸盐侵蚀的研究尚不透彻[3.43]。

近几年来，随着对新型硫酸盐侵蚀（特别是延迟钙矾石形成物[3.44]和硅灰石膏[3.45]）的认识，情况变得越来越复杂。这都要求对侵蚀性化学环境重新进行划分。

在进行评估时，由于不同类型的侵蚀对混凝土物理性能的影响不同，判断发生的硫酸盐侵蚀的类型很重要。例如，建议忽略受硅灰石膏[3.45]侵蚀的所有混凝土强度和稳定性的计算，因为该侵蚀下的混凝土可能会软化成泥状。更广泛地讲，硫酸盐的膨胀作用可导致：

—混凝土有效截面面积损失；

—力学性能降低；

—钢筋保护层损失；

—钢筋与混凝土之间的粘结损失；

—进一步侵蚀，可能会导致钢筋截面面积损失。

3.2.4.6 对 3.2.4—侵蚀作用的总结

第 3.2.4 节的目的不是针对不同侵蚀作用给出详细的解决方法，而是关注其对建筑物性能可能造成的影响。第 3.2.4.1 小节论述了侵蚀作用的主要特点。第 3.2.4.2～3.2.4.5 小节介绍了各种侵蚀作用在现行指南中的研究状况。

3.2.5 第 4 类：检查和试验方法

第 3.2.2～3.2.4 节一再强调判断的重要性，这与侵蚀作用形成的原因和影响有关，随着评估工作的进行，与调查研究的不同方面也有关系。这些方面包括：

（1）判断主要侵蚀作用；

（2）明确环境和微气候（表2-2）；

（3）几何特性和力学特性；

（4）缺陷和劣化的机制及范围；

（5）有侵蚀和侵蚀情况下的结构性能。

简言之，如图3-10所示，在任何评估中，都会在宏观和微观信息中有一个平衡。总的论述总是必要的，上面提到的5个方面中各需要多少微观信息取决于：

· 关于所研究对象已有的具体信息；
· 已有调查/试验/检测所提供的数据；
· 劣化病害的特点、程度和位置；
· 结构的类型和敏感性。

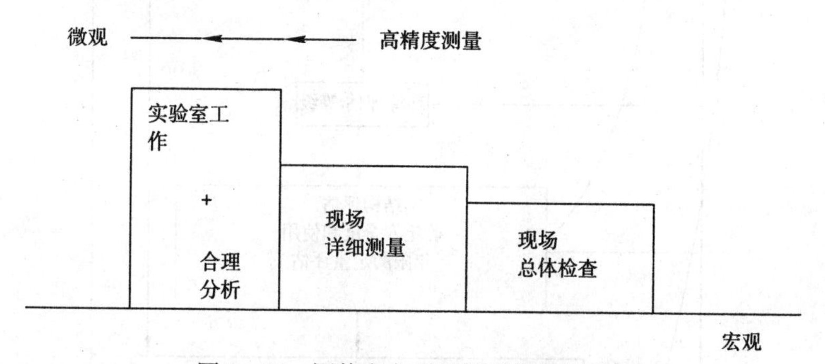

图3-10　评估中宏观和微观信息的平衡

评估是一个连续过程，从基本调查阶段开始，直到确信能够作出判断。这样，为得到更准确的结果，必然需要更多的详细信息。上面的（1）～（4）方面，主要意味着更多有意义的实测。对于（5），则需要更多精确的分析。对于侵蚀部位，分析的数据来自实验室所做的试验。

已有的综合指导文件提供了试验方法，如文献［3.12～3.14，3.22，3.25］。文献［3.22］特别值得一看，因为其涉及的范围就是一个特定的管理系统。

3.3　总原则和目标

3.3.1　概述

本书主题是劣化混凝土结构的管理和维护，核心是劣化机制、结构评估、维修及补救措施，这些将在第4章～第7章中论述。可以将其看做是一个行动模式，与图3-5中SAFEBRO系统的处理模式等效。

为了完全理解这种行动模式所起的作用，以及它是如何在更广泛资产管理系统中起作用的，有必要从第3.2节的系统中总结出一些原则和目标。因此，将会用到国际混凝土联盟（fib）和欧洲混凝土委员会（CEB）的总流程图（图3-1和图3-2）。

3.3.2 资产管理系统中的单元/因素

为说明行动模式，图 3-11 对图 3-2 做了精简。行动模式还可用图 3-1 中通用的国际混凝土联盟流程图右侧的内容表示。现在提出的问题是，基于对第 3.2 节讨论的不同管理系统总结得到的经验，如何修正/更新第 3.1 节的其他部分。

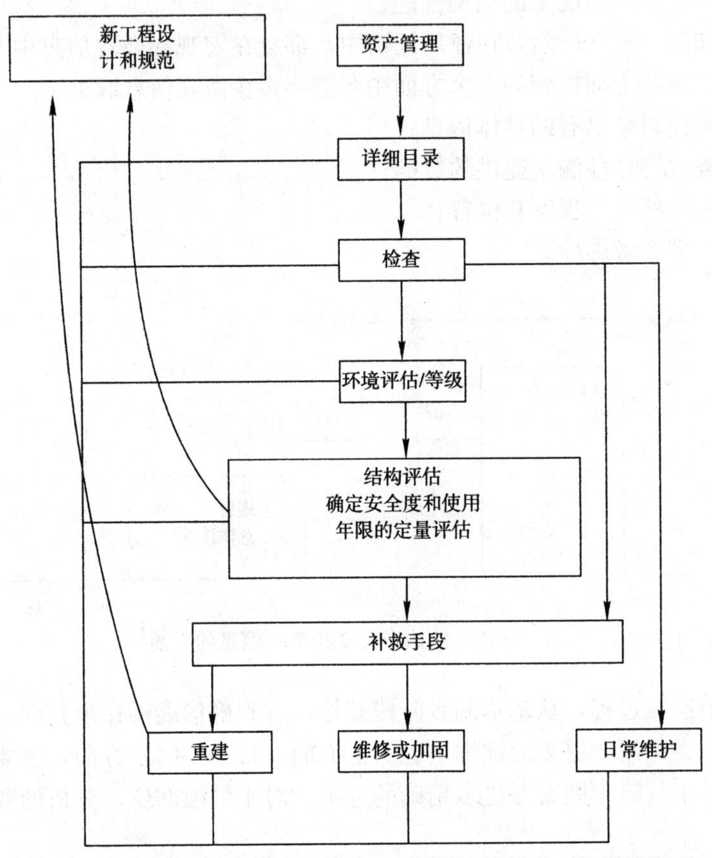

图 3-11　同一资产管理系统中检查、评估和维修的一般行动模式

通常认为资产管理的目的是用最小的全寿命成本，维持建筑在使用年限内可接受的性能。图 3-1 表明，多种因素以各自的作用方式控制着目标，或起着诱导作用。通常情况下，这都会影响业主的管理策略，但有时业主也无法对其进行控制。

表 3-6 中两个不同等级的控制因素可以说明这一点。一级为“国家级”，例如对于桥梁，公路或铁路网作为一个整体要求，控制着业主做什么。一级的其他 3 个问题也同样是如此。

二级包括了可能会直接影响业主策略的因素和原因，是图 3-1 的表格表示方式，用第 3.2 节例子中的几个关键点进行描述。这些因素间的相互影响很重要。对于不同类型的结构，功能不同或业主面对人群的人数不同，各因素所起的作用可能会有所不同。

建立这样一个系统，在很大程度上取决于已具备了什么条件。已经总结出一些基本因素，包括：

a. 建立量化检查系统的需要。这既包括了这些检查的时间间隔，又包括了其性质——需要什么指南，以及针对报告结果的标准方法。在第 3.2 节中，有几个这方面的例子，大部分例子将重点放在了与各等级对应的有经验、有技术的相关人员需求上（表 3－5)。

b. 数据库/目录的重要性。这不仅是文件记录的保存，也是一个有效系统的建立，该系统要定期更新，经得起质疑和相互对比。

c. 对支持系统和知识库的需要，在表 3－6 中有所记录。如果要用好以上 a 和 b 中的信息，作为决策的一部分，分析是必不可少的。一些例子可能显得过于专业，但可以从综合指南中看出其优势。

表 3－6　制约资产管理系统的因素和原因

	问题	因素/原因
一级（国家，联邦，地方）	国家标准/政策	
	法律要求	
	健康和安全	
	环境/可持续发展	
二级（业主）	未来目标和目的	使用年限，翻新，用途的改变或意外失效（如荷载过大）及替换
	经济	资产价值，预算，全寿命成本，备用策略/方案，保险和未来债务等，经营成本
	管理策略	清单，记录，行政，服务项目、设备更换周期，检查和维护制度，日常或预防性维护
	安全	强度，刚度，稳定性，坚固性，可接受的最低性能，评估方法，可靠度，失效后果
	适用性/功能	最短失效/停工期，可检验性，美观，耐久性
	支持系统/知识数据库	质量管理，改进的技术/结构构件，风险管理，单位成本，评估/分析/预测

3.3.3　“行动模式”的含义

图 3－11 是一个简单行动模式的例子，包括检查、评估和维修（如果需要)。如果希望一个资产管理系统高效运转，由表 3－6 和第 3.2 节中的例子可以看出，应遵循以下简单的原则：

1）在下面的工作中明确行动模式实现的目标：

· 范围和方法；

· 准确度/精确度，与决策使用方法的一致性。

2）资产管理系统作为一个整体，在政策、组织、行政及强调的主要原因方面的一致性。

3）使用的经济性及方法的先进性，为更合理地作出决策，如有必要提供尽可能多的信息。

这 3 项原则的应用限定了行动模式本身——其形式和方法以及与其他各种管理系统的接口。为理解这一点，可以假设业主想知道在什么时间段内采取什么行动以及为进行决策需要考虑哪些因素，这在表 3－7 作了简要说明。这些因素所包含的内容不同于评估结果，但后者可能对时间段起决定作用。

表 3-7　评估完成后可能行动的性质和时间

行动	
1. 不采取任何行动，x 年后检查 2. 暂时不采取行动，但要监测 3. 常规维护，装饰、简单修补 4. 补救工作，专业修补和/或保护 5. 局部替换、更新或加固补强 6. 拆除、重建	整个寿命成本方面估计每一项的成本/收益

时间段	因素
当前	评估结果
1～5 年	未来功能的改变
5～10 年	未来标准的改变
10～25 年	结构类型和性质
更长时间	失效风险和后果

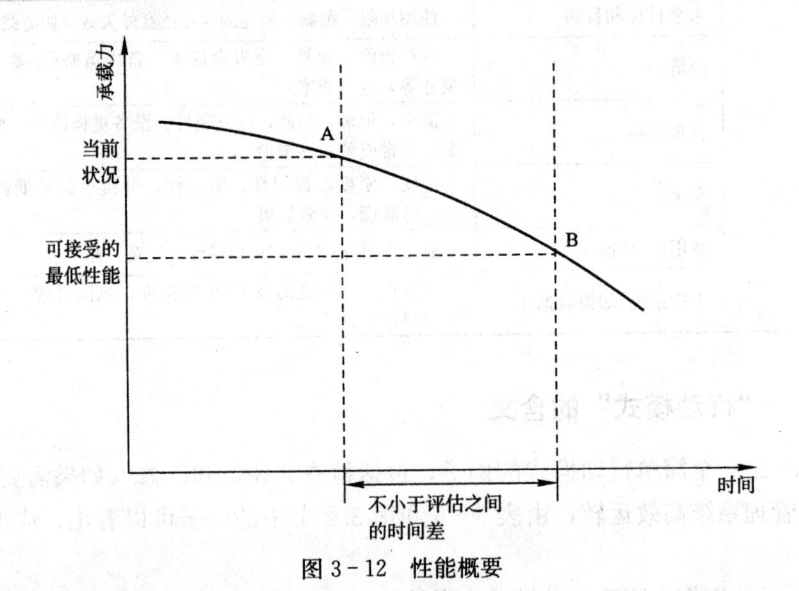

图 3-12　性能概要

如果假设行动模式的性能与图 3-12 所表示的性能相似，可得到一些重要信息。归纳如下：

(1)“性能”

如图 3-12 所示，性能与承载力有关，这是最重要的。因此，即使对承载力与性能关系的解释有限，也要小心处理，因为不同承载力（抗弯，抗剪等）受不同劣化作用的影响程度可能不同，这可能是需对环境评估进行量化的一个强有力的支持。

“性能”不仅仅指强度和稳定性，还包括适用性的各个方面。实际上，当每一性能降低到可接受的最低值时，都会受到业主的特别关注，这包括：

(i) 腐蚀引起的裂缝，可导致混凝土分层或剥落；

（ii）变形，会影响结构功能和正常使用；

（iii）出现美观上不能接受，或可能导致渗漏的裂缝；

（iv）在高应力区，约束作用限制了碱骨料反应引起的膨胀；

（v）复合作用，如冻融作用导致混凝土剥落会引起钢筋锈蚀加快；

（vi）针对危险问题的保守方法，如在表面氯化物含量达到一定值时就作决定，而不是在达到极限状态、腐蚀已经开始时再作决定。

（2）可接受的最低性能等级

在资产管理系统中，对可接受的最低性能等级作出决策至关重要，这与上述（1）中所有不同类型的情况密切相关。这不仅会影响隐含在行动模式中的工作范围，在评估数据时还会影响该模式的性质和准确性，如能够预测腐蚀开裂的起始时间或碱骨料反应膨胀的起始时间。

（3）性能图的斜率

在图3－12中，如果仅在A点进行性能评估，那么行动模式应能够预测A、B之间的斜率，或至少能够预测从A点至下一次评估预计时间之间的斜率。

（4）连续评估

图3－11中的简单行动模式描述了一个从检查到环境评估，再到结构评估的自然过程。问题是针对具体情况应按这一过程应进行到哪里。为回答这一问题，有必要进一步审视图3－11。这在CONTECVET[3.38]的图3－13给出了答案。

图3－11建议将评估分为4个等级，这样就可有把握地作出决定，从而终止评估。第一个等级很明显。第2个阶段为书面研究，将竣工记录（如果有的话）整合到其设计依据的二次评估中，然后检查结构的敏感性。如果风险分析中安全度有很大的富余，且在检查的时间段内劣化的速率较低，通常在这一阶段即可终止。

第2级更像是第3级的基础，通常认为是正式的环境评估。第3.2节中有多个这样评估的例子，将在第5章和第6章论述这方面的问题，但建议应在早期阶段进行计算，以利于作出决定。

图3－13中的“详细检查”与图3－11中的“结构评估”是等同的。例如，分析/计算的目标是结构某些方面的安全性和适用性（第4级）。在进行第4级检查之前，注意图中标记的关于设定最低性能要求的关键点。

（5）详细结构调查

现行的实用规范提供了多种有关劣化混凝土结构评估的方法，在全可靠度分析方面已经作了大量的研究[3.47,3.48]。其他方法假定由这些半概率方法得到的可靠度水平已获得普遍认可，对设计公式（和公式中的变量）进行了修正，文献［3.9，3.11，3.25，3.38～3.40］都属于这一类型。

最实用的方法是为英国公路桥梁开发的连续性方法[3.15,3.23]。该方法从简单分析入手，如需要，可进行全可靠度分析。第5章和第6章中对这部分内容做了系统介绍。

（6）管理方面

尽管图3－13中的步骤看起来相对直观，但还是会出现决策不清晰的情况，如表3－8所示。初步环境评估是对图3－8和图3－9的简化，评估结果不可避免地存在不够充分和

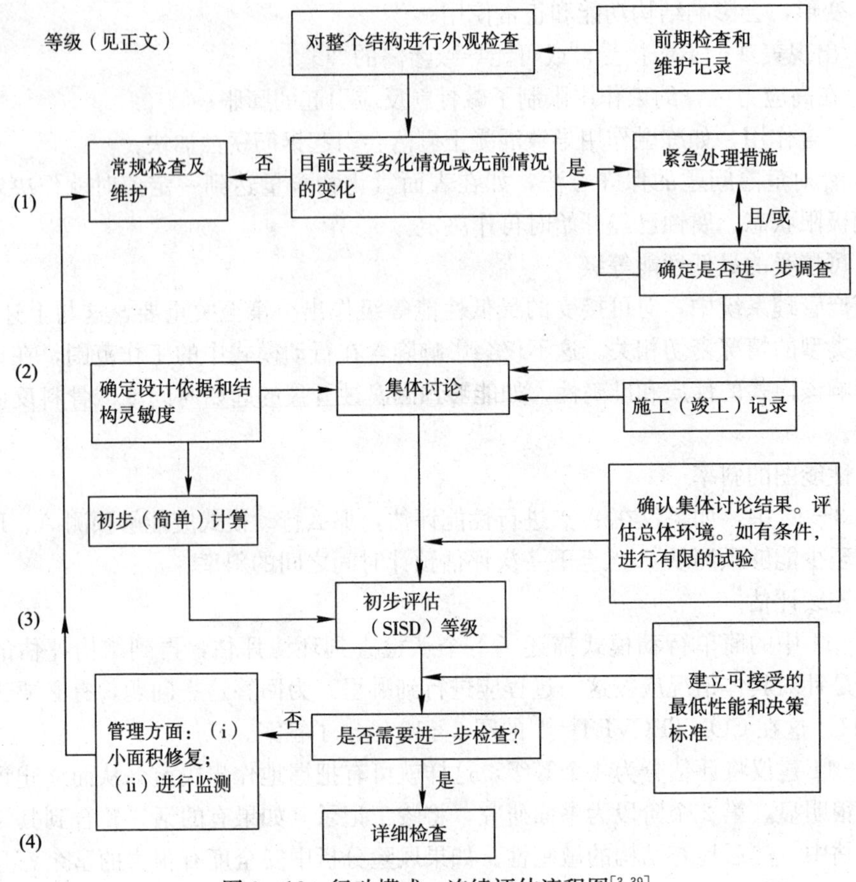

图 3-13 行动模式—连续评估流程图[3.39]

细致的情况。

第 4 个等级的详细评估有所不同，除非进行重新考虑后放宽了最低性能标准而作出变更，否则在此必须作出决策/行动。此时引入表 3-8 是为了说明评估不是孤立的，作为一种工具，它是整个资产管理系统的一部分。

表 3-8 连续性评估（图 3-13）的管理方面

评估等级	结论			建议
	依据	结果	原因	
3. 初步环境评估	记录 检测数据和测量结果	适当	剩余使用寿命和承载力大于要求的值	监测，评估检查制度
	劣化的性质、位置和程度	临界	数据不足或评估的性能低于要求过多	进行具体评估 进一步检测
	简单分析 条件等级 结构敏感性	不合理	剩余使用寿命及承载力不足	如果条件允许，适当修正标准，再次评估 立即进行具体评估 考虑采取替换等补救措施及应急措施

续表

评估等级	结论			建议
	依据	结果	原因	
4. 详细结构评估	初步评估＋检测	适当	与要求的承载力相比足够	监测 修改检查体系
	实验室试验 更精确的分析（如更多的详细信息，见图3-11）	临界	数据不足或剩余承载力过低，或可能会发生严重劣化	如果条件允许，适当修正标准且/或计算实际荷载，再次评估 考虑采取替换等补救措施。补充试验，包括荷载试验
	劣化速率 可接受的最低性能	不合理	性能的一方面或几方面不足	对各方面的临界情况再次评估。确定最合适的补救方案和时间 是否需要采取短期措施？如设置支撑、减轻荷载等

本章参考文献

3.1 O'Brien T.P. Durability in design. *The Structural Engineer*. Vol. 45. No. 10. pp. 351–363. IStructE, London, UK. October 1967.

3.2 British Standards Institution (BSI). British Standard Code of Practice CP3 – Chapter IX (1950). Code of functional requirements of buildings. Chapter IX: Durability. BSI, London. 1950.

3.3 The Building Centre. *Maintenance manual and job diary*. The Building Centre, London, UK. 1966.

3.4 NBA Construction Consultants. *Maintenance cycles and life expectancies of building components and materials; a guide to data and sources*. NBA, London. June 1985.

3.5 British Standards Institution (BSI). BS *Guide to building maintenance management. BS 8210: 1986*. BSI, London, UK.

3.6 International Organisation for Standardisation (ISO). *Bases for design of structures – assessment of existing structures ISO 13822: 2001 (E)*. Contact via BSI.

3.7 British Standards Institution (BSI). *Durability of buildings and building elements, products and components*. BS 7543: 1992. BSI, London, UK.

3.8 International Organisation for Standardisation (ISO) *Buildings and constructed assets – service life planning – Part 1: General principles. BS ISO 15686–1: 2000*. BSI, London, UK.

3.9 Institution of Structural Engineers. *Appraisal of existing structures*. 1st Edition 1980. 2nd Edition 1996. IStructE, London, UK.

3.10 American Concrete Institute (ACI) *Strength evaluation of existing concrete buildings*. ACI 437R-91 (reapproved 1997). ACI, Detroit, USA.

3.11 Canadian Standards Association ASSOCIATION (CSA). Existing Bridge Evaluation to CSA Standard CAN/CSA-S6-88, Design of Highway Bridges. Supplement No 1, CSA, Rexdale, Toronto, Canada. 1990.

3.12 Comite Euro-Internationale Du Beton (CEB). *Strategies for testing and assessment of concrete structures*. Bulletin 243, CEB, Lausanne, Switzerland. May 1998.

3.13 Federation Internationale Du Beton (*fib*). *Management maintenance and strengthening of concrete structures. Fib* Bulletin 17. *fib*, Lausanne, Switzerland. April 2002.

3.14 The Concrete Society. *Diagnosis of deterioration in concrete structures: identification of defects, evaluation and development of remedial action*. Technical Report 54. 2000. p. 72. The Concrete Society, Camberley, UK.

3.15 The Highways Agency. *Design Manual for Roads and Bridges (DMRB)*. Website. http://www.official-documents.co.uk/documents/deps/ha/dmrb/index.htm.

3.16 Flint A.R. and Das P. Whole life performance-based assessment rules – background and principles. *Proceedings of a conference on safety of bridges*. July 1996. Thomas Telford Ltd, London, UK.
3.17 Parsons Brinkerhoff. *A review of bridge assessment failures on the motorway and trunk road network*. Final report. Contract 2/419. The Highways Agency, London, UK. December 2003.
3.18 County Surveyors Society (CSS). *Funding for bridge maintenance*. CSS Bridges Group, London, UK. February 2000.
3.19 Concrete Bridge Development Group (CBDG). *The assessment of concrete bridges (1)*. Report of a Task Group. CBDG, Camberley, UK. 1997.
3.20 Concrete Bridge Development Group (CBDG). *Notes for guidance on the assessment of concrete bridges*. Publication No. 9. CBDG, Camberley, UK. 2005.
3.21 W.S. Atkins et al. *Management of highway structures: a code of practice*. ISCN 0115526420. The Stationery Office, UK. September 2005.
3.22 Concrete Bridge Development Group (CBDG). *Guide to testing and monitoring the durability of concrete structures*. Technical Guide 2. CBDG, Camberley, UK. 2002.
3.23 The Highways Agency. *The management of sub-standard highway structures*. BA79/98. 1998 (incorporating Amendment No 1, dated August 2001). Highways Agency, London, UK. (Also, see [3.15].)
3.24 BRIME (Bridge Management in Europe). *Deliverable D14*. Final Report. March 2001. www.trl.co.uk/brime/deliver.htm.
3.25 REHABCON. Project No. IPS – 2000 – 0063; Innovation and SME Programme. Strategy for maintenance and rehabilitation in concrete structures. Guidance Manual. www.rehabcon.org/home/login.asp.
3.26 Swedish National Road Administration (SNRA). *Bridge Inspection Manual Publication 1996 – 036 (E)*. SNRA, Borlange, Sweden. June, 1996.
3.27 Henderson N.A., Johnson R.A. and Wood J.G.M. *Enhancing the whole life structural performance of multi-storey car parts*. Report to the Office of the Deputy Prime Minister, London. September 2002.
3.28 Institution of Structural Engineers. *Design of underground and multi-storey car parks*. 3rd Edition. IStructE, London, UK. 2002.
3.29 Institution of Civil Engineers. *Recommendations for the inspection and maintenance of car park structures*. ICE, London, UK. 2002.
3.30 The Concrete Society. Feature on car parks. *Concrete*. Vol. 30. No 4. pp. 35–49. The Concrete Society, Camberley, UK. April 2005.
3.31 International Navigation Association. *Inspection, maintenance and repair of maritime structures, exposed to material degradation caused by salt water environments*. PIANC PTC 11: Working Group 17 report. PIANC General Secretariat, Brussels, Belgium. 1990.
3.32 International Navigation Association. *Life cycle management of port structures: general principles*. PIANC PTC 11: Working Group 31 report. PIANC General Secretariat, Brussels, Belgium. 1998.
3.33 US Army Corps of Engineers. *Evaluation and repair of concrete structures*. Report EM 1110-2-2002. Washington DC, USA. June 1995.
3.34 Electrical Power Research Industry (EPRI). *PWR Containment Structures License Renewal Report*. Ref. No. EPRI TR-103842. EPR, Palo Alto, California, USA. July 1994.
3.35 Naus D. (Editor) *Considerations for use in managing the aging of nuclear power plant concrete structures*. RILEM Technical Report No 19 [NEA/CSNI/R (95) 19]. RILEM, Issy-les-Moulineaux, France. November 1995. Website: www.nea.fr/html/msd/docs.
3.36 Organisation of Economic Cooperation and Development (OECD). *Report of Task Group reviewing activities in the area of aging of concrete structures used to construct nuclear power plant fuel cycle facilities*. Report NEA/CSNI/R (2002) 14. Nuclear Energy Agency, OECD, Paris, France. July 2002.

3.37 International Atomic Energy Agency (IAEA). *Assessment and management of aging of major nuclear power plant components important to safety*. IAEA – TECDOC – 1025. IAEA, Vienna, Austria. June 1998.

3.38 Institution of Structural Engineers. *Structural effects of alkali–silica reaction: technical guidance on the appraisal of existing structures*. IStructE, London, UK. July 1992.

3.39 CONTECVET (BRITE-EURAM PROJECT IN30902D). *A validated user manual for assessing concrete structures affected by ASR*. Available from the British Cement Association, Camberley, UK. 2000.

3.40 CONTECVET (BRITE-EURAM PROJECT IN30902D). *A validated user manual for assessing corrosion-affected concrete structures*. Available from the British Cement Association, Camberley, UK. 2000.

3.41 The Concrete Society. *The relevance of cracking in concrete to corrosion of reinforcement*. Technical Report 44. 1995. The Concrete Society, Camberley, UK.

3.42 CONTECVET (BRITE-EURAM PROJECT IN30902D). *A validated user-manual for assessing concrete structures affected by frost*. Available from the British Cement Association, Camberley, UK. 2001.

3.43 Neville A. *The confused world of sulfate attack on concrete*. Cement and Concrete Research. 34(2004). pp. 1275–1296. Elsevier Ltd.

3.44 Building Research Establishment. Delayed ettringite formation: in situ concrete. *Information Paper IP 11/01*. BRE, Garston, UK. 2001.

3.45 Department of Environment, Transport and the Regions (DETR). *The thaumasite form of sulfate attack: risks, diagnosis, remedial works and guidance on new construction*. Report of the Thaumasite Expert Group. DETR, London. January, 1999.

3.46 Building Research Establishment. Concrete in aggressive ground (4 parts). *BRE Special Digest 1 (2nd Edition)*. BRE, Garston, UK. 2005.

3.47 BRITE-EURAM PROJECT BE 95-1347. *Duracrete – probabilistic performance – based durability design of concrete structures*. Website: www.bouwweb.nl/cur/duracrete.

3.48 BRITE-EURAM PROJECT BET2-0605. Duranet – network for supporting the development and application of performance based durability design and assessment of concrete structures. Website: www.duranetwork.com.

第 4 章 缺陷、劣化机制和诊断

4.1 引言

本章论述了影响混凝土结构劣化的单一或多个组合因素，主要关注的是通过检查和诊断性试验识别这些影响因素。根据第 3 章定义的行动模式，当进行到第 2 步时，还应包括与图 3-13 第 1 步（为方便起见，在此另示于图 4-1）有关的步骤，从而为正式条件评估（第 3 步）作准备。

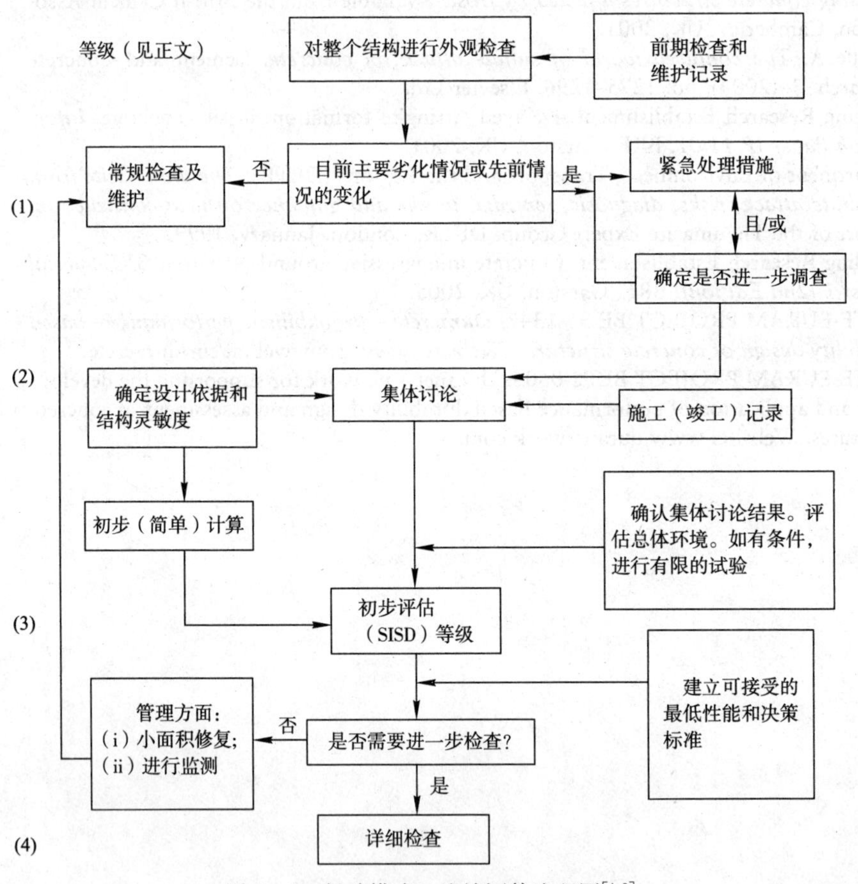

图 4-1 行动模式—连续评估流程图[4.9]

图 4-1 示出了对先前外观调查获得的记录与起始点的依赖关系。为此需要对所有外观缺陷和劣化征兆作详细记录，主要是其性质、程度和位置。对于大多数结构，这并不是一件简单的事情，原因如下：

（i）进入困难，特别是靠近隐蔽区；

（ii）确认引起缺陷的原因，并根据形式、大小、位置、可能的重要性及原因进行分类；

(iii) 通过现场或实验室试验，确定调查内容和范围及是否需要进一步调查。

为实现这种方式，具有明确的目标极为重要。需要注意的是，也可在图4-1所示的第1、2或3步中作出决定。如果在达到正式条件评估的第3步进行决策，那么还需考虑除简单缺陷记录外的其他因素，包括：

(a) 对环境和当地微气候进行记录和分类，一旦确定了主要的劣化机制，则该项内容非常重要；

(b) 对结构本身进行更多调查，如实际混凝土保护层厚度和混凝土质量；

(c) 对结构要素的条件和起作用的特点进行研究，例如接缝、支座、排水系统、防水或保护系统等。

这些因素本身就很重要，在进行修复时，就变得更为重要，尤其是在行动模式的开始阶段。要记住第3.2.4.1小节部分定义的（1）～（5）五项内容，这是整体结构评估所必须考虑的（图4-1的第（4）步）。

表4-1　影响主要劣化机制的缺陷及作用的例子

第1类	第2类
影响混凝土的作用或缺陷	非结构性裂缝或结构性裂缝
风化作用	塑性沉陷
磨蚀	塑性收缩
溶蚀	早期温度效应
蜂窝	长期收缩
孔隙	徐变
	环境温度——胀缩和约束 ——内部温度梯度
	设计荷载
	沉降
	约束　——冗余度 ——非结构构件

在行动模式的初步阶段，重点是从观测结果推断结构的主要劣化机制。从文献中可了解影响劣化机制的因素，但这些因素可能会受其他原因引起的缺陷的影响而改变或加剧。因此，进行诊断需要专业方面的知识和经验。表4-1给出了两种劣化类型的一些简单例子。从物理或混凝土质量方面来讲，第1类劣化主要是混凝土外表面损坏，离析可提高碳化或氯化物渗透速率。

在使用年限内的一定阶段，大部分混凝土结构都会开裂，这是第2类劣化，表4-1所列出的例子可能存在以下几种情况：

· 发生在不同的时间；

· 永久性或暂时性的；

· 潜在的或已发生的。

因此，在初步调查中，认识这种缺陷的特征及主要劣化作用的影响或变化非常重要。

由于修复期间可能会阻止或减缓劣化的进一步发展，所以该阶段的主要目的是判断主要侵蚀作用。当不只是一种机制起主要作用时，就有必要考虑其共同效应。表 4-2 列出了一些可能会出现共同作用的例子。预测可能出现破坏的性质及选择最合适的修复方案时，确定造成观测结果的基本原因是非常重要的。

表 4-2 多种劣化机制联合作用的例子

机制组合	可能的效应
冻融和腐蚀引起的表层剥落	导致钢筋保护层厚度逐步减小，因此，会增大腐蚀发生的可能性
碱骨料反应和冻融作用或腐蚀作用	碱骨料反应的膨胀作用会产生便于水进入的宽裂缝，也会使水中的氯化物更容易进入，引起严重腐蚀。另一方面，碱骨料反应产生的凝胶会充满孔隙，从而促使水泥硬化
离析和冻融作用	进水后湿度增大，从而降低内部抗冻能力
离析和腐蚀	混凝土表层石灰离析会提高碳化速率和氯化物的扩散率，也会降低引起钢筋腐蚀的临界氯离子浓度

表面看来，实施图 4-1 中的第 2 步和第 3 步似乎很简单，但实际上并非如此。使用像“严重”，“作进一步调查”，“总体评估状况”，“可能有限的试验”这些词语需慎重。一般没有严格规定，普遍可以使用。大多数情况取决于结构类型和所处环境，由第 1 步可得到所有信息及可能的劣化机制。

从根本上讲，这是一种逐渐深入解决问题的方法，通过观测和试验收集信息，然后再通过主观判断进行评估。这里可采取多种措施和进行多种试验。在实现既定目标的过程中，确定使用哪些方法以及分析所得结果的精确性、变异性、可靠性和相关性时，判断起着重要作用。

以作者的经验来看，文献［4.1］和文献［4.2］给出了很好的指南。其中已针对碱骨料反应这种劣化机制编制了规程。引自文献［4.3］中的图 4-2 概述了一种建议性诊断方法，其中条款编号见文献［4.3］。图 4-2 给出了所含的思考方法模板，以对碱硅酸盐反应现场观测结果的早期推测为出发点，但并不是对所有可能出现的侵蚀作用都有效，特别是复杂步骤。大部分还要取决于是否是一次性调查，或监测是否可行，进行间隔性观测，且最好是在不同环境中进行。

与本告诫性引言不同的是，本章目的是按照图 4-1 制定一些基本规则。相关指导具有普遍性，对于没有提供完整处理方法的地方，如试验方法，详见参考文献中的论述。本章论述的次序为：

4.2　缺陷及原因识别

4.3　侵蚀作用

4.4　环境和微气候的影响

4.5　检测、试验和初步诊断

4.6　解释和评估：初步评估的前期准备

本章包含图 4-1 讨论的问题和过程，为第 3 步的评估及第 4 步（如果有必要）的详细评估作准备，这两步分别在第 5 章和第 6 章讨论。

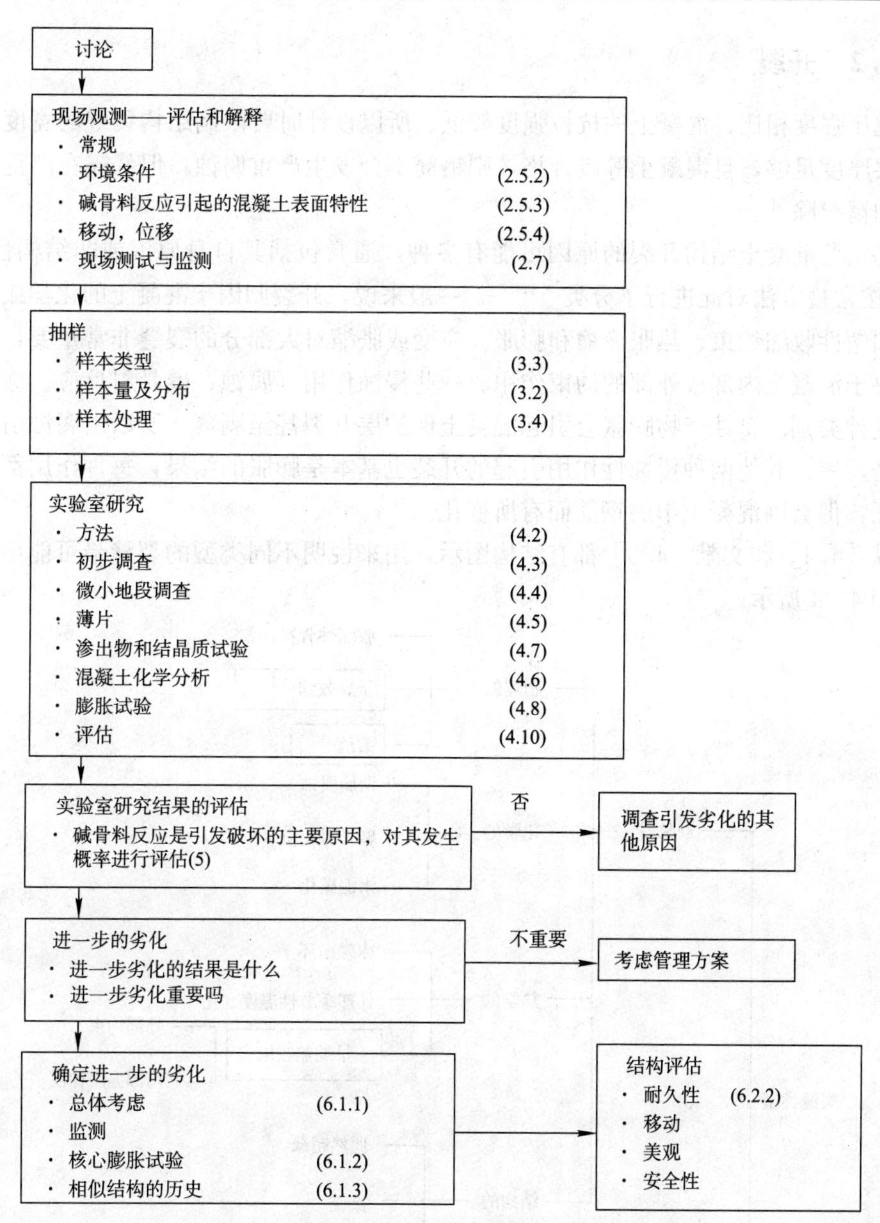

图 4－2　碱骨料反应的建议诊断步骤概述[4.3]

注：该图中的章节编号引自 BCA 报告——碱骨料反应的诊断[4.3]。

4.2　缺陷及原因识别

4.2.1　概述

通过外观检查，工程师发现了由多种原因引起的缺陷，包括侵蚀和施工缺陷造成的劣化。本节目的是指导对引起缺陷的不同原因进行识别。因此，出于实际原因，本节包括所有的可视缺陷，但是更详细的侵蚀作用影响将在第 4.3 节讨论。

4.2.2 开裂

与抗压强度相比，混凝土的抗拉强度较低。所以设计时要限制结构裂缝的宽度。若钢筋保护层厚度足够，且混凝土等级合格，则钢筋不会发生严重腐蚀，但暴露在严重氯化物环境中的情况除外。

引起钢筋混凝土结构开裂的原因可能有多种，通常包括其自身原因或非结构性原因。图 4-3 按常规方法对此进行了分类[4.4,4.5]。一般来说，开裂归因于混凝土的化学或物理变化，例如塑性收缩约束、热胀冷缩和膨胀。应变或胀缩对大部分的裂缝非常重要，其大小主要取决于混凝土内部或外部的约束作用。一些侵蚀作用（腐蚀、碱骨料反应、冻融）也常归为这种类别。腐蚀产物膨胀会引起混凝土保护层开裂甚至剥落，所以由腐蚀引起的裂缝沿钢筋发展。其他两种侵蚀性作用引起的开裂也基本是膨胀的结果，每种作用都有其自身的特征，但会因混凝土中的钢筋而有所变化。

文献［4.4］和文献［4.5］都有结构图示，用来说明不同类型的裂缝最可能出现的位置，如图 4-4 所示。

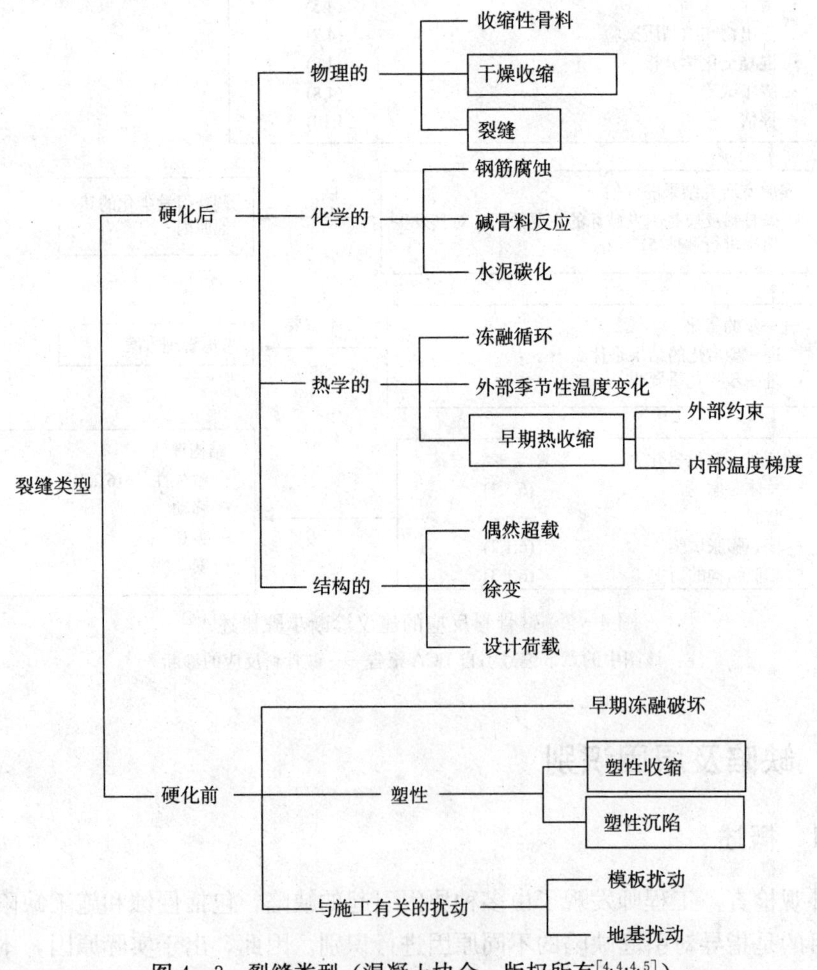

图 4-3 裂缝类型（混凝土协会，版权所有[4.4,4.5]）

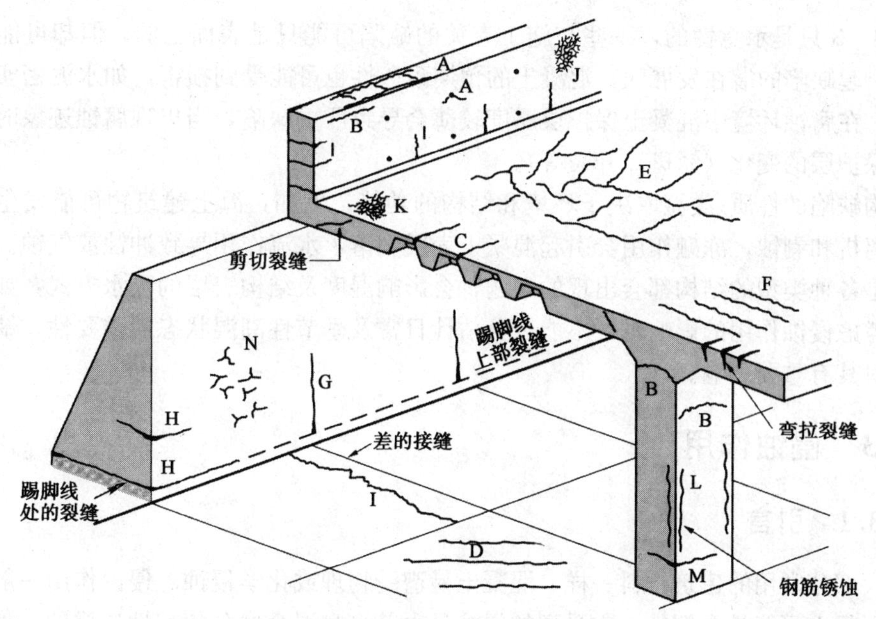

图 4-4　结构中各种裂缝的例子[4.4]

裂缝类型：A、B、C 为塑性沉陷裂缝；D、E、F 为塑性收缩裂缝；G、H 为早期温度裂缝；I 为长期干缩裂缝；J、K 为龟裂；L、M 为钢筋腐蚀裂缝；N 为碱骨料反应裂缝

本章未给出不同裂缝形成的详细机理，文献［4.1，4.4］和文献［4.5］中给出了有关的详细信息。在这里，评估的关键是识别，因为区别早期因素引起的裂缝与长期问题（如腐蚀）引起的裂缝是很重要的。有些裂缝出现比较早（如塑性沉陷、收缩裂缝及早期热收缩），且一旦形成不会再扩展。因此，这些裂缝不会直接危害结构的整体性，但会引发进一步的问题，如可能成为潜在的腐蚀区。

4.2.3　引起缺陷的其他原因

表 4-3 列出了其中的一部分原因，分为两个方面：与施工有关的原因和与使用有关的原因。

表 4-3　混凝土结构出现缺陷的原因

与施工有关的原因	与使用有关原因
保护层厚度较小	风化作用
密实度变化/养护	磨蚀
气孔/孔隙	冲蚀/气蚀
蜂窝	撞击破坏
过度泌水	接缝渗漏
水泥浆流失	表面剥落
施工缝	溶蚀
钢筋定位器/绑扎钢丝	泌水/表面缺陷

表 4-3 只是示意性的，一些与施工有关的缺陷可能只是表面上的，但却可能成为侵蚀作用引起缺陷的潜在发展区，混凝土的预期耐久性也可能受到损害，如水泥密实度不足或损失。在腐蚀环境中混凝土保护层厚度较薄会导致严重缺陷，当出现腐蚀迹象时，要时刻关注保护层的变化（锈斑，开裂等）。

结构缺陷的性质/类型取决于环境和结构的功能。例如，海上建筑物可能发生盐风化作用、离析和剥蚀，冻融作用会引起混凝土表层剥落，水流作用导致冲蚀或气蚀。接缝渗漏现象是各种类型的结构都会出现的问题，会影响湿度及结构表层的吸水方式，如径流或积水。考虑侵蚀作用的影响时，不能过分估计日常及季节性潮湿状态的重要性，缺陷记录可能会对其有重要影响。

4.3 侵蚀作用

4.3.1 引言

像大部分常用的建筑材料一样，混凝土易遭受物理或化学侵蚀。侵蚀作用一般来自外部，但混凝土可能是个例外，它受到的侵蚀是由其自身混合成分的特性造成的。如果对此存有质疑，则需谨慎考虑结构的使用年限和施工中所使用的具体材料，与当时的实际情况符合，这是因为混凝土的组成成分可能是不同的，且这些年来混凝土技术也在发生变化。对所有可能发生的侵蚀作用进行详细描述超出了本节范围。本节目的是通过侵蚀作用识别和建立与不同类型结构的关系，提出一种观点，重点首先放在较为严重和广泛的侵蚀作用上。虽然本章给出了一些相关信息，但如果读者希望深入了解，可另参阅其他相关文献。需结合第 3.2.4 节理解下面的内容。

4.3.2 整体观点

表 4-4 引自 Buenfeld[4.6] 的文章，并说明了不同侵蚀性作用最可能发生的位置。假定强度足够，微气候适宜，那么交叉线阴影区表示最可能发生此种侵蚀作用的区域，并控制着整个劣化的机制。水平线为可能发生侵蚀作用的区域，这种侵蚀可能比较重要但不太可能起控制作用。理解该表需要一定的常识。如果不存在任何形式的氯化物，则不会发生氯化物引起的腐蚀；如果环境温度很少低于 0℃，且混凝土不饱和，则不会发生冻融破坏；大的储存容器及管道可能发生的侵蚀作用取决于存储或输送的物质。该表只是提供一个指南。

当分析表 4-4 时，有必要考虑所发生破坏/劣化的类型。对于外部作用引起的物理效应，可能只有磨蚀作用，如停车场、工厂或受砂和砾石运动影响的海上建筑物，这种情况下混凝土表层会发生磨蚀。磨蚀可能发生于溢洪口、有高速水流的隧道和管道，并可能会引起腐蚀和孔隙作用。

在表 4-4 中，冻融作用可能比较特殊。毛细管孔隙中的水在低温结冰时发生冰冻作用。如果混凝土饱和，则膨胀力会使结构内部产生微裂缝（降低混凝土的力学性能），引起表层剥落，甚至穿透整个受冻区域。反复冻融循环会引起累积损伤。如果混凝土与盐水接触发生冻融，表层剥落会加剧。

表 4-4　与结构类型有关的侵蚀作用

	CL^-引起的腐蚀	CO_2引起的腐蚀	硫酸盐侵蚀	冻融作用	磨蚀	溶蚀	碱骨料反应	酸蚀	其他
通常为地面以上的建筑物		■					≡		
多层停车场	■	■		≡	■		≡		
基础			■				≡		
桥梁的路边结构	■	≡	≡	≡			≡		
海上建筑物	■		≡	≡	≡	≡	≡		
坝				≡		≡	■		
农业结构		■					≡	■	■
工业设施		≡			■			■	≡
隧道	■	≡	≡			≡	≡		
池和管道	≡	≡	≡			■		■	≡

■ 表示可能是起控制作用的机制　　≡ 表示会出现且可能是较主要的机制

表 4-4 中的其他侵蚀作用有一个共同特点，即离子、气体或水的传输。水对大多数化学反应都起着决定性作用。一般情况下，混凝土微结构的变化及水化作用产物的分解都会使其发生化学腐蚀，包括混凝土组成成分与渗透作用之间的相互作用。碳化引起混凝土碱度降低，阻止钢筋腐蚀的能力也会大幅度下降。实际上，由氯化物引起的腐蚀也可按此进行分类，包括来自混凝土内部的氯化物，即源自骨料或早强剂（如氯化钙），和比较常见的来自外部的氯化物，“提高了”通过混凝土将氯离子传输到钢筋的能力。

由上述内容得到的一般观点是，就大部分化学腐蚀而言，混凝土混合料的组成很重要，必须在诊断阶段进行调查研究，一是确定劣化的类型，一是研究未来可能发生劣化的概率。需要说明的是，所有劣化机制都包括不同作用的相互影响，对此进行了解也很重要，包括诊断和评估，这影响着确定结构修复的类别和时机。

因此，在简要介绍主要的侵蚀作用之前，有必要分析材料对结构的影响，特别是水泥和骨料，详见第 4.3.3 节。

4.3.3　材料因素

本节提供的不是水泥、混凝土、钢筋和预应力钢筋性能的专门资料。本节目的是强调混凝土组成材料的特性，这些组成材料或成为特定劣化形式不可缺少的部分或从外部获得抵抗侵蚀作用的能力。本部分可细分为：

—水泥

—骨料

—混凝土

—钢筋和预应力钢筋

下面详细介绍每种成分。

4.3.3.1 水泥

混凝土的基本组成包括细骨料、粗骨料、水泥和水，其中水泥和水参与了化学水化作用，水化的水泥将整个混合物粘合在一起，进而形成一种坚硬的物质。

水泥可以是硅酸盐水泥或硅酸盐与其他硬性水泥或与火山灰材料的混合物，最常见的是与高炉矿渣、粉煤灰和硅灰的混合物。硅酸盐水泥的主要成分是石灰、二氧化硅和氧化铁及其他次要化合物，比较重要的是钠和钾的氧化物（碱性物质）。

调查旧混凝土结构的现况和预测未来的状况时，需注意水泥的成分随时间会发生很大变化。原因主要有以下几点：

(a) 制作过程中混凝土本身的提高与改进；

(b) 用户对高强水泥的需求；

(c) 预制厂对较高早期强度的需求，或允许较早拆除现场模板；

(d) 对特定结构的特殊要求，如降低大体积结构的水化热，当泵送或钢筋非常密集时需要创造易于浇筑的条件；

(e) 要求提高结构抵抗某种侵蚀作用的能力，如抗硫酸盐或低碱水泥。

水泥的有效性包括高强、细度、化学成分及碱性在一定范围内且具有不同的水化热。水泥品种很多，包括：

—普通硅酸盐水泥（OPC）

—快硬硅酸盐水泥（RHPC）

—低热硅酸盐水泥（LHPC）

—抗硫酸盐水泥（SRPC）

—硅酸盐高炉水泥（PBC）

水泥是受需求推动而不断发展的，包括供应链中追求更高的经济效益和更好的技术性能。19世纪50年代后期，供应链在英国已经发生了巨大变化。直到19世纪80年代才开始讨论这些变化的意义，同时对耐久性的关注也逐渐增加。混凝土协会在1987年发表了这方面的综述[4.7]。这说明了为什么目前的水泥强度普遍提高及7d与28d强度比的提高。水泥含量较低、水灰比较高时，也能得到兼顾和易性和强度的混凝土，即可生产出渗透性很高的混凝土。

表4-5反映了多种混合物对水泥发展的促进作用（2005）。该表源自作为英国标准BS 8500[4.8]附录使用的BS EN 206-1（欧洲混凝土标准）的规定。

可以看出，英国水泥的发展增加了对磨细高炉矿渣或粉煤灰的用量。BS 8500中有对不同暴露等级下水泥品种选择的详细指导。多年的研究和实践提高了当前或未来结构在耐久性方面的技术性能。然而，在评估过程中，仍需注意当前建筑中使用的水泥的各种特性。

关于水泥的详细资料，作者主要参考了Neville的著作[4.9]。该书不仅包括水泥与混凝土的基本内容，还包括耐久性的各个方面。1963年首次印刷，现在已经发行第4版，所以该书记录了从那一时期起水泥的发展历程。P. B. Bamforth[4.10]撰写的《混凝土协会技术报告61》更多是关于目前的各种水泥及其对耐腐蚀性影响的内容。

本书讨论重点是表4-5所列的水泥，或其前身（所谓的“商标”名），这些水泥代表了大部分混凝土使用的水泥。然而，需要注意的是，近年来也发展了一些其他特种水泥，主要包括超高早强水泥、砌筑水泥、白色水泥及高度专业化的油井水泥。这里挑出其中两种进行说明，因为它们在过去一直用于特殊结构中。

表4-5　BS 8500[4.8]中的水泥混合物与名称（经英国标准协会允许）

名称	组成成分	水泥/混合物类型（BS 8500）
CEMI	硅酸盐水泥	CEMI
SRPC	抗硫酸盐水泥	SRPC
ⅡA	含6%～20%粉煤灰（pfa）、磨细高炉矿渣或石灰石的硅酸盐水泥[a]	CEM ⅡA-L CEM ⅡA-LL CⅡA-L CⅡA-LL CEM Ⅱ/A-S CⅡA-S CEM Ⅱ/A-V CⅡA-V
ⅡB	含21%～35%粉煤灰（pfa）或磨细高炉矿渣的硅酸盐水泥	CEM Ⅱ/B-S CⅡB-S CEM Ⅱ/B-V CⅡB-V
钢筋和预应力筋 CEM Ⅱ/B-V+SR CⅡB-V+SR	含25%～35%粉煤灰（pfa）或磨细高炉矿渣的硅酸盐水泥	CEM Ⅱ/B-V+SR CⅡB-V+SR
ⅢA	含36%～65%磨细高炉矿渣的硅酸盐水泥	CEM Ⅲ/A[b] CⅡA[b]
ⅢB	含66%～80%磨细高炉矿渣的硅酸盐水泥	CEM Ⅲ/BL CⅢB
ⅢB+SR	含66%～80%磨细高炉矿渣的硅酸盐水泥，如果矿渣中氧化铝含量超过14%，那么硅酸盐水泥中C_3A的含量不应超过10%	CEM Ⅲ/B+SR[b] CⅡB+SRB[b]
ⅣB	含36%～55%粉煤灰（pfa）的硅酸盐水泥	CEM Ⅳ/B PIV/B-V CIVB
ⅣB+SR	含36%～40%粉煤灰（pfa）的硅酸盐水泥	CEM Ⅳ/B PIV/B-V+SR CIVB

注：a还有多种其他次要成分，然而出于成本考虑，只是有特殊要求时才使用，例如氧化硅和偏高岭土。
　　b包括早期低强水泥。

首先是富硫酸盐水泥（SSC），这种水泥由粒状高炉矿渣（80%～85%）、硫酸钙（10%～15%）和硅酸盐水泥渣（达到5%）制成，用于抵抗侵蚀条件下的损害，并用于制作位于受污染、酸性或富硫酸盐地基的混凝土管，蒸汽机车年代也用于建造铁路桥梁。富硫酸盐水泥的碱含量较低，不能为混凝土中金属的腐蚀提供保护。碳化会使强度降低。低水化热意味着该品种水泥可用于大型混凝土工程中。但在英国，富硫酸盐水泥已经停产。

另一种需要提及的是高铝酸盐水泥（HAC），其主要成分是氧化铝和石灰、15%的硫酸铁和氧化铁、约5%的二氧化硅、微量的氧化钛、氧化镁及碱金属。这种水泥起源于20世纪初期的法国，其抗硫酸盐特性使其在20世纪上半叶被广泛用于英国的桥梁结构中。这种水泥的主要优点是可很快获得早期强度（24h内可达极限强度的80%）。从20世纪50年代起，广泛应用于建筑和桥梁的预制构件中。20世纪70年代初期，很多使用HAC混凝土建造的屋顶倒塌。建筑研究所（BRE）的研究表明，在正常使用条件下，这种混凝土的抗压强度可能会在较长时间内降为1d强度的一半。从根本上讲，水化产物在化学方面不稳定，但可转化成比较稳定的形式，材料变得更为疏松，导致内部的金属更容易发生腐蚀。如果怀疑高铝酸盐水泥在结构中的应用，则测定强度的试验方法是中心问题。20世纪70年代初期，英国规范禁止在结构中使用高铝酸盐水泥。有关高铝酸盐水泥更多的详细资料见文献[4.9]。

这里对水泥作简要论述有一定的原因，评估调查/诊断的任何阶段都应清楚水泥的来源和品种，特别是可能出现特定类型的化学侵蚀时。虽然现在有更科学的方法分析水泥的品种（表4-5），但过去的历史研究已表明，以前使用的水泥品种过于繁杂而使得对其的分析仍有难度。

4.3.3.2 骨料

一般情况下，骨料至少占混凝土体积的75%，所以毫无疑问其品质对结构性能非常重要。配制混凝土的骨料来源很多，主要是含有各种矿物成分的岩石。近年来对其来源进行了大量研究（见文献[4.9]），很多标准都制定了其性能测试方法。骨料设计是混凝土配合比设计的组成部分，强度、稳定性、结构、尺寸和形状等是保证新拌和硬化混凝土所需性能的关键。

骨料可以是天然或压碎的，也可以是开采的或从海中挖出的。近年来，出现了越来越多的再生骨料。一些骨料的性能可能不太理想，如膨胀、收缩明显。本书有必要区分导致“常见/可接受”缺陷的特性以及在特定侵蚀环境中起积极作用的性质。

撇开骨料耐磨性能的重要性不谈，这里讨论骨料存在的“杂质”问题，包括有机杂质、黏土、黄铁矿，或严重影响耐久性的盐、硫化物和氯化物。某些岩石中也可能有矿物质产生的问题。例如，当环境中不存在大量活性二氧化硅时，骨料不会发生碱骨料反应。

就诊断来说，与水泥相比，骨料特性的分析不是那么重要，除非存在杂质的可能性非常高。但也有例外，碱骨料反应就是其中之一。

4.3.3.3 混凝土

针对诊断与评估，第4.3.3.1和第4.3.3.2节简要论述了材料因素，分别为水泥和骨料。本节目的是收集整理其他组成要素，包括水和外加剂，特别是综合考虑其他章节和第2.3节得到的资料。

4.3.3.3.1 水

这里的水指的是在混凝土混合料中影响和易性和水化作用的水分，其附加作用是提供足够的养护。由表2-2可知，水在为侵蚀作用提供传送机制方面也很重要，并参与几乎所有可能发生的化学反应，这将在随后的第4.4节进行论述。这里没有必要说明混凝土配制过程中水的质量问题。近年来，一直用“适于饮用”表示所需水的质量。很多标准详述了上述规定，禁止含有某些杂质，并规定了其他允许的杂质含量的最高水平。

含水量和水灰比（w/c）是混凝土强度设计的重要参数。通常，水灰比越低，强度越高。先不考虑使用何种方法，出于和易性的原因（易于浇筑）所加的水要比水化反应所需的水多。水化反应会在水泥颗粒周围产生水化物凝胶，水分也可能滞留在孔隙或毛细管。其中一部分水参与随后发生的水化反应，留下水气孔。在早期阶段，这些孔或毛细管都是相互连通的，如果水分过多，在充足的时间内水化反应未充分发生，或密实不充分，这些孔或毛细管将会保持连通，并一直如此下去。

上面的简单描述表明，不论何种原因，混合料中需要的水与混凝土现场浇筑、振实及养护有密切联系。可能影响混凝土密度、强度和渗透性等特性之一。

图4-5为Neville[4.9]的研究给出的混凝土密度与强度的关系。也就是说，密实度是一个影响因素，但在规范和标准中没有清晰的定义（“混凝土应充分密实”，没有什么特殊）。强度随密度减小而降低主要归因于混凝土中的孔隙。然而，即使孔隙达到最小，也需考虑密实度与含水量间的相互影响。

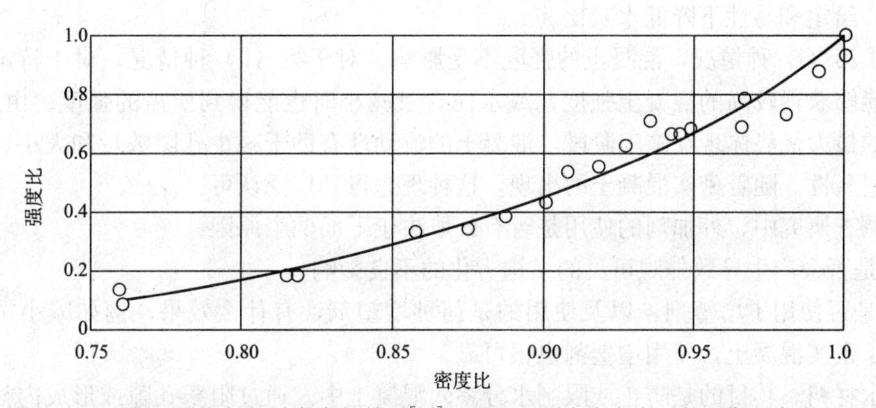

图4-5　混凝土强度与相对密度的关系[4.9]（即，达到完全密实时的预期强度为1.0）

图4-5描述了混凝土强度与密度的关系。由于孔隙会使侵蚀作用更易于深入到混凝土内部，特别是当这些孔隙相互连通时，更需要认真地考虑。

混凝土受侵蚀的过程可能涉及空气、水和溶盐，如第2章所述，这些是降低耐久性的重要因素。尚不能确定现场条件下强度与渗透性或孔隙率间的定量关系，主要是因为其中包含了太多的变量。基于观测结果和施工记录，如果怀疑混凝土渗透率较高，那么唯一的方法是通过试验进行测定。

水在养护过程中也起着重要作用。在相关行业中，这些年来关于养护重要性的观点也一直在变化，对于某些品种的水泥，养护是保证质量的关键，但往往很难有效，也就是说并不总是有效。养护有助于水泥的水化，养护时间取决于水泥品种和水灰比。在混凝土渗透性方面，养护对阻塞孔隙及连通的毛细管起重要作用。调查施工记录中关于养护状态的记载非常有用。

4.3.3.3.2　外加剂

近年来，外加剂的使用越来越频繁，这是因为它能在施工和使用过程中获得技术和经济效益。在约50年前，人们对外加剂的负面影响了解很少（氯化钙作速凝剂使用就是一个典型例子）。尽管现在外加剂的使用范围和类型都有所增加，但仍可以不夸张地说我们尚未完全认识其确切作用，如果外加剂使用剂量不正确，其性能有时会发生变化，但目前这种情况已得到很大改善。

水泥外加剂协会已经成立，其主要职责是提供当前及过去使用的外加剂的详细信息。也有很多手册和教材，例如文献［4.9］和文献［4.11］。在诊断和评估过程中，混凝土的耐久性特征很重要，有必要准确了解混凝土中所使用外加剂种类及其可能造成的影响。外加剂的基本类型有：

速凝剂。基本作用是通过促进硅酸钙的水化反应来提高混凝土的早期强度。

缓凝剂。其用途是减缓水泥浆的硬化，类似于一种特殊油漆或用于大体积连续浇注的情况，也可用于高温天气或长距离运输中。

减水剂。这是评估过程中最需关注的一种外加剂，因为它与混凝土中的水及其对渗透性的影响有关。减水剂常在下面两种情况下使用：

（i）给定水灰比下提高和易性；

（ii）给定和易性下降低水灰比。

对于第（i）种情况，混凝土的强度不受影响。对于第（ii）种情况，对于特定的水泥含量，能够获得较高的混凝土强度，或水泥含量减小时也能得到所需的强度。由此可见，外加剂的最大优势体现在施工阶段，混凝土的流动性有助于减少孔隙数量和大小，并提高混凝土耐久性。随着密实混凝土的出现，这种理念得到广泛认可。

在调查研究中，外加剂的使用是否有效取决于下面两个原因：

1. 是否会产生导致外观可见的结构劣化的不良影响；

2. 是否使用了增塑剂，以及使用的是何种增塑剂，有什么效果，例如减小了水泥用量。对于密实混凝土，使用增塑剂也很可靠。

防水材料。其目的是防止或限制水分渗入混凝土中。通过阻塞孔隙或形成内衬使混凝土成为憎水性材料。这是确定内部含水量的一个重要影响因素。

耐久性抑制剂。是包括阻锈剂或提高混凝土抗冻性的加气剂等的一般术语。

4.3.3.4　普通钢筋和预应力钢筋

普通钢筋和预应力钢筋是按照国家或国际标准进行加工的，但应注意这些标准经常更新。因此，准确确定所使用钢筋的品种非常重要，特别是对于较旧的结构。设计基础也很重要，即相对于结构使用期内的实际加载路径，采用何种应力-应变假定、设计中使用何种极限应力。

铁会发生腐蚀，这是混凝土结构发生劣化的主要机制。腐蚀过程的特性和程度都很重要，包括是局部腐蚀（坑蚀）还是均匀腐蚀，以及腐蚀的速率。工程师非常关注截面面积的减小和膨胀性腐蚀产物对粘结和锚固的影响。有证据表明，腐蚀会影响某些钢种的延性。评估时，从结构中截取的试样是不可替代的。

4.3.4 腐蚀

一般情况下，钢筋受到周围高碱性混凝土的保护。保护可能会因下述两种作用失效：

—混凝土的碳化作用；

—氯离子侵蚀。

至少是在一定条件下，人们已较好了解了这些过程，但在现场条件下，影响因素很多，这些因素都会影响钢筋的腐蚀。如果使用已有的模型分析和预测具体情况的腐蚀进程和腐蚀影响时，需谨记上述特点。

本节仅论述了腐蚀过程的基本要点，特别是诊断和评估方面，如果需要进一步了解，可参见文献［4.1，4.9，4.10，4.12～4.15］。

4.3.4.1 碳化作用

通常，混凝土的 pH 值在 12～13 之间，钢筋表面有一层具有保护作用的氧化膜。空气中的 CO_2 可以扩散到混凝土中，在水分存在的情况下，与混凝土中的氢氧化钙反应生成碳酸钙。一段时间后，混凝土的碱性降低，pH 值减小到 9～10，之后保护层受到破坏。所以如果存在充足的水分和氧气，钢筋非常容易遭到腐蚀。

随着 CO_2 从碳化的混凝土继续渗透到下一层混凝土，碳化过程便从混凝土的外表面开始慢慢进行。由于混凝土特性及内部水分局部条件的不同，碳化初期并无规律，前期阶段速度较快，在碳化深度到达几毫米的范围内 pH 值从 12～13 降到 9～10。相对湿度 RH 为 50%～70%的环境中碳化速率最大。在较干燥的环境中，由于没有充足的水分，不会发生碳化反应；在较湿的环境中，水分可能堵塞 CO_2 进入的通道。因此，对于碳化速率，湿度在结构整个使用年限中起着至关重要的作用。

4.3.4.2 氯离子侵蚀

氯离子对混凝土的侵蚀非常复杂，长时间内也可能不只是一个过程，主要取决于混凝土的特性及当前的水分条件。氯离子侵蚀的主要过程是扩散，但可能发生毛细孔吸入，特别是存在干湿循环时，这是一个较快的过程。混凝土孔隙的电解质含有氯离子时，即使是处于高碱性环境中的氧化膜，也会发生局部破坏，从而导致钢筋腐蚀。

氯离子除在混凝土中的渗透作用外，其他 3 个因素也很重要：

1）氯离子在混凝土表面发生聚集。这取决于氯离子的来源及供给的连续性，同时也取决于表面的局部环境。这些条件由结构构件的位置和方向决定，例如，有些表面会直接受到雨水或径流的冲刷，而有些则不会。干湿循环也很重要。

2）从物理或化学的角度来说，氯离子可能会黏附于水泥矿物及水化产物上，关键因素是能够到达钢筋表面的无约束游离氯离子的浓度。

3）这些游离氯离子到达钢筋表面，浓度累积到某一值才会引发钢筋腐蚀，该值就是众所周知的临界值，但该值并不是一个常数，主要取决于：

· 水泥品种、细度、C_3A 含量、石膏含量、是否使用粉煤灰或矿渣等；

· 水灰比；

·含水量及其变化；

·供氧量；

·钢筋品种、表面粗糙度和条件；

·穿过混凝土保护层的氯离子渗透深度的变化，氯离子是否沿钢筋长度均匀分布或不均匀地达到钢筋表面。

因此，在不同的情况下，对于相同的混凝土，氯离子的临界浓度值可能完全不同，在实际中经常出现这种情况[4.16]。在评估中，临界值是影响决策的一个重要参数。保守的方法是假定该值等于拌合用水规范规定的值（水泥重量的0.4%），但该值超过了实际工程测得的为水泥重量1%的值[4.16]。

已经提出的模拟氯离子引发腐蚀的方法很大程度上取决于表观扩散系数和表面氯离子浓度的测定值（假定值）[4.12-4.15]，其主要目的是为新建工程提供更严格的设计方法，在有测定和诊断数据的情况下，对评估也是很有用的，但是要谨慎推广使用所得到的规律。很难将其一般化，腐蚀过程很大程度上依赖于具体结构。

4.3.4.3　有关腐蚀过程的解释

腐蚀本质上是电化学反应过程，钢筋的某些区域带正电荷，其他部分带负电荷（分别相当于阳极和阴极），混凝土中的孔隙溶液充当电解质。电化学反应的产物是氢氧化亚铁，存在氧气和水时转化为铁锈。这种腐蚀产物的体积大于原钢筋的体积，因此会产生内部应力。当应力超过混凝土抗拉强度时，混凝土沿钢筋方向发生开裂，从而可能导致保护层剥落或分层。

腐蚀的物理效应、钢筋截面损失及粘结、甚至锚固性能降低等都是评估过程要关注的问题。这将在第5章讨论。

然而，评估中应注意腐蚀过程的早期形态，本节的目的就在于此。这里不再详细研究腐蚀的机理，有关内容详见文献［4.12～4.15］。图4-6示出了描述腐蚀过程的简单两阶段模型，该模型是由Tuutti[4.17]最先提出的。

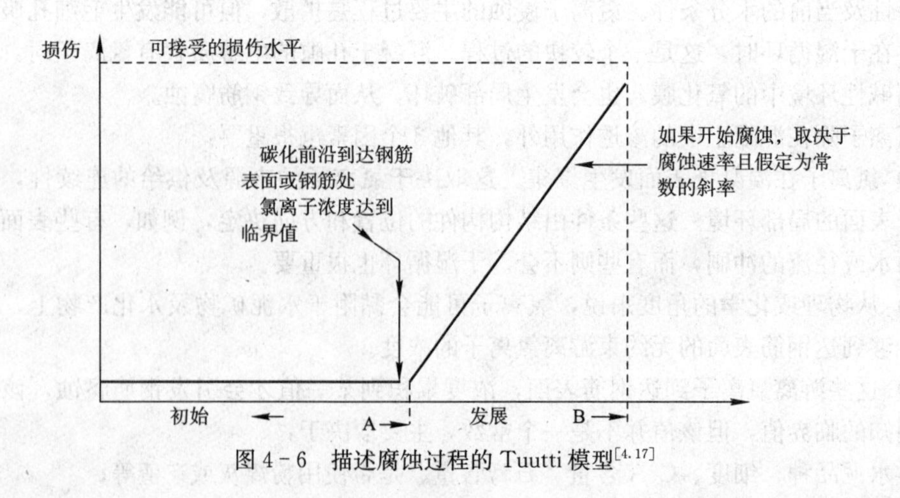

图4-6　描述腐蚀过程的Tuutti模型[4.17]

尽管该模型不能真实反映单个具体事件中腐蚀情况的复杂性，但在评估中非常有用。例如，在较长时间段内，腐蚀率不可能是定值；不可能非常清晰地定义腐蚀从开始到扩展阶段的过渡形式，模型中的两条直线也可以是曲线，结构构件不同位置处的腐蚀曲线形状不同，尽管可能非常接近。因此，腐蚀并非沿钢筋周围均匀发生，而是发生于暴露面附近或局部开裂处。

腐蚀模型的作用在于定义研究阶段的性质和程度，这取决于业主对采用干预和补救措施的标准。例如，如果在达到 A 点之前进行干预，则重点需要准确确定混凝土表层碳化的深度，或钢筋处氯离子的浓度。另一方面，如果在未达到临界值之前允许钢筋发生一定程度的腐蚀，则重点确定箍筋腐蚀率和腐蚀电池的性质。在后一情况中，需要从钢筋截面损失率和腐蚀诱发开裂情况方面准确地定义结构“破坏”。

本节前面和图 4－6 对诊断策略只是说明性的，故应谨慎并经过判断使用。大部分情况下，腐蚀过程始于多个微电池的形成。这些微电池的性质和密度是变化的，主要取决于阴极、阳极的相对大小和位置。当混凝土中有氯离子时，也会形成微电池，这取决于混凝土的电阻率和混凝土中氯离子的均匀性。微电池的电流可引起局部点蚀，而非均匀腐蚀，点蚀对结构的危害可能更为严重。

总之，参考图 4－6，不论调查多么仔细，也不可能得到绝对答案。通常需要进行某种形式的风险评估。这可在科学研究的水平上、通过对大量已有试验数据的分析进行。然而，最终应关注的结构安全性和适用性如图 4－1 所示，考虑结构潜在损伤的敏感性和设计概念上的结构冗余水平，认真进行某些计算。

4.3.5　硫酸盐侵蚀

通常，化学侵蚀的发生是通过微结构转化和水化产物的分解反应进行的。化学反应发生在混凝土成分及渗透作用之间，因此该过程还包括离子、气体和水分的传输。水对大部分化学反应都非常重要。

多年来，对传统意义上的硫酸盐侵蚀已经有所了解，并通过定义侵蚀等级、规定混凝土类型（组成成分和配合比）解决这一问题。最近发现的新的硫酸盐侵蚀类型以及大量使用改扩建用地使硫酸盐侵蚀的情况变得更加复杂，也增大了侵蚀性化学物质和不良杂质范围扩大的危险，这些化学物质和杂质增大了混凝土结构周围硫酸钠的含量。因而需对与材料类型对应的化学侵蚀环境重新进行分类[4.18]。

本节只给出区分不同类型硫酸盐侵蚀及其最可能发生位置的简要方法。在目前有关评估的任何一本书中，重点都放在了侵蚀影响而非原因，及所有引起混凝土产生膨胀力的硫酸性侵蚀形式上。对于每种情况，可参考相关文献，还需进行更多的基础研究（如将文献[4.9] 作为基础材料并用来评述国际最新进展）。

4.3.5.1　“常见的”硫酸盐侵蚀

通常，土中的硫酸盐是常见的硫酸盐自然来源，其中以钙、钠和镁元素构成的硫酸盐侵蚀性最强。这意味着最可能发生硫酸盐侵蚀的地方是从地面到 10m 深范围内的混凝土。

硫酸盐侵蚀的破坏程度及反应率取决于硫酸盐的特性、浓度、地下水的流动性和混凝土的孔隙率。简单来说，土壤中的硫酸根离子与水泥基复合材料中的二氧化钙反应生成硫酸钙（石膏）。之后与铝酸钙发生水化反应，生成水化铝酸钙（钙矾石）。所以反应强度和程度取决于水泥品种、土壤中硫酸盐的特性及地下水的流动性。

硫酸盐侵蚀的物理效应可总结为：

· 膨胀可造成混凝土瓦解；

· 混凝土软化；

· 潮湿的侵蚀介质增加，可能包含侵蚀性盐。

进而，这些变化会以下列形式影响结构的承载力：

· 混凝土有效截面面积减小；

· 力学性能降低（强度、刚度和粘结/锚固特性）；

· 钢筋保护层厚度减小，将会增加水的渗入，增加腐蚀风险。

在评估中，应优先确定调查阶段物理和结构效应的性质和范围。然而，因为硫酸盐侵蚀影响物理效应的严重程度，故需研究其类型。

4.3.5.2 硅灰石膏的硫酸盐侵蚀（TSA）

文献［4.18，4.19］详细论述了这类侵蚀，后一文献是针对英国西部地区桥梁进行的研究，包括埋于寒冷的硫酸盐湿地或浸于地下水中使用石灰石骨料的混凝土构件，所有桥梁基础都埋置在黏性回填土中，其中，黄铁矿的氧化作用可极大提高硫酸盐含量。根据文献［4.19］，在英国，遭受TSA危害的建筑可能比较少。然而，由于其物理效应要比常见的硫酸盐侵蚀严重得多，所以需要注意该类侵蚀发生的可能性。

TSA与常见的硫酸盐侵蚀不同，它主要侵蚀硬化混凝土中的硅酸钙水合物，而非氯化钙水合物。这种硅酸钙水合物是硅酸盐水泥胶粘剂的主要来源，其转化物硅灰石膏会降低混凝土的强度，到后期，水泥基体最终会兑化为糊状的白色物质。

形成硅灰石膏的基本条件是：

· 土壤中含有硫酸盐或硫化物；

· 水泥中有硅酸钙水合物；

· 流动性地下水；

· 一般存在于混凝土骨料中的碳酸盐；

· 低温，一般低于15℃。

最后两条TSA区别于常见的硫酸盐侵蚀，例如，TSA会生成硅灰石膏而非石膏或钙矾石。侵蚀的严重程度也受其他一些相对次要的因素影响，例如：

—水泥品种和用量；

—混凝土质量；

—施工造成场地化学物质和水文特性的改变；

—所埋混凝土的类型、深度及几何形状。

可通过实验室分析技术鉴别早期阶段的TSA。后期的TSA可通过肉眼观察进行判断，通常此时地下混凝土表面有一些白色浆状物质。

TSA的物理和结构效应基本与第4.3.5.1节所介绍的相似，最主要的区别是混凝土有可能变软。文献［4.19］认为，强度计算时应扣除受 TSA 影响的混凝土的承载力。

4.3.5.3　延迟钙矾石形成（DEF）

矿物质钙矾石通常形成于室温养护下硅酸盐混凝土的早期阶段，但此时并不会对混凝土造成破坏。然而，如果水化过程中温度很高（大体积浇筑或加热养护），钙矾石的生成就会滞后，降温时混凝土会产生膨胀和开裂。目前对临界温度的看法不一，约为 70℃，并且在早期水化阶段，该温度持续的时间越长，发生膨胀的危险就越大。

生成钙矾石的反应必须有水，钙矾石的存在会导致水泥石体积增大，这是一个体积膨胀的过程。其中时间很重要，开始时，在 2～20 年内不会或很少发生膨胀，因此，称为延迟钙矾石生成（DEF）。虽然尚未充分理解其过程，但是英国已经有几个此类膨胀的案例。

DEF 的主要物理效应可能是由膨胀引起的混凝土开裂，进而导致力学性能下降。伴随此类膨胀作用，结构性能主要受混凝土构件的尺寸、形状和内部或外部约束的影响。

关于 DEF 的详细内容参见文献［4.20］及其相关文献。

4.3.6　碱骨料反应（ASR）

碱骨料反应指混凝土孔隙溶液中的氢氧根离子与骨料中可能存在的含硅的物质间的反应。当下面 3 种因素都存在时，才会造成混凝土破坏：

· 混凝土碱含量较高；

· 活性硅含量很大；

· 水分充足。

碱骨料反应会生成一种膨胀性的胶状物质，并产生足够大的内部应力，使混凝土开裂，所以该反应看起来很严重。

目前，人们已清楚了解碱骨料反应的起因。自 1983 年起，英国就有了将结构发生碱骨料反应破坏风险降到最小的建议。因此，此后建成的结构基本没有遭受碱骨料反应的侵害。

与碱骨料反应有关的所有资料可见本章所列参考文献，此处不再赘述，但其破坏对结构的影响将在第 5 章进行介绍。以下是主要的参考文献：

研究背景，文献［4.21，4.22］；

将结构发生碱骨料反应的风险降到最低，文献［4.23，4.24］；

碱骨料反应的诊断，文献［4.3］；

碱骨料反应对结构的影响，文献［4.25，4.26］。

20 世纪 70 年代，人们开始关心碱骨料反应，所进行的大量研究与开发工作是如何处理耐久性问题及提供各方面权威指南的一个典型例子。现在已对碱骨料反应有了全面的认识，理论与工程相互协调。对于评估，重点是对膨胀及其对力学与几何性能的影响进行估计。从结构的意义上，现已具备足够的知识来考虑约束和结构灵敏度，这将在第 5 章进行讨论，同时证明该方法也适用于处理其他侵蚀作用。

4.3.7　冻融作用

当水冻结为冰时，体积增大 9%。所以混凝土中的水冻结时，只有当混凝土非常接近饱和时才可能形成非常大的膨胀应力，这发生在冻结的深度内。其结果是导致内部机械损伤，损坏程度取决于孔隙结构，一般指微裂缝。当混凝土表面形成较宽的裂缝时，开裂形式是随机的，与碱骨料反应引起的裂缝相似，但部分表面混凝土更容易剥落。如果混凝土质量较差，会导致混凝土变酥，如第 2 章描述的 Pipers Row 车库的情况。

冻融循环会引起损伤累积；在单个循环中，冻融作用产生的裂缝会促进水在下一个循环中流至新的区域，并引起进一步的冻融破坏。因此，始于混凝土表面的膨胀裂缝沿表面扩展，向混凝土深处蔓延。

如第 3.2.4.2 小节所述，这种内部破坏的实际结果是降低了混凝土的力学性能。从文献[4.27] 可知，大部分情况下，抗压强度受到的影响低于抗拉强度和弹性模量受到的影响。

冻融作用也会导致混凝土表面剥落，如果使用除冰盐，这种情况将会加重。其中发生的反应非常复杂，目前尚不清楚。盐类可渗入混凝土孔隙，增大含水量，但会降低冰点。之后冻结区与非冻结区可能发生分层，水分会存储于此处并冻结。无论破坏机理如何，其结果都是导致表面材料损伤，在粗骨料受到扰动后，细骨料也会受到扰动。如图 4-7 所示，随着循环次数的增加，损伤进一步增大，最终引起钢筋保护层厚度减小，腐蚀风险增加。

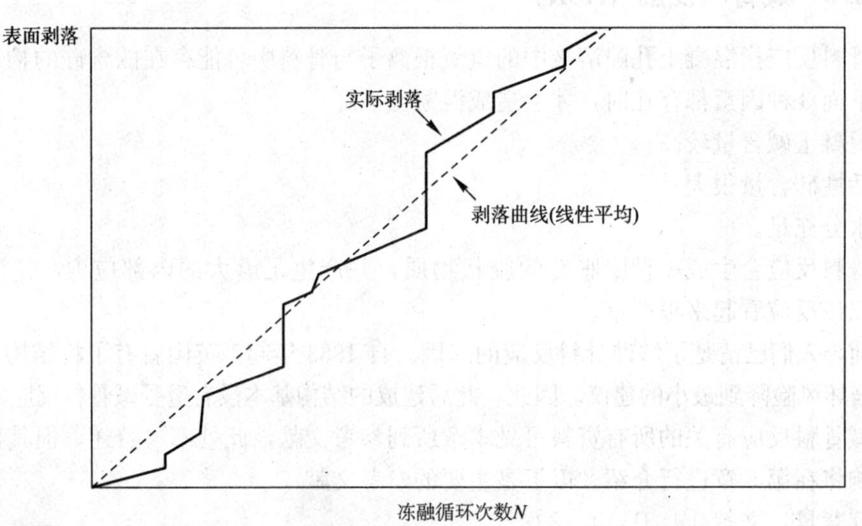

图 4-7　受粗骨料颗粒影响的波动性盐冻剥落曲线

由于显著的气候原因，北欧地区非常重视冻融破坏。然而，本书作者认为英国低估了冻融和其他膨胀作用引发的各种可见的结构破坏形式。力学性能降低带来的后果非常严重，所以正确对结构进行诊断非常重要。

4.3.8　溶蚀

溶蚀一般发生于长期与水接触的结构，主要包括水坝、水库、油罐和管道。水溶解水泥中的钙质成分，这一成分约占混凝土中水泥重量的 65%。

因为水可在渗透性高的混凝土结构内流动，所以结构存在水压力梯度时，溶蚀更易发生。水可溶解裂缝处的石灰，进而使得裂缝处发生溶蚀。

溶蚀增大了混凝土的孔隙率，从而降低混凝土强度和刚度。文献［4.28］给出了溶蚀的处理方法，重点针对大坝。

4.3.9　酸侵蚀

混凝土是高碱性的，不能抵抗强酸及可转化为酸的化合物的侵蚀。在侵蚀源研究方面，现正形成一个专业性领域。有些酸也用于涉及高温的工业生产过程，例如生产肥料。

其他类型的酸侵蚀是由物质自身的连锁反应引起的，这些物质本身可能对混凝土就有害，并通过某种细菌作用转化为酸。这类侵蚀常发生于下水道、储藏室或肥料处理系统中。这样面临的一个问题是由结构功能需要引起的某些类型的酸侵蚀。表 4－6 列出了不同类型的酸对混凝土侵蚀的一些特征。该表摘自文献［4.1］，并基于美国混凝土协会（ACI）的指南。

表 4－6　混凝土的酸蚀（混凝土协会，版权所有）

环境温度下的腐蚀率	无机酸	有机酸
快速	含氯化氢 含氮 含硫	乙酸 甲酸 乳酸
适中	含磷	丹宁酸 腐殖酸
慢	含碳	—
可忽略	—	草酸

因为存在多种可能性，所以由其他物质反应产生的酸更难描述。下水道中的硫化物是其中的一种，通过细菌作用转化为 H_2S，并在水中生成一种弱性无机酸。正常情况下，该酸较弱不会侵蚀混凝土，但在封闭的环境中，例如下水道，它凝聚在废水以上的混凝土表面，发生氧化反应，并形成硫酸。一般情况下，混凝土无法抵抗 pH 值低于 4 的酸性作用。酸会破坏水化产物中的胶凝成分，溶解水泥基材料。

文献［4.9，4.29］对酸侵蚀进行了详细介绍。

4.3.10　其他物质

从第 4.3.9 节可知，这是“所有”可能与混凝土发生接触及可能导致混凝土瓦解的物质。

表 4－7 给出了一些例子。该表取自文献［4.1］，也基于美国混凝土协会的指南，但并不全面，仅作参考，因为侵蚀作用的影响取决于产物的浓度及 pH 值。

需要注意的是，一般认为大部分情况下混凝土的瓦解都是很慢的，这样才有充足的时间来研究其起因和影响。

表 4－7　一些常见物质对混凝土的影响（混凝土协会，版权所有[4.1]）

材料	产物	影响
灰/煤渣	如果是湿的，硫酸钠会溢出	抗硫酸性能不足时，混凝土瓦解
啤酒	发酵产物包括乙酸、碳酸、乳酸或丹宁酸	混凝土缓慢瓦解
果酒	包括乙酸（表 4－6）	混凝土缓慢瓦解

续表

材料	产物	影响
煤炭	从潮湿煤炭中溢出的硫化物会形成亚硫酸或硫酸	混凝土快速瓦解
食盐		对于混凝土无害，当混凝土含水量大时，对其中的钢筋有危害
防腐油	含有苯酚	混凝土缓慢瓦解
废气（柴油或汽油）	当有水存在时，形成各种酸	混凝土缓慢瓦解
烟气	当有水存在时，形成各种酸	混凝土缓慢瓦解，温差会引起较大应力
果汁（及发酵果汁）	含有糖和各种酸	混凝土缓慢瓦解
肥料		混凝土缓慢瓦解
牛奶		无危害，可参考“酸奶”
泥煤水	含有腐植酸	存在脂肪油时，混凝土缓慢瓦解
石油		存在脂肪油时，混凝土缓慢瓦解
青贮饲料	含有各种酸	混凝土缓慢瓦解
酸奶	含有乳酸（表 4-6）	混凝土缓慢瓦解
糖类		混凝土缓慢瓦解
尿液		侵蚀多孔或开裂混凝土中的钢筋
酒		无影响

4.4 环境和微气候的影响

从表 4-4 可以看出，除磨蚀外，水在劣化起始机制、控制劣化发展速率和强度方面起着重要作用。一般情况下，混凝土内部水的影响最大，但这在很大程度上又受到当地外部微气候的影响。不同地区和不同季节的微气候变化相当大，评估中不容忽视。

据作者所知，欧洲混凝土委员会（CEB）公告[4.30]首次尝试将微气候与劣化过程联系起来，目的是为 CEB 所提出的不同模型提供输入参数，并用来表示不同的劣化机制，特别是腐蚀。表 4-8 描述了 CEB 的方法。

表 4-8 劣化过程与相对湿度的关系（经钢筋混凝土国际联盟允许）

外界相对湿度	劣化过程的相对严重性				
	混凝土碳化程度	混凝土冻融损伤	混凝土化学侵蚀	钢筋腐蚀风险	
				碳化混凝土	富含氯离子
很低（<40%）	轻微	可忽略	可忽略	可忽略	可忽略*
低（40%～60%）	高+	可忽略	可忽略	轻微	轻微*
中（60%～80%）	中#	可忽略	可忽略	高	高
高（80%～98%）	轻微	中	轻微	中	非常高
饱和（>98%）	可忽略	高	高	轻微	轻微

注：* 在富含氯离子的环境中，当湿度发生较大变化时，腐蚀的风险也很高。

+当相对湿度为 40%～50%时，碳化为中度。

#当相对湿度为 60%～70%时，碳化程度较高。

湿度的影响用相对湿度 RH 表示，这是科学术语中比较有用的一个概念，但并不能代表实际环境，欧洲混凝土委员会（CEB）对其进行了详细描述，并在考虑当地气候条件下[4.31]，试图给出一种用于耐腐蚀设计的新方法，而且在确定反映混凝土质量的暴露等级和钢筋保护层厚度方面，已经提出了符合设计规范和标准的方法。现在这些暴露等级的划分已非常详细，如欧洲规范 2[4.32]，其中相关内容是对英国标准 BS EN 206 - 1[4.8]的补充。

所以，目前越来越关注当地环境对耐久性设计的重要性，至少较关注材料类型，再就是提高混凝土质量，这就产生了如下问题：考虑到预测模型使用的越来越多，模型与输入的“荷载”代表值密切相关，新建立的暴露等级与劣化机制间的联系能否用于诊断与评估?

为了回答这一问题，需要参考第 2 章的观点。图 2 - 4 给出了湿度预测结果，表 2 - 2 列出了可能的环境荷载，从中可确定预测模型的输入值。确定一个具体结构输入值精度的影响因素会相当复杂。对于不同类型的结构，通过图 2 - 5～图 2 - 9 可得到一些问题的处理方法。一般来讲，当地的微气候是结构受损的重要影响因素，但也不能直接确定表 2 - 2 中所列不同因素的影响。

当研究得更深入时，可以发现其主要因素有：

(i) 当地环境条件；

(ii) 混凝土内部水的状态。

由于昼夜和季节性变化，上述因素都不可能是恒定不变的，如果在现场采用某些特定的方法及时测定某一瞬时值（如腐蚀率），那么考虑这些因素就相当重要了。

主要的影响因素可根据结构的特殊问题而确定，主要包括：

(a) 风、水和温度的相互作用；

(b) 外部约束条件和一般结构或建筑细部构造的影响，如外露构件的形状和结构；

(c) 接缝不起作用或意外出现的孔洞，或由于缺乏变形方面的规定而产生裂缝；

(d) 用水管理的规定，如排水系统的效率和维修。

所有这些问题都会改变水的性质，如蒸汽、径流、倾盆大雨或蓄水等，并且都会影响渗入混凝土的水量及渗透的位置。

虽然存在这些问题，但我们在调查阶段仍要努力确定水的状态。其之所以重要有如下 3 个原因：

1) 作为诊断的一部分，用于确定主要劣化机制；

2) 用于预测未来可能发生劣化的速率；

3) 由于水在大部分劣化机制中都起重要作用，所以每种修补措施中，最好都消除或控制水的影响。

确定水的状态所需努力取决于主要劣化机制的种类及造成的破坏范围和程度。例如，对腐蚀而言，要考虑表 2 - 2 中给出的所有因素，进而得到准确的评估结果。对于不太重要的情况，则没有必要进行如此详细地分析。然而，初步外观检查开始，方法之一是采用表4 - 8 所示的定性分析方法。在文献 [4.2] 中，混凝土桥梁研发小组尝试采用了这种方法。

表 4 - 9 取自混凝土桥梁发展分会（CBDG）报告，其研究范围要比只简单关注水的状态广，这是在考虑了多种劣化机制的各种不足后建立的。以该表中的腐蚀为例，环境暴露等级是定性划分的，但参考观察和试验结果，可在表 2 - 2 方法的基础上确定是否需要进

表 4-9　常规检查和试验中的诊断（经混凝土桥梁发展分会允许[4.2]）

检查/试验依据		钢筋腐蚀		温度裂缝		塑性开裂		龟裂	干缩	冻融破坏		碱骨料反应	硫酸盐侵蚀			与骨料相关的		石灰溶蚀	火灾损害	撞击破坏	荷载引起
		碳化引起	氯化物引起	早期水化热	连续	收缩	沉陷			混凝土	管道		外部	内部（延迟钙矾石形成）	内部（硅灰石膏）	冻融胀裂	呈黄铁矿色				
肉眼观察或试验结果，参见 CBDG 报告[4.2]附录 D 参考文献［1～25］中有关开裂和缺陷的图、表和照片																					
有关裂缝的文献编号	1	3	3				1⑧													1	
	2			3	1				1												
	3			3	3				1												
	4					3			1			1		1							
	5	1	1				3														
	6						3														
	7							3		1											
	8								3			2		2							
	9								2	1		2		2							
	10										2	2		2							1
	11	1	1	1								2		2							2
	12									3		1		1							
	13④																				3
	14④								1												3

续表

检查/试验依据		钢筋腐蚀		温度裂缝		塑性开裂		龟裂	干缩	冻融破坏		碱骨料反应	硫酸盐侵蚀			与骨料相关的		石灰溶蚀	火灾损害	撞击破坏	荷载引起
		碳化引起	氯化物引起	早期水化热	连续	收缩	沉陷			混凝土	管道		外部	内部（延迟钙矾石形成）	内部（硅灰石膏）	冻融胀裂	呈黄铁矿色				
有关缺陷的文献编号	15 沿钢筋剥落	3	3																		
	16 表面剥落									3			2								
	17 锈斑	3	3														2				
	18 渗出物/表层沉积			1	1	1	1	1		1		1	2	1	2			3			1
	19 钟乳状物																	3			1
	20 品红褪色																		2		
	21 沿骨料冻胀															2	2				
	22 无腐蚀剥落																		2	2	
	23 撞击破坏																			3	
	24 构件位移											2		2						2	2
	25 表面分解									2			2		2						
试验表明																					
混凝土分层		3	3							2											
保护层较薄①		3	2																		
碳化深度>保护层厚度		3																			

续表

检查/试验依据	钢筋腐蚀		温度裂缝		塑性开裂		龟裂	干缩	冻融破坏		碱骨料反应	硫酸盐侵蚀			与骨料相关的		石灰溶蚀	火灾损害	撞击破坏	荷载引起
	碳化引起	氯化物引起	早期水化热	连续	收缩	沉陷			混凝土	管道		外部	内部（延迟钙矾石形成）	内部（硅灰石膏）	冻融胀裂	呈黄铁矿色				
氯含量中（M）②		2																		
氯含量高（H）②		3																		
环境暴露条件																				
暴露于雨水中	B	C	U	B	U	U	U	C	A	U	A	D	A	D	A	A	A	U	U	U
与雨水隔离	A	C	U	B	U	U	U	C	D	U	C	D	C	D	D	C	C	U	U	U
暴露于渗漏/溢流环境	B	A	U	B	U	U	U	C	A	U	A	B	A	D	A	A	A	U	U	U
暴露于喷洒环境	B	A	U	B	U	U	U	C	B	U	B	D	B	D	B	B	B	U	U	U
埋于地下	D	C	U	D	U	U	U	D	D	U	A	B	A	A③	D	A	B	U	U	U
长期饱和	D	D⑤	U	D	U	U	U	D	B⑥	U	A	A⑦	A	A	A⑥	B	A	U	U	U

目测和试验显示

3——高度

2——可能

1——基本不能，可能相关

暴露环境

A——高风险

B——中风险

C——低风险

D——不能确定

U——与环境暴露无关的退化

注：① 混凝土保护层小时必须根据环境条件和混凝土质量确定。

② M 表示（0.3%～1%）Cl^-（占水泥质量）；H 表示>1.0%Cl^-（占水泥质量）（基于公路管理局的指南）。

③ 温度低于 15℃。

④ 13 和 14 类裂缝最常见（荷载引起的）。该类裂缝有助于识别和区分由耐久性问题引起的裂缝。结构性裂缝更为复杂，需要进一步研究。

⑤ 由于混凝土保持饱和状态，即使是在潮湿地区的盐环境中，结构也不太可能发生劣化。

⑥ 如果经受冻融循环作用。

⑦ 取决于水中硫酸的含量。如果含量较高，情况更严重。

⑧ 如果表面水平。

⑨ 如果是锚固区。

行更为细致的分析。CBDG 报告[4.2]根据表 4－9 给出了选择验证初步诊断试验的指导。该内容将在第 4.5 节进行讨论。

4.5　检测、试验和初步诊断

4.5.1　研究背景和方法

根据图 4－1 给出的基本行动模式，本节主要讨论阶段（1）和（2）的部分步骤。基本上包括了结构、劣化程度和性质及主导因素。

第 3 章中已阐明，资产管理系统的形式是多样的，但不同水平的检测方法仍然存在共同点，尽管其本质和频率也是多样的。在其中某项检查期间，如果注意到前面情况的变化，或检测到明显劣化，则需诊断出现了什么问题以及产生这种不规则变化的性质和程度。

当进行初步试验来分析肉眼观察（图 4－1）的结果时，第一步是通过集体讨论确定已经知道了哪些信息并制定试验方案。图 4－1 建议集体讨论应包括对设计基础和结构灵敏度的评估。与可能发生的破坏结果相比，这对确定试验的类型和范围可能是一个重要因素。大部分取决于宏观把握、方法及业主作出决定前所需的详细信息。这里没有硬性要求，但是需要遵守一些基本规则。

相关知识的基本类型定义如下：

(a) 设计准则和施工记录。如果没有足够的信息，那么就按竣工状态考虑（未破坏的）。可通过劣化可能结果的灵敏度分析进行讨论，包括几何和力学性能的范围，有时可通过钻芯试验或无损检测方法（NDT）进行验证。

(b) 先前的检测和维修记录——结构生命的轨迹。做了哪些工作？效果如何？

(c) 所观测到的破坏或缺陷的特点和程度。具体是什么？如果发生开裂，其程度、形式及可能原因有哪些？分布有多广？是否发生在临界截面？第 4.1 和第 4.2 节叙述了可能存在的缺陷及原因。这在调查研究的早期阶段是很重要的，有必要采用系统分析方法寻找、判别及记录结构的缺陷和破坏情况，这些记录将构成结构生命轨迹的一部分。常用的方法是做成照片、示意图和注释构成的图表，并尽可能将其标准化。

(d) 诊断观测到、引起不正常现象的可能原因，是施工因素（第 4.2 节）还是劣化原因（第 4.3 节）？有必要分析引起开裂的所有原因。有些情况下，原因很明显，例如锈渍，但为了对破坏进行合理的分级［图 4－1 的第（3）步］，仍有必要进一步研究腐蚀的原因和程度。对于表 4－4 中其他可能的侵蚀作用，例如硫酸盐侵蚀或碱骨料反应，有必要进行混凝土试验，这与图 4－2 中的碱骨料反应大致相似。在所有情况下，都必须研究当地的微气候，其原因如第 4.4 节所述。

在此阶段制定良好的计划和清晰的目标很重要。需要测量什么？结果应精确到何种程度？在决策过程中如何使用这些结果？对先前记录及初步检测得到的有效信息还需增加什么？这些都很重要。随机或不加选择地试验是不恰当的，但也不能过分强调其重要性。

4.5.2　试验选择

这里提供了有效的试验方法，涵盖了第 4.5.1 节定义的 4 种类型的基础知识。表

4－10给出了列表。虽然并不全面，但对于寻找所研究的不同特性的更多信息，提供了进行选择的指导。现已具有这些信息的使用经验，其中有些已用了多年。而有些则相对较新，能力更强、精度更高的新技术正进入市场。

通常可采用多种方法研究结构的某些特殊性能。可交叉、相互检验，例如研究腐蚀或腐蚀率时采用的试验方法。更为重要的是，可拓宽研究的视野，例如，用无损检测（NDT）方法得到结构中混凝土质量和强度的定性图片，确定可能发生破坏的区域，从中钻取芯样或样本来进行详细的实验室分析。

这类试验一般由检测中心或专业承包商来做，这些人对首选方法比较了解，具有丰富的经验并了解其局限性，善于解释试验结果。规范中包含大部分试验方法，例如英国标准（BS）、欧洲标准（CEN）或美国材料试验协会标准（ASTM）。更多常用方法的论述可参见相关文献，如文献［4.1，4.2，4.29］和文献［4.33～4.35］。

4.5.3　试验场地和取样

主要根据初步调查、整个结构研究及鉴定劣化最严重区域所做的观测选择试验场地。在这一方面，无损检测和近表面试验比较有用。

实际中的选择主要取决于是只进行现场观察还是对结构进行定期监测，也取决于现有的资源（时间、资金和劳动力）与获得足够精确和代表性试验结果的要求之间能否达成可接受的平衡。

对总和、平均值和标准差的理解很重要，这可作为所调查结构性能变异性的判断标准。对随时间变化及受当地微气候（含水量）影响严重的性质的测量比较困难，如腐蚀率。试验方法的精度及可重复性也是一个因素。

取样是试验发展中的一个重要特点。简单地说，就是期望尽可能多地得到具有代表性的可信数据。然而，在解释数据时，必须识别试验方案中由不可避免的不利因素引起的局限性。

4.5.4　确认临时性诊断结果的试验选择

本节标题表明，可通过初步检测了解可能引起劣化的结构缺陷。这对提出研究重点及确定应做哪些试验很重要。

图4－2已给出建议的碱骨料反应诊断的纲要，已经比较全面，早期诊断确认有可能发生碱骨料反应后，需获取尽可能多的代表性和可信数据。类似的步骤可用于其他的劣化机制，如表4－10中腐蚀的不同方面。

实验室经验与专家意见在具体案例中很重要，而且很难给出可被普遍接受的准则。文献［4.2］尝试提出混凝土桥梁的一般准则，表4－11摘自该报告，该表给出了确定试验方案时需考虑的问题。根据各耐久性参数，可将这些试验分为基本的、合适的和可能有帮助的3种类别。考虑结构灵敏度和外观损伤程度时，通过这些方法可设计针对单个劣化机制的试验方案，与图4－2中碱骨料反应的方法相似。原则是试验方案应包含第4.5.1节给出的所有相关知识，以获得初步评估阶段可靠的评级［图4－1中的第（3）步］。

表 4-10　相关试验方法

研究的性能	试验方法/检查方法
混凝土强度	—钻取芯样进行抗压试验 —近表面试验（拔出，内部断裂，抗渗等） —回弹仪
混凝土质量/均质性	—钻芯目测检查 —超声脉冲速度试验（upv） —冲击反射检测 —雷达扫描检验 —岩相检验 —化学分析
钢筋或预应力筋位置	—保护层厚度测试仪 —物理暴露 —脉冲反射试验 —表面下雷达测试
碳化深度	—酚酞测试 —岩相分析
有无氯化物	—化学分析（表面或剖面钻取）
有无硫酸盐	—实验室分析协作下的现场化学试验
钢筋腐蚀	—电位图 —电阻率测量 —物理暴露
腐蚀率	—线性极化阻抗 —极化电流测量
开裂、剥落和分层	—目测，绘图，拍照 —声测 —冲击反射试验，超声波脉冲速度试验，红外摄影等
表面渗透性/吸附能力	—表面吸附试验（ISAT） —透水性和透气性试验
含水量	—现场直接测量或试样测量
碱骨料反应	—岩相学 —实验室自由或约束膨胀试验
冰冻作用	—岩相学 —实验室内试验
材料性能	—取样进行物理或化学试验 —混凝土或钢筋强度试验

4.6　解释和评估：初步评估的前期准备

需要注意的是，第 4.5 节并未论述具体的试验方法，有关这部分内容可参加其他著作。一般情况下，可以从参考文献中找到一些关于本章内容的详细资料，但是，需牢记试验方法是不断发展的，新的试验方法也不断出现。

本节的重点是制订目标明确的试验计划，包括测量内容、要求的详细程度及有代表性和可信性的其他详细内容。因此，有必要考虑如何利用图 4-1 初步评估阶段步骤（3）的

表 4-11　确认临时诊断的试验选择（经混凝土桥梁发展分会[4.2]允许）

耐久性参数	现场试验																		
	外观检查	裂缝宽度测量	裂缝处钻芯	起皮调查	保护层测量/钢筋位置	半电池电位	电阻率	线性极化电阻	碳化作用	回弹试验	Autoclam渗透性试验	吸附作用(ISAT)	雷达技术	混凝土剥落	光学/数字孔洞检测仪	超声波脉冲测试	放射线照相技术	管道压力试验	温度记录
碳化引起的钢筋腐蚀	3			3	3	3	2	2	3		1	1	1	2					1
氯化物引起的钢筋腐蚀	3			3	3	3	2	2	3		1	1	1	2					1
早期温度裂缝	3	3	1		1														
发展型温度裂缝	3	3	1		1														
塑性收缩	3	3			1														
塑性沉陷	3	3	3		2														
龟裂	3	3																	
干缩	3	3			1														
冻融循环	3	3		2								1							
碱骨料反应	3	3	3		1														
外部硫酸盐侵蚀	3	3		2	1														
内部硫酸盐侵蚀(延迟钙矾石形成)	3	3	3		1														
内部硫酸盐侵蚀(硅灰石膏)		3			2														
骨料冻胀	3																		
变为黄铁矿色	3			1															
石灰溶析	3																		
预应力钢筋耐久性	3	1													3	1	1	3	
火灾	3			3	3				3	2				3		2			
撞击破坏	3																		
荷载引起的裂缝	3	3			2					1						1			

续表

耐久性参数	实验室试验										
	氯化物含量试验	硫酸盐含量试验	X射线衍射试验	水泥含量试验	碱含量试验	碳化试验	岩相分析	表层吸附试验	毛细吸附试验	渗透性试验	Autoclam渗透试验	钻芯试样膨胀试验
碳化引起的钢筋腐蚀	3			1		3	2	1	1	1	1	
氯化物引起的钢筋腐蚀	3			1		2		1	1	1	1	
早期温度裂缝												
发展型温度裂缝												
塑性收缩												
塑性沉陷												
龟裂							2					
干缩				1			3					
冻融循环	2	2					2	1	1			
碱骨料反应	2			1	3		3					3
外部硫酸盐侵蚀	2	3		1			3					
内部硫酸盐侵蚀（延迟钙矾石形成）	2	3		1			3					3
内部硫酸盐侵蚀（硅灰石膏）			2				3	2				
骨料冻胀							3					
变为硫铁矿色							1					
石灰溶析							2					
预应力筋耐久性												
火灾损害						3	3					
撞击破坏												
荷载引起的裂缝				1			1					

注：3——必要的，2——适用但不是必要的，1——特殊情况下可能有用

试验结果。假设在早期阶段某种类型的损坏是正常的，可能与简单的结构计算和尝试所认为的起主导作用的劣化机制有关。

本书第 5 章将使用 CONTECVET 项目[4.14,4.22,4.27]的 SISD 评估方法，但第 3 章认为这并不是唯一的方法。例如，如果采用与表 3－2 中加拿大桥梁规范相似的方法，则对检测和试验数据的评估将变得非常困难。相反，如果使用图 3－8 和图 3－9 中的简单条件索引法，那么进行预校准时，有必要将数值与检测和试验阶段的条件描述联系起来。此外，在考虑适用性和强度，甚至不同的作用效应（弯曲、剪切、粘结和开裂等）时，需要增加几项指标。

需要说明的是，条件评估不只是简单解释试验数据，通常这本身就已经很困难了，特别是对于那些没有直接给出测量参数的试验。试验方案的主要内容是确定影响性能的因素，并将这些因素的影响减小到实验人员可接受的程度，这对他们来说极其重要。但这明显会影响对干预时间的决策及干预的性质。然而，在规划阶段更重要的是，要求目前试验阶段测量那些值。

结合图 3－11 及有关性能指标的案例，第 3.3.3 节讨论了这一重要问题。图 3－11 中的纵轴代表承载力，承载力包括表 4－12 中列出的任一或所有结构特定的性能要求。这是评估人员最终关心的，但在逐步评估法中，如果初步评估阶段提出要求，那么只能在详细调查阶段（图 4－1 中的第（4）步）直接测量这些参数。

表 4－12　结构使用阶段的特定性能要求

1. 安全性	强度　耐火性 刚度　疲劳 稳定性　抵抗特殊荷载的能力（如撞击，地震作用）
2. 适用性	变形　振动 位移　防水性 开裂
3. 使用和功能	最短停工时间 可检测性
4. 耐久性	无额外或特别的修补费用 要求上述 1～3 中的性能无明显降低

这意味着，为了作出正确决定，图 4－1 中第（3）阶段的条件评估应足够健全，这会影响试验范围和对试验结果的解释。

为说明腐蚀问题，绘制了图 4－8，与图 3－11 相似，但纵轴发生变化，用“与腐蚀相关的性能”替换“承载力”。当将腐蚀视为主要劣化机制时，从表 4－10 可以看出，相关参数主要包括以下 3 种：

A 组：构件尺寸

配筋率和细部构造

混凝土保护层厚度

B 组：锈斑

裂缝——特点、位置、宽度和间距

分层

钢筋截面面积减小

C组：碳化深度

存在的氯化物

——表面

——钢筋附近

腐蚀率

当地微气候

混凝土扩散性

A组和B组是关于结构构件特征及破坏和当前劣化状况的，与表4-12中的性能要求直接相关。C组与破坏机理本身有关，如果结构已经发生破坏，那么重点需预测图4-8中性能曲线的斜率。

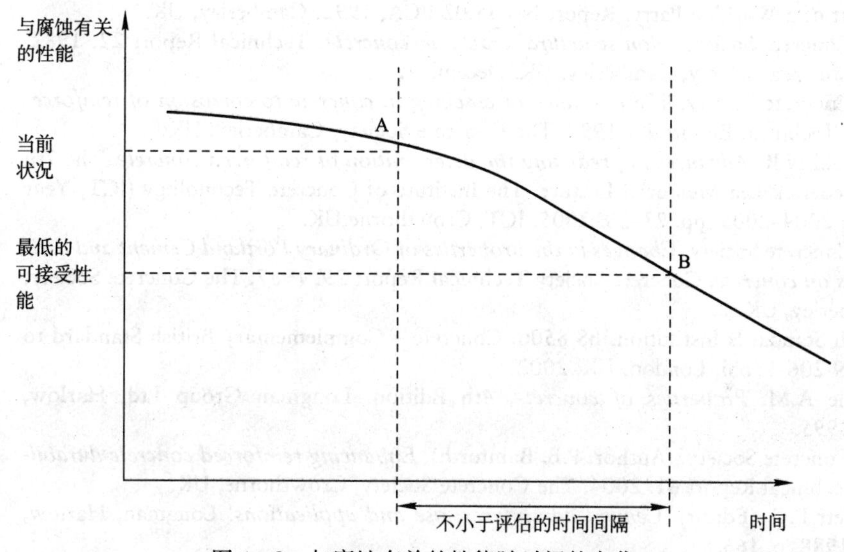

图4-8　与腐蚀有关的性能随时间的变化

然而，经常会出现有可能发生腐蚀但尚未开始腐蚀的情况。业主期望在以下阶段采取管理措施（包含干预）：

—碳化或氯离子达到钢筋表面之前；

—碳化或氯离子刚刚到达钢筋表面；

—腐蚀恰好发生；

—腐蚀刚刚引起开裂；

—钢筋截面面积的减小达到x%。

上述每一项都可作为图4-8中竖轴的最小性能要求。可以认为它们的差异很小，但其之间的干预时间很重要，对业主来说关系到经济效益问题，当然要先假设表4-12中的性能要求都没有风险。如果采用此策略，则可能会影响试验方案的性质和范围。以腐蚀为例说明初步评估之前进行前期准备的重要性——即需要制订计划，从而确定测量值及如何利用试验数据。虽然主要研究兴趣与表 4－12 中的参数有关，但还是有必要绘制劣化机制主要参数的曲线（图 4－8）。考虑第 4.3 节给出的各种效应时，表 4－4 列出的所有机制都适用。

评估时关于前期准备重要性的最后一点可参考表 3－9 作出。图 4－1 中行动模式的输出结果可明确反映恰当还是不恰当。也可能给出一个临界值，如表 3－9 的建议，需作更进一步的详细评估或进行更多的试验。如果可能，可通过确定恰当的重点及合理的试验计划避免重复试验，试验和某些现场观测费用都很高。

本章参考文献

4.1 The Concrete Society. *Diagnosis of deterioration in concrete structures*. Technical Report 54. 2000. The Concrete Society, Camberley, UK.

4.2 Concrete Bridge Development Group (CBDG). *Guide to testing and monitoring the durability of concrete structures*. Technical Guide No 2. 2002. CBDG, Camberley, UK.

4.3 British Cement Association (BCA). *The diagnosis of alkali–silica reaction*. 2nd Edition. Report of a Working Party. Report No 45.02 BCA, 1992. Camberley, UK.

4.4 The Concrete Society. *Non-structural cracks in concrete*. Technical Report 22. 1982. The Concrete Society, Camberley, UK. December.

4.5 The Concrete Society. *The relevance of cracking in concrete to corrosion of reinforcement*. Technical Report 44. 1995. The Concrete Society, Camberley, UK.

4.6 Buenfeld N.R. *Advances in predicting the deterioration of reinforced concrete*. The 7th Sir Frederick Lea Memorial Lecture. The Institute of Concrete Technology (ICT) Year Book: 2004–2005. pp. 23–38. 2005. ICT, Crowthorne,UK.

4.7 The Concrete Society. *Changes in the properties of Ordinary Portland Cement and their effects on concrete*. Concrete Society Technical Report 29. 1987. The Concrete Society, Camberley, UK.

4.8 British Standards Institution. BS 8500. Concrete – Complementary British Standard to BS EN 206-1. BSI, London, UK. 2002.

4.9 Neville A.M. *Properties of concrete*. 4th Edition. Longman Group Ltd, Harlow, UK. 1995.

4.10 The Concrete Society. (Author: P.B. Bamforth). *Enhancing reinforced concrete durability*. Technical Report 61. 2004. The Concrete Society, Crowthorne, UK.

4.11 Hewlett P.C. (Editor). *Cement admixtures, use and applications*. Longman, Harlow, UK. 1988. p. 166.

4.12 Broomfield J.P. *Corrosion of steel in concrete*. Understanding, investigation and repair. E.&F.N. Spon, London. 1996. p. 240.

4.13 Page C.L., Bamforth P.B. and Figg J.W. (Editors). *Corrosion of reinforcement in concrete construction*. Proceedings of the 4th International Symposium, Cambridge, UK. July 1996. Royal Society of Chemistry, UK.

4.14 CONTECVET (BRITE-EURAM PROJECT IN30902D). *A validated user manual for assessing corrosion-affected concrete structures*. 2000. Available from the British Cement Association, Camberley, UK.

4.15 Building Research Establishment (BRE). *Corrosion of steel in concrete: durability of reinforced concrete structures*. Digest 444 (4 Parts). BRE, Garston, UK. 2000.

4.16 Pettersen K. Chloride threshold value of the corrosion rate in reinforced concrete. *Proceedings of an International Conference on corrosion and corrosion protection of steel in concrete*. University of Sheffield, UK, 1994. Also available the Swedish Cement and Concrete Research Institute (CBI), Stockholm, Sweden.

4.17 Tuutti K. *Corrosion of steel in concrete*. BCI Forskning: Research Report to 4.82. 1982. Swedish Cement and Concrete Research Institute (CBI), Stockholm, Sweden.

4.18 Building Research Establishment (BRE). *Concrete in aggressive ground*. BRE Special Digest No 1 (4 Parts) 2nd Edition. BRE, Garston, UK. 2005.

4.19 Department of Environment, Transport and the Regions (DETR). *The thaumasite form of sulfate attack: risks, diagnosis, remedial works and guidance on new construction.* 1999. Report of the Thaumasite Expert Group. DETR, London, UK. January.
4.20 Building Research Establishment (BRE). Delayed ettringite formation: insitu concrete. BRE. Information Paper IP11/01. 2001.
4.21 Hobbs D.W. *Alkali silica reaction in concrete*. Thomas Telford Ltd, London, UK. 1988.
4.22 Clark L.A. *Critical review of the structural implications of the alkali silica reaction in concrete*. Transport Research Laboratory (TRL). Contractor Report 169. 1989. TRL, Crowthorne, UK.
4.23 Building Research Establishment (BRE). *Alkali silica reaction in concrete*. BRE Digest 330 (4 Parts). BRE, Garston, UK. 1997.
4.24 The Concrete Society. *Alkali silica reaction*. Minimising the risk of damage to concrete. Technical Report 30 (3rd Edition). 1999. The Concrete Society, Camberley, UK.
4.25 Institution of Structural Engineers. *Structural effects of alkali silica reaction*. Technical guidance on the appraisal of existing structures (2nd Edition). IStructE, London, UK. 1992.
4.26 CONTECVET IN30902I. A validated Users Manual for assessing the residual service life of concrete structures affected by ASR. A deliverable from an EC Innovation project. Available from the British Cement Association, Camberley, UK. 2000.
4.27 CONTECVET IN30902I. A validated Users Manual for assessing the residual service life of concrete structures affected by frost action. A deliverable from an EC Innovation project. Available from the British Cement Association, Camberley, UK. 2000.
4.28 Fagerlund G. Leaching of concrete. The leaching process: extrapolation to deterioration. *Effects on structural stability*. Report TVBM-3091. Division of Building Materials, Lund Institute of Technology, Sweden. 2005.
4.29 Bijen J. *Durability of engineering structures*. Design, repair and maintenance. Woodhead Publishing Ltd, Cambridge, UK. 2003. p. 262.
4.30 Comite Euro-International Du Beton (CEB). Durable concrete structures. CEB Information Bulletin 183. Thomas Telford Ltd, London, UK. 1992. p. 112.
4.31 Comite Euro-International Du Beton (CEB). New approach to durability design – an example for carbonation-induced corrosion. CEB Information Bulletin 238. CEB, Lausanne, Switzerland, and Thomas Telford Ltd, London, UK. 1997.
4.32 British Standards Institution (BSI). BS EN 1992-1-1. Eurocode 2: design of concrete structures – Part 1: general rules and rules for buildings. BSI, London, UK. 2004.
4.33 fib. Management, maintenance and strengthening of concrete structures. Bulletin 17. *fib*, Lausanne, Switzerland. 2002. p. 174.
4.34 Kay E.A. Assessment and renovation of concrete structures. Longman Scientific & Technical. Harlow, UK. 1992. p. 224.
4.35 Bungey J.H. and millard S.G. Testing of concrete in structures. Blackie Academic & Professional, Glasgow, UK. 3rd Edition 1995. p. 286.

第5章 初步结构评估

5.1 概述

本章涉及图4-1中所示行动模式中的第（3）步——评估（为方便起见，重复示于图5-1），目的是提出一种如CONTECVET手册中建议的有关破坏分类的正规数值方法[5.1]。然而，由图中可清晰地看出，在进行评估的同时，还应考虑结构影响，这对我们进行决策是必要的。

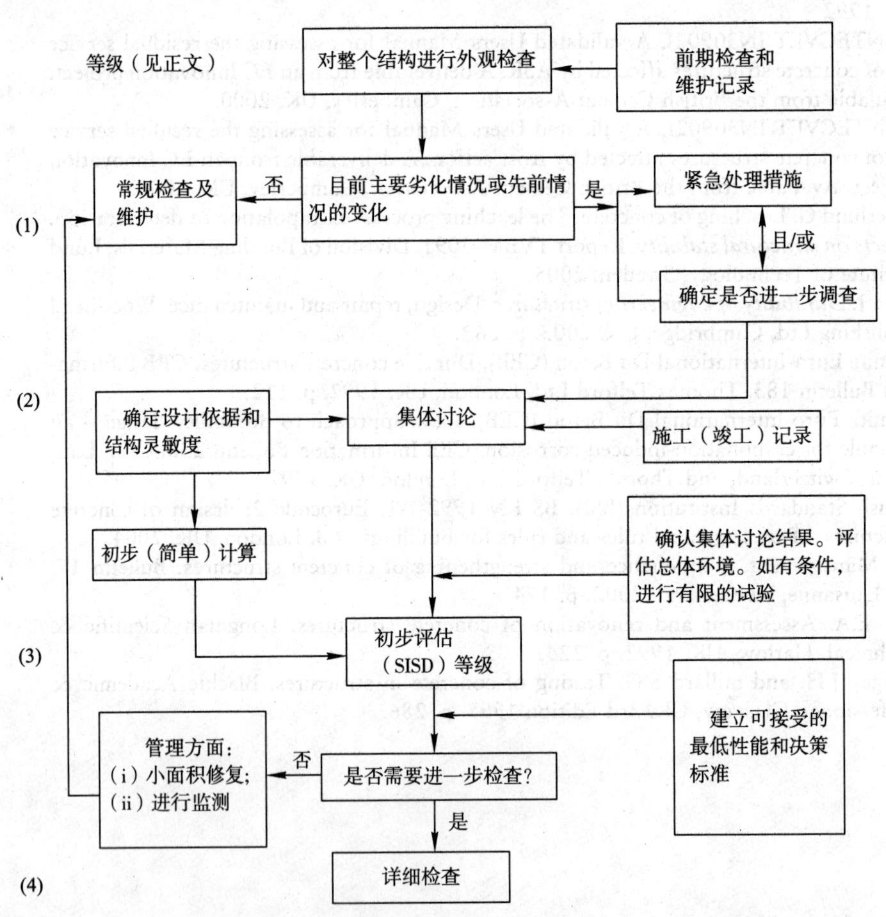

图5-1 行动模式—连续评估流程图（混凝土协会，版权所有[5.1]）

对调查和试验得到的数据的解释也是一个重要课题，第4章对此介绍的很少，因为在第4.5.2节中已经提到，这是掌握详细专业知识、有经验专家的工作。不过这里对所涉及的有关原理进行说明还是必要的，着重评估结构影响及针对不同破坏类型所采用的方法。

本章各节的内容如下：

5.2　对试验数据的解释

5.2.1　概述

有关此方面内容在第 4.5 节和第 4.6 节中已经作了介绍，本节只是介绍一些基本原理，同时创建一个全局的观点。正如表 4-10 所示，已有的及相关的试验范围很大且不断变化，对此进行解释需要经验和专门的知识。已有的指南和作者推荐的参考资料如下：

一般通用指南，文献 [5.2，5.3，5.4]；

碱骨料反应，文献 [5.1，5.5，5.6，5.7]；

冻融作用，文献 [5.8]；

裂缝，文献 [5.9，5.10]。

这些仅仅是作者本人挑选的，另外还有其他很多文献，包括第 4 章所列的大部分文献。

对表 4-10 中的大多数试验，特别是实验室试验，标准给出了方法、步骤及有关数据处理和精度方面的指导。通常，就控制较少的现场条件下对结构劣化起的作用而言，很难明确是哪些因素导致了所得到的结果。对表中许多调查中的特性，可采用的试验方法不止一种，有些是简单、物理方面的方法，其他大多数是技术方法，如果资源和时间允许的话，最好不要仅仅依靠一种试验方法。

其他试验只给出了处理所调查特性的间接措施，如实测混凝土强度的回弹法，就相关性和代表性而言（取样问题），实测结果的解释非常重要。对潮湿状况和微气候是重要参数的试验来说，试验结果的解释更需要特别注意，因为这些状况在结构的局部位置可能是不同的，在结构的整个使用年限内也可能随季节发生变化。

常识、判断、标准和一致的试验方法是非常重要的，同时对文献中类似调查的结果进行校准并找出其相互关系也是重要的。

5.2.2　数据收集和分类

第 4 章强调了照片、图片和劣化标准化描述的必要性，这对帮助识别危险区域是有价值的，从而对危险区域可进行更为详细的调查。

从文献 [5.3] 中摘取的图 5-2 说明了这一点。这是一个桥墩的简图，示出了劣化的形式及不断变化的微气候状况，也指出了该案例中钻取芯样及先前修补的位置。这些信息很有价值，因为它从整体上为调查提供了一个大致情况。裂缝是另一个方面，在这一方面，有关数据收集及系统的分类方法是很重要的。文献［5.9］和文献［5.10］给出了对裂缝的一般处理方法及意义。从文献［5.2］摘取的表5-1以国际建筑材料及结构试验与研究实验所联合会（RILEM）104技术委员会的工作为基础，按缺陷对损坏进行分级。由文献［5.3］可知，表5-2所代表的方法略有不同，在该方法中，给出了裂缝间距的描述，但并未区分破坏等级。

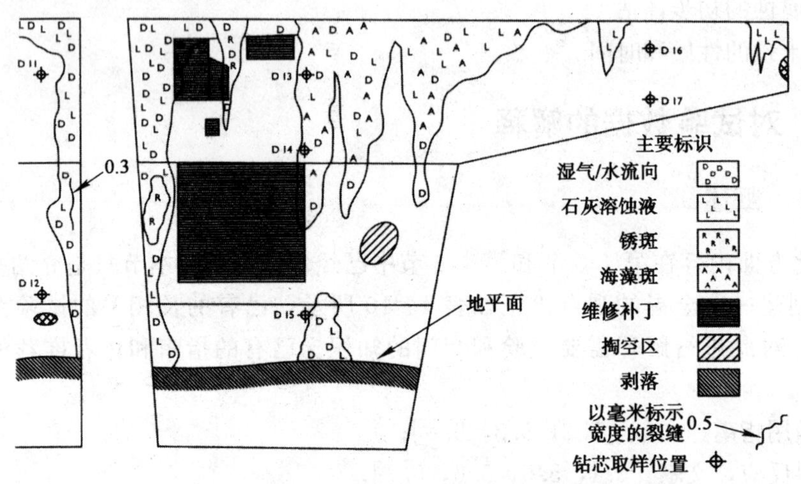

图5-2　桥墩外观检测记录的例子（混凝土桥梁发展分会[5.3]）

后一种方法的优点在于仅仅根据裂缝宽度来区分破坏等级，没有考虑开裂的原因，这样就不能真实反映结构的重要性。另外，第4.4节已经指出（表4-8和表4-9），在评估劣化速率时，必须考虑局部微气候。在结构方面，一定要考虑临界荷载截面的开裂位置。表5-1和表5-2只是示意性的，真正需要的是一套系统的方法且在更普遍的（结构）环境下对结果进行评估。

表5-1　缺陷类型的实例[5.2]

损坏	损坏等级				
	1（非常轻微）	2（轻微）	3（中度）	4（严重）	5（非常严重）
预应力混凝土因荷载过大产生的裂缝	宽度<0.05mm	宽度0.05～0.1mm	宽度0.1～0.3mm	宽度0.3～1mm	宽度1～3mm，有一定程度剥落
钢筋混凝土由于荷载过大产生的裂缝	宽度<0.1mm	宽度0.1～0.3mm	宽度0.3～1mm	宽度1～3mm，有一定程度剥落	宽度>5mm，大面积剥落
素混凝土裂缝	宽度<1mm	宽度1～10mm	宽度10～20mm	宽度20～25mm	宽度>25mm，有剥落
收缩或沉陷裂缝	一条小裂缝	几条小裂缝	多条微裂缝	稀而宽的裂缝	多条微裂缝
钢筋腐蚀的影响	—	有轻微锈渍	有严重锈渍	有严重锈渍，沿钢筋方向开裂	有严重的锈渍，沿钢筋方向开裂
劈裂	几乎不可见	可见	直径达10mm的孔洞	孔洞直径在10～50mm之间	孔洞直径大于50mm
剥落	几乎不可见	清晰可见	比粗骨料大	面积不大于150mm^2	面积大于150mm^2

表 5 - 2　裂缝描述和类型：(a) 裂缝宽度，(b) 裂缝间距（混凝土桥梁分会[5.3]）

(a) 裂缝宽度

表面裂缝宽度（mm）	描述
<0.1	很小
0.1～0.3	小
0.3～1	较宽
1～5	宽
5～10	很宽
>10	非常宽

(b) 裂缝间距

相邻裂缝间距（m）	描述
<0.025	非常密
0.025～0.1	很密
0.1～0.25	密
0.25～0.5	适当
0.5～1	大
1～5	很大
>5	非常大
单条裂缝	独立

5.2.3　试验数据解释

表 4 - 10 列出了试验方法，目的是量化不同的特性。表 4 - 11 将这些特性排序，有些归为“必要的”一类，其他的归为“适用但不是必要的”一类，将“除非你知道如何使用这一结果，否则不要采取任何措施”真正用到了选择之中。

为了领会对试验数据解释的必要性，必须区分现场试验和实验室试验，并了解试验设备是如何测量相关特性的。为了更好地进行说明，表 5 - 3 为从表 4 - 10 中选取的一些试验，说明了其中哪些是以现场条件为基础的，哪些是以实验室试验为基础的，是直接还是间接定量读取试验结果或只是定性结论。

表 5 - 3　所选试验要求的不同类型试验数据解释

研究的特性	试验	结果表述	现场试验或实验室试验	备注
1. 混凝土强度	钻芯试验	直接	现场/实验室	
	近表面试验	间接	现场	
	回弹试验	定量	现场	
2. 混凝土质量	目测检查（结构，组件等）	定量	现场/实验室	实验室试验的试样一般为钻芯、试块或粉末
	超声脉冲试验	间接	现场	
	化学分析	直接	实验室	
	岩相试验	直接/间接	实验室	
	混凝土钻芯膨胀试验	直接	实验室	

续表

研究的特性	试验	结果表述	现场试验或实验室试验	备注
3. 钢筋	钢筋或预应力筋位置 保护层厚度	间接 间接/直接	现场 现场	使用保护层厚度测定仪间接测量 在选定位置凿除局部混凝土直接测量
4. 水/气渗透/扩散	局部微气候和表面湿度特性（径流、喷溅等）试验 混凝土孔隙率试验 初始表面吸水试验 透水性试验 透气性试验	直接 直接 直接 直接 直接	现场 实验室 现场 实验室 实验室	对此类试验，试样是从结构上取来的，因此主要问题是试样
5. 钢筋腐蚀	碳化深度试验 氯化物含量试验 半电池电位试验及电位测量 腐蚀速率试验 电阻率试验	直接 直接 间接 间接 间接	现场/实验室 实验室 现场 现场	

现场直接结果：试验设备可直接测得所研究特性的数值；

间接结果：特性通过校准或假定的关系间接求得；

定性结论：试验不能得出定量结果。

表5-3针对每种类型的试验提出了解释试验数据时所出现的各种问题。大部分直接试验都是以实验室为基础的，按照规定的步骤进行，这些步骤在标准中均可找到，同时还有一些对结果进行解释的指导。问题是如何将这些试验结果与现场结构状况联系起来，这时取样的数量和位置就显得很重要（第4.5节）。对表5-3中的4类和5类试验来说，取样时间也很重要，因为大多数测量对微气候和潮湿状态都很敏感，而在结构内部微气候和潮湿状态会随季节不断变化。

间接和定性试验一般是以现场实测为基础的，取样同样也是一个重要问题，关键是将试验结果校准至所考虑的特性。总的来说，在过去的20～30年中，随着经验不断累加，这些试验已得到充分发展，但用于解释试验数据的试验结果分类却相当宽泛。文献[5.2]和[5.3]给出了表4-10和表5-3所列试验的指导，为了进一步说明，从文献[5.2]摘取的表5-4给出了公认的半电池电位数值与腐蚀危险的关系。同样，表5-5给出了电阻率与腐蚀速率间的关系。将这些关系用于具体案例可能是不准确的，且需要专业方面的知识，同时还要清楚这两种特性在很大程度上受潮湿状况的影响。表5-4和表5-5对腐蚀危险和腐蚀速率的定义也很宽泛，给出的是大概的数字及另外调查所需要的与表5-3中相关特性有关的指标。

表5-4　半电池电位与腐蚀危险的关系[5.2]

半电池电位	腐蚀危险性
大于－200mV	5%
－200～－350mV	50%
小于－350mV	95%

表 5－5　电阻率与腐蚀速率的关系[5.2]

电阻率（kΩcm）	腐蚀速率
<3	很高
5～10	高
10～20	低
>20	可忽略

前面重点论述了钢筋腐蚀，这是因为钢筋腐蚀是最重要的腐蚀机制。对单体结构，当对此进行量化时，所需试验的范围超出了表 5－3 中的第 5 类。已经多次强调潮湿状态及其变化的重要性，需要格外重视。同样，对于有氯化物出现或疑似有碳化发生但腐蚀尚未开始的情况，需要给出渗透深度计算模型，此时混凝土扩散和毛细吸收方面的特性特别重要。另外，在试验选择和数据解释方面目的明确也是很重要的。

5.3　有关破坏类型的工程观点

5.3.1　概述

在初步结构评估［图 5－1 的第（3）步］的发展中，行动模式包括以下项目：

（a）初步（简单）计算；

（b）已建立的设计原理和结构敏感性；

（c）施工记录的检查；

（d）前期检查和维护记录的评述。

实际上，该阶段做什么取决于已有的信息、业主将来的管理策略及评估者喜欢使用的方法。根据前期检查和试验数据，如果没有施工记录，前期检查记录也很少，那么就需按项目（a）和（b）作进一步的检查。

前期计算很重要，在建立劣化过程模型和结构评估方面，一些评估者或许倾向于进行更加精细的分析，这在很大程度上取决于数据的质量和可靠性。对于确定类型的破坏，无论哪种方法更加合理，对于结构问题的研究都是重要的，这对确定图 5－1 中的第（3）阶段采取什么措施很有帮助。

本节简要介绍了上述问题及可采用的方法。

5.3.2　总体情况

表 4－12 列出了结构使用期主要的结构性能要求。表 5－6 是对性能要求的详细说明，重点是设计中强度计算通常所要考虑的作用效应，对了解受劣化影响的力学性能和截面性能又迈进了一步。

在设计中，都有一个可接受的安全储备或安全系数，大部分实用规范中给出了标准方法。结构评估的目的是确定劣化作用下这些安全系数是否降到不可接受的水平。

一旦材料开始劣化，抵抗能力将由结构本身提供。抵抗力包括多个方面，对于不同的结构，其各方面的重要性也是不同的。表 5－7 是一些建议，按重要性给出了不同类型建筑物 4 个方面的评价。

对于大部分建筑物，详细设计比概念设计等级高。海洋结构物更多的是依靠概念设计和材料，这是从其基本特点（通常又大又重）及其总是受严重侵蚀作用考虑的。另一方面，桥梁结构很多情况下也依靠概念设计，因为规范规定桥梁结构应避免直接暴露。这种方法虽然过于简单，其目的是从纯保护的角度来确认设计中非常重要的方面。

其他方面的概念设计也很重要，特别是结构敏感性的确定。对一些典型的结构体系，表 5 - 8 给出了这方面的例子。第 2.5 节提到的 Piper Row 停车场的破坏就是由于冻融作用导致内部箍筋抗冲切能力失效引起的。箍筋可防止连续倒塌，箍筋缺少的程度可代表着失效的严重程度。

从整个结构的角度看，失效后果往往很严重。结构冗余度、内部和外部对位移或应变的约束，在结构敏感性方面是重要的；在处理碱骨料反应引起的膨胀方面，第 5.5 节给出了应变约束的例子。

表 5 - 6　使用期特定结构的性能要求

<table>
<tr><td rowspan="3">安全性</td><td>稳定性</td><td>整体
局部
连续倒塌
火灾</td><td></td></tr>
<tr><td rowspan="2">强度</td><td>截面断裂</td><td>弹性拉伸
弹性压缩
直接压缩
直接拉伸
剪切（横向）
剪切（平面内）
冲切
扭转
局部抗压（及剥落）
粘结
锚固
（＋以上组合）</td></tr>
<tr><td>构件和连接</td><td>失稳
撞击
疲劳</td></tr>
<tr><td rowspan="2">适用性</td><td colspan="2">刚度/节点
裂缝</td><td>腐蚀（局部和均匀）</td></tr>
<tr><td colspan="2">挠度
变形</td><td>外观
膨胀
伸长
应力超过限值</td></tr>
<tr><td>功能</td><td colspan="2">振动/动力反应
气候/水密性
位移
外观</td><td></td></tr>
</table>

表5-7　不同类型建筑物设计的不同方面对于结构保护的相对重要性（1表示最重要，4表示最不重要）

结构	概念设计	详细设计	材料	结构细部
住宅	2	1	4	3
商业	2	1	4	3
公共/社会	2	1	4	3
工业	2	1	3	4
多层停车场	2	1	3	4
海上	1	3	1	4
桥梁	1	2	3	4
隧道	4	3	1	2

表5-8　典型结构体系对劣化的敏感性

结构系统	结构概念	关键特征	保护系统
简支梁	形成1个铰即破坏		材料和保护层 箍筋
连续梁	形成3个铰才破坏	积水浸没支座 微气候	冗余度 材料和保护层 箍筋
简支板	形成塑性铰线破坏		要求失效发生于较大区域 材料和保护层 因劣化区周围有多条荷载传递路径，所以劣化效应均匀分布在一定宽度上
连续板	支座和跨中形成连通的塑性铰线	微气候 节点细部	冗余度 要求失效发生于较大区域 材料和保护层 因劣化区周围有多条荷载传递路径，所以劣化均匀作用在结构宽度上
平板	支座和跨中形成连通的塑性铰线或柱支撑发生冲切破坏	积水浸没支座 节点细部	材料和保护层 防止连续倒塌的箍筋
柱	失稳 压碎	失去保护层导致截面削弱且钢筋屈曲可能性增大	材料和保护层 箍筋
牛腿	抗压强度	积水浸没上表面 浸没 无可替换的荷载路径	材料和保护层 箍筋

5.3.3　结构分析

图5-1强烈建议在开始评估时就进行结构计算。由于使用计算机进行分析具有时间短的优点，进行精细的分析可得到较简单的线性方法更准确的承载力，很容易想到采用计算机方法（能够处理非线性、二阶效应等）解决评估问题。正如第3.2.2.1节所述，在英国，这确实是解决桥梁问题的依据。因为承载力是用模型进行预测得到的，有必要进行分析。采用不同的模型得到的承载力是不同的，如线性和非线性有限元分析。即使对一个给定的模型，不同的网格划分方式也会得到不同的结果。

在评估过程中，使用这种复杂的方法要特别小心，特别是当输出结果同与应力相关的接受准则相反时。在这一过程中，通常将“超过应力极限”视为失效，因此需要采用补救措施。可接收的最大荷载不一定发生在第一个临界截面达到其承载力时。另外，采用这种方法计算的承载力取决于所作的假设和输入资料的准确性。这方面的典型例子有：

(a) 假设的边界条件——通常认为既不是铰接也不是固接，一般在两者之间，难以估计；

(b) 发生内力重分布的能力——多取决于细部构造，但细部构造通常满足不了数学上的精度要求；

(c) 受劣化影响的实际力学特性和截面特性。

在图 5-1 第 (3) 级的评估中，一般不进行复杂的结构分析，除非从发展的角度看业主可能面对一大批结构。如需进行详细调查，则需要进行这种分析。真正需要的是对结构敏感性和劣化对其影响方式的认识。

表 5-8 对此给出了一些建议。结构发生倒塌首先会形成一个失效机构，对于平板结构，失效机制取决于构件的类型及冗余度。表 5-8 着重于塑性铰线，塑性铰线分析使用的是上限解。但是，表 5-8 中还有其他与劣化影响直接有关的问题，例如对于柱或墙，保护层严重缺失会使短柱变为长柱，如果柱锚固不好，纵向钢筋会有发生屈曲的危险。

以图 5-3 的梁为例进行说明。此方面进一步的研究表明，如果劣化的膨胀作用使混凝

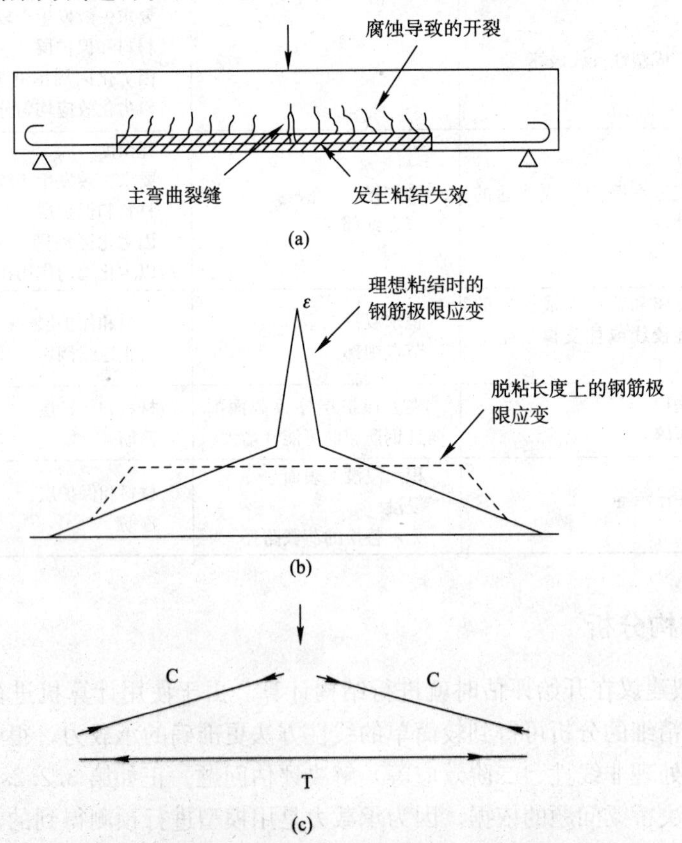

图 5-3 受拉钢筋粘结的严重丧失对失效类型和程度的影响

(a) 钢筋混凝土梁；(b) 钢筋应变；(c) 丧失粘结，但两支座处仍保持锚固的压杆-拉杆机制

土产生裂缝并发生剥落，那么就有受拉钢筋丧失粘结强度的危险［图 5－3（a)］。这就改变了受拉钢筋的应变［图 5－3（b)］，但如果受拉钢筋锚固良好，则会形成压杆-拉杆机制［图 5－3（c)］。实际上，混凝土剥落对粘结强度的影响很难确定，除非通过物理试验的方法，但有资料指出，粘结作用主要来自于箍筋的作用[5.11]。

图 5－3 示出了严重劣化引起承载机制可能转变的简单例子。表 5－8 给出了形成不同结构体系的可能性，但最常见的情况是劣化降低表 5－6 中性能要求的地方。我们的目标是将性能要求的降低量化，有关此方面的内容将在第 6 章中进行介绍，同时第 6 章还给出了 Webster[5.11] 依据 CONTEVECT 手册和已发表的大量劣化试验数据进行的详细调查。

不过在图 5－1 中的第（3）步——初步评估阶段，有必要了解不同劣化机制对材料和结构的哪些参数会造成影响。对于一些常见的劣化机制，表 5－9 给出了这方面的指导。

将这一简单观点进行深化，对初步风险评估也是有帮助的。表 5－10 根据经验和对文献的总结，给出了一些示意性的建议值。在表 5－10 中，安全风险和频率用 1～5 间的数字表示，其优先分数是两者的乘积。频率和安全风险的定义分别在表 5－11 和表 5－12 中给出。

需要强调的是，表 5－10 在一定程度上是经验性的和主观的。另外还需强调，应最先考虑安全性。在这一要求下，优先分数就成为关注的问题。显然腐蚀是最大的威胁，其次是冻融循环，其他机制对安全度的影响相对小一些。

表 5－9　结构评估的重要参数

劣化机理	抗压强度	抗拉强度	粘结强度	钢筋面积	锚固	搭接	连接	约束
早期								
塑性沉陷								
塑性收缩								
早期温度变形								
环境								
长期干缩								
徐变								
对潮湿敏感的骨料								
长期温度变形								
冻融循环：表面剥落			√		√	√	√	
冻融循环：内部损伤	√	√	√		√	√	√	
化学方面								
腐蚀：碳化引起			√	√	√	√	√	
腐蚀：氯化物引起			√	√	√	√	√	
碱骨料反应	√	√	√		√	√	√	√
硫酸盐侵蚀			√		√	√		
延迟钙矾石形成	√	√	√		√	√	√	√
结构方面								
受弯	√		√	√	√	√	√	
受剪	√	√	√	√	√	√	√	
轴压	√			√	√	√	√	

表 5-10　劣化机制的初步风险评估

劣化机制	可能后果	安全风险	频率	优先分数
早期				
塑性沉陷	i）上部钢筋丧失与混凝土的粘结力 ii）水、氧和氯化物进入保护层	1	4	4
塑性收缩	i）水、氧和氯化物进入保护层	1	4	4
早期温度变形	i）水、氧和氯化物进入保护层	1	4	4
环境方面				
长期干缩	i）收缩/变形	2	3*	6
徐变	i）收缩/变形	2	2	4
对潮湿敏感的骨料	i）收缩/变形	2	3	6
长期温度变形	i）已有裂缝和/或接缝张合，可能产生新裂缝	2	3	6
冻融循环：表面剥落	i）失去表面保护导致耐久性降低 ii）粘结强度降低	3	4*	12
冻融循环：内部损伤	i）混凝土黏聚力降低 ii）混凝土抗压强度降低 iii）混凝土抗拉强度降低（约为抗压强度损失的 2 倍） iv）粘结强度损失 v）承载力损失	4	4*	16
化学方面				
腐蚀：碳化引起	i）表面混凝土剥落 ii）钢筋截面损失 iii）粘结强度损失 iv）承载力损失	4	5	20
腐蚀：氯化物引起	i）表面混凝土剥落 ii）钢筋截面损失 iii）粘结强度损失 iv）承载力损失	4	5	20
碱骨料反应	i）混凝土抗拉和抗压强度损失 ii）化学作用产生的预应力 iii）不能用混凝土强度损失描述承载力降低	2	2	4
硫酸盐侵蚀	i）保护层损失 ii）损失部分强度	2	2	4
延迟钙矾石形成	i）可能引起抗冻融循环能力降低 ii）弹性模量、抗拉和抗压强度大大降低	4	1	4
结构方面				
受弯	i）承载力低于设计值	4	1	4
受剪	i）承载力低于设计值	5	1	5
轴压	i）承载力低于设计值	5	1	5

表5-11　表5-10中频率的定义

频率	定义
1	极罕见
2	比较罕见
3	罕见
3*	罕见，但在局部出现
4	不常见
4*	不常见，但在局部出现
5	常见

表5-12　表5-10中安全风险的定义

严重程度	定义
1	轻微
2	中度
3	严重
4	很严重
5	非常严重

5.3.4　结构敏感性与隐含强度

在第5.3.2节和第5.3.3节中，重点放在了由结构基本性质（冗余度等）决定的结构敏感性及劣化对承载力的削弱方面。本节讨论的是问题的另一个方面——结构的隐含强度。与设计中假设的用于不同模型的强度相比，该强度是由不同的承载机制引起的。图5-3是一个简单的例子。

首先要对实际施加的荷载进行评估，如果低于设计值，那么保持结构极限和安全系数不变，设计承载力可减小，如 $R_d/S_d \geqslant 1$ 变为 $R_a/S_a \geqslant 1$，其中承载力的评估值（R_a）和施加的荷载（S_a）均小于初始设计值。

然而，更多的情况是重新计算 R_d，包括以下两种情况：

(a) 换用其他方法计算其值；

(b) 由替代荷载路径提供承载力。

有关这一方面的内容将在第6章讨论。从结构的角度来看，行动模式（图5-1）中第(3)阶段的前景是明朗的。文献[5.12]涉及了这方面的内容，给出了什么情况下及如何使用混凝土桥梁不同劣化结构模型的相关指导。

5.3.5　腐蚀的工程前瞻

第5.3.2～第5.3.4节论述的结构方面主要是针对图5-1所示的流程图的，从不同的角度讨论评估的过程。此过程的出发点是结构本身、结构特点及性能，并假设检测和试验能够对劣化程度进行量化。

图5-4的最右一栏为可供选择的评估过程。在管理过程中提出了安全性和经济性的最基本问题。事实上，除非有人知道这方面存在哪些问题，否则不会自动得到答案。所以，一个基本问题是：现在的结构有多安全？这种安全又会维持多久？于是对图5-1中的多阶段评估方法给予了更多的关注。

通过类似的思路可得到腐蚀风险和腐蚀速率及可能对结构造成的影响。由于微气候及腐蚀风险和腐蚀速率的长期和短期变化存在不确定性，使得腐蚀风险和腐蚀速率计算很困难。如表5-4和表5-5所述，实际解释也是一个问题。进行实测时要仔细，而解释包括工程判断和经验。

传统结构评估过程	结构评估阶段及每一阶段要解决的问题	可供选择的结构评估过程
↓	检查 ·引起结构劣化的原因？ ·目前材料劣化的程度？ ·将来会劣化到什么程度？ 评估 ·结构当前的承载力？ ·结构将来会是什么样？ ·结构的劣化速度？ 管理 ·结构目前的安全度？ ·剩余的安全度？ ·需要采取的补救措施？ ·需要花费的成本？ ·如不进行补救的后果？	↑

图5-4　平衡传统与可供选择的评估过程，产生新的结构方法并保持关注（混凝土协会，版权所有）

这样看来，结构工程师会根据不同假设来估计腐蚀可能对结构产生的影响。在CONTECVET项目的实施[5.13]过程中，对西班牙和英国的多种建筑物进行了腐蚀速度测量。图5-5示出了累计频率曲线。在英国，近95%的建筑腐蚀速度小于$1.0\mu A/cm^2$。将该值作为初步估计值，可以得到

$$I_{corr}=1\mu A/cm^2=11.6\mu m/a \quad 即\ 0.00116mm/a$$

$$\phi_t=\phi_1-0.023I_{corr}t$$

式中　I_{corr}——腐蚀电流密度（$\mu A/cm^2$）；

ϕ_1——钢筋的初始截面面积；

ϕ_t——t时刻钢筋的截面面积；

0.023——单位转换为mm/a时的系数。

对于直径为20mm的钢筋，面积$=\pi d^2/4=\pi\times100=314.29mm^2$。

使用年限为50年时，$I_{corr}=1\mu A/cm^2$，钢筋截面面积损失 ≈10%（20mm钢筋）≈25%（8mm钢筋）

按照这一思路，在均匀腐蚀的假设下，图5-6给出了直径为20mm的钢筋按不同腐

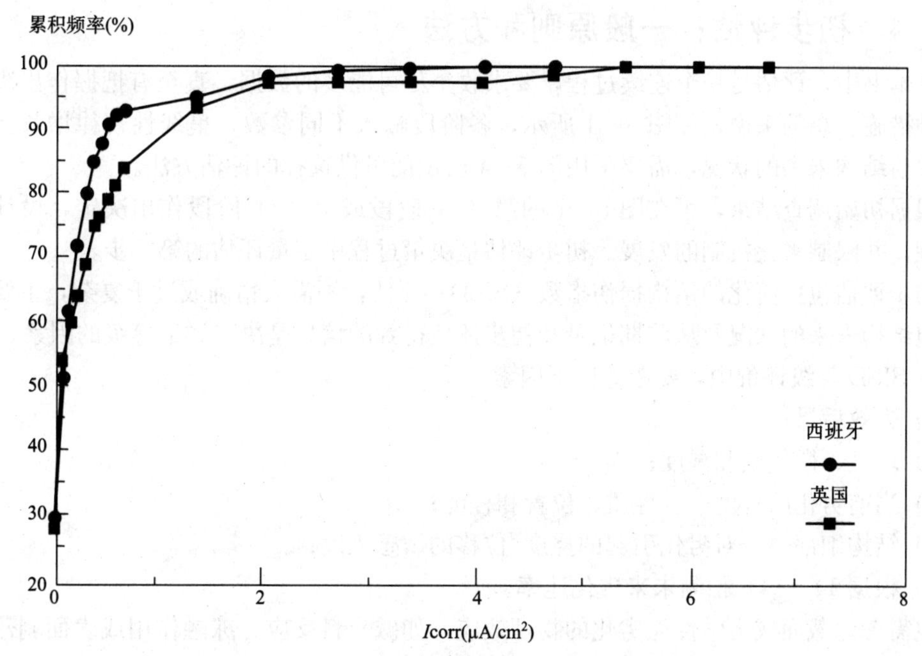

图 5－5　从西班牙和英国的建筑物测得的氯离子引起的腐蚀率（混凝土协会，版权所有[5.13]）

蚀速率腐蚀后的状况。至少它可用于进行预测，可靠的现场测量结果推动这种预测方法向更为定量的方向发展。当使用电子数据表记录表面坑蚀或钢筋处氯离子浓度的数据时，可采用更加精确的方法。

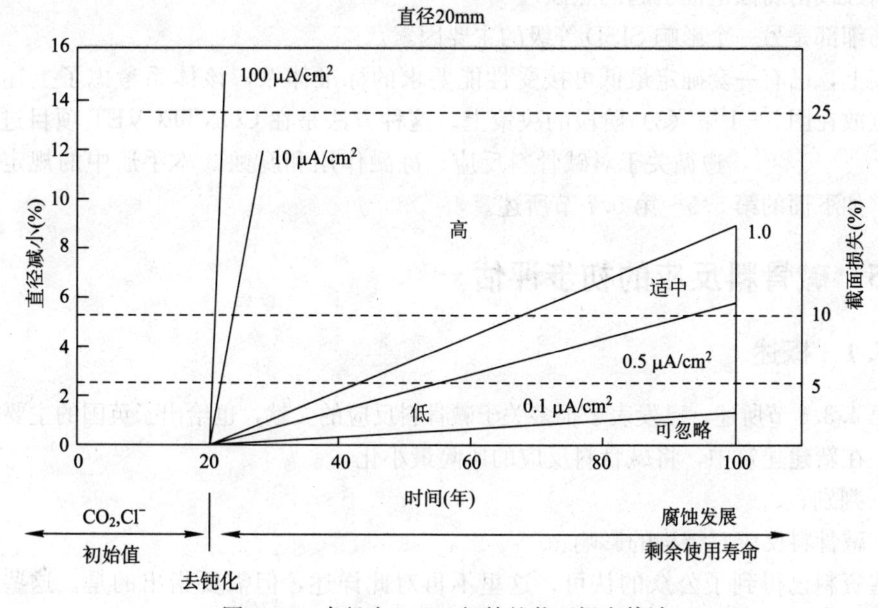

图 5－6　直径为 20mm 钢筋的截面损失估计

5.4 初步评估：一般原则和方法

在本书中，评估是一个连续过程，要求收集尽可能多的数据，直至有把握作出决定采取何种措施。总的来说，如图 5－1 所示，各阶段输入不同参数，呈线性规律增长。有时为了评估结构未来的状况，需要采用图 5－4 所示的可供选择的评估方法。

根据初始调查结果，可在图 5－1 的第（1）阶段或第（2）阶段作出决定，设计依据应合理，并限制劣化机制的发展。初步评估是决策过程中定量评估的第一步。

初步评估包括简化的结构损伤指数（SISD）评估，不需太精确或过于复杂，主要是定量，但结构未来的状况及从前期记录和初步评估得到的信息是决定详细等级的因素。

在 SISD 等级评价中，要考虑以下因素：

1）失效后果；

2）环境、微气候和湿度；

3）当前劣化的程度——性质、位置和程度；

4）结构细部——对劣化引起的挠度/位移的敏感程度；

5）根据 1）～4）预测未来劣化速率。

也需考虑截面或力学性能劣化的物理效应，如碱骨料反应、冻融作用或表面剥落引起的截面强度降低。

劣化机制的性质是影响评估的一个因素，例如：

—对碱骨料反应而言，膨胀作用的程度最重要；

—对冻融作用，关心的是内部力学损伤的程度及表面剥落；

—对腐蚀，环境侵蚀及腐蚀速率最重要。评估必须考虑能够反映腐蚀破坏的因素（包括普通腐蚀或由腐蚀电池引起的点蚀）。

钢筋细部是另一个影响 SISD 等级的主要因素。

事实上，已有一套确定最低可接受性能要求的标准体系，该体系考虑了上述所有因素，重点放在图 5－1 第（3）阶段的决策上。这种方法是在 CONTECVET 项目进行期间提出的[5.1],[5.8],[5.13]，遵循关于对碱骨料反应、冻融作用和腐蚀 3 本手册中的规定是最佳的方法，如下面的第 5.5～第 5.7 节所述。

5.5 碱骨料反应的初步评估

5.5.1 概述

如第 4.3.6 节所述，已发表了很多关于碱骨料反应的文献，也给出了英国的主要资料：

（a）在新建建筑中，将碱骨料反应的风险最小化；

（b）判别；

（c）碱骨料反应对结构的影响。

这些资料已得到了公众的认可，这里不再对此详述，但需要指出的是，这些资料是 CONTECVET 项目进一步深入的出发点，重点放在结构评估方面。

在进行初步评估之前，需要了解很多方面的知识，不仅是结构，还有关于劣化的原因和结果。对于碱骨料反应，可在检测过程中分析主要机理，了解与劣化相关的知识。图 4－2 为这一过程的简图，清楚地示出所涉及的第 5.4 节提及的大部分主要因素，并对湿度、裂缝形态及宽度，特别是变形和位移进行了调查。

调查表明，碱骨料反应引起的膨胀的程度是评价结构损伤的主要因素。因此，这是进行 SISD 等级评价的一个主要特征。也是建立其他有害作用的基础，如力学性能的降低或超载的结构构件应力过大的可能性。这决定了下面章节详述的方法。

5.5.2　自由膨胀和约束膨胀

早期的碱骨料反应指南[5.3],[5.5]主要是以钻芯取样测得的混凝土自由膨胀为基础的。膨胀的程度取决于水泥（水泥品种，水泥成分）中碱的含量，骨料中活性硅的类型、含量及湿度；对于从相似的结构构件中钻取的相近配合比的芯样，膨胀程度差别很大。但是，结构中的膨胀是受约束的，这种约束来自结构构件本身（边界条件等）及/或钢筋。

在 CONTECVET 项目中，对自由膨胀和约束膨胀都要求进行 SISD 等级评估。实际上，约束膨胀可使用裂缝宽度求和法[5.14]估计。但是 CONTECVET[5.1]还使用了已发表的图 5－7 所示类型的试验数据，这些数据来自 56 个不同的出处，涉及膨胀速率，将约束膨胀与自由膨胀的比值与配筋率联系起来。可以看出，即使配筋率很小也可在很大程度上减小膨胀作用，但是这些数据的离散性比较大。

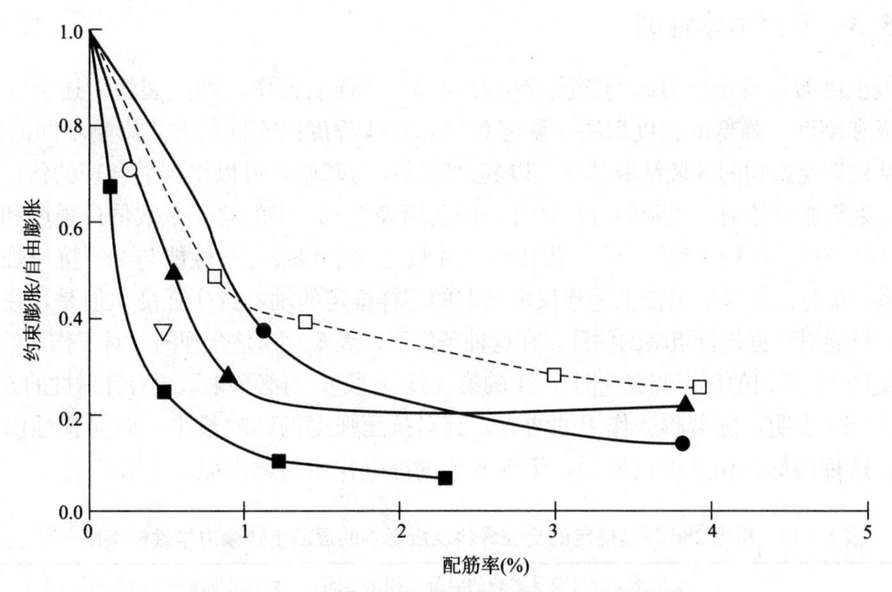

图 5－7　钢筋对膨胀约束影响的典型试验数据

在提供约束方面，钢筋处于受拉状态，混凝土受压。利用这一信息，根据图 5－7 提供的数据，可以得到修正/调整的曲线[5.1]，即图 5－8。这样，SISD 等级可用于自由膨胀和约束膨胀分析。

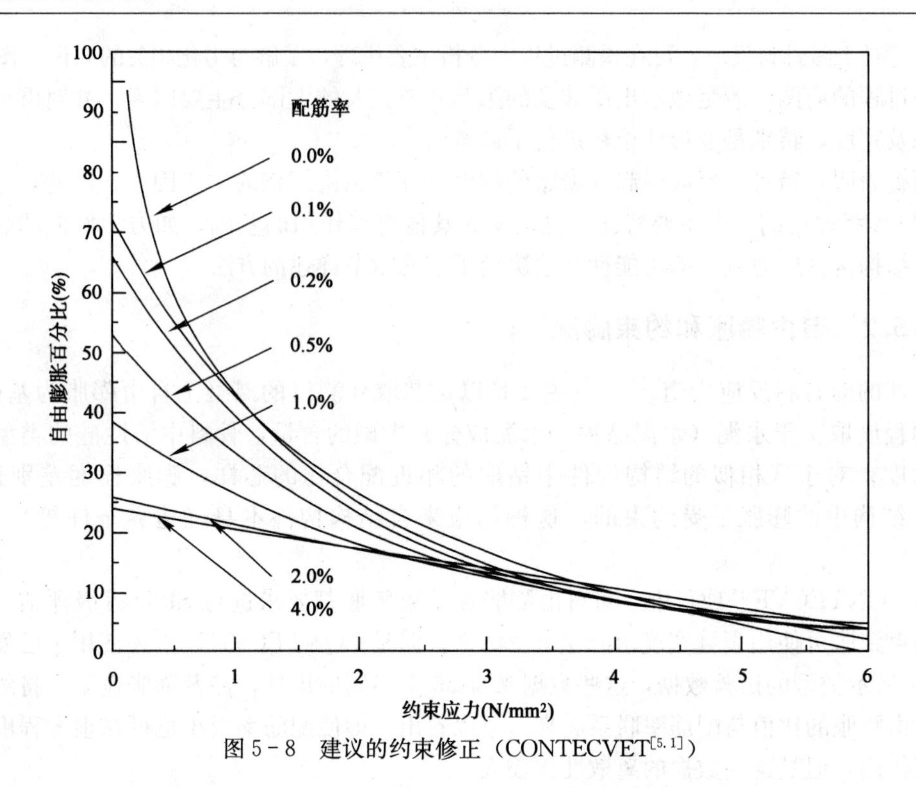

图 5－8　建议的约束修正（CONTECVET[5.1]）

5.5.3　残余力学性能

混凝土由碱骨料反应引起的膨胀会引起内部力学性能损伤，如微裂缝，还会降低混凝土的强度和刚度。降低的程度取决于膨胀程度，膨胀程度以不同的方式影响不同的性能。

从结构未受影响的区域钻取芯样并以其试验结果为基础，可以得到最合理的估计。自由膨胀或约束膨胀可按前面提到的方法估计，即利用表 5－13 中的修正系数估计强度和刚度的降低。这种方法是结构工程学会[4.25]提出的，并且建立了残余力学性能与 28d 抗压强度设计值的关系。最好的估计应是按上述建议由钻取的芯样推定的轴心抗压强度。但是，在这一初步阶段，只能对数据进行粗略的估计，在这种条件下，表 5－13 是合理的。对于作用效应下的残余承载力已估算出的详细调查［图 5－1 的第（4）阶段］，有必要采取更有针对性的方法。

表 5－13 表明，随着膨胀作用的增大，其对抗压强度的影响最小，而对弹性模量的影响最大。这种内部损伤是很典型的，第 5.6 节的冻融作用与此类似。

表 5－13　根据 28d 强度确定的受碱骨料反应影响的混凝土残余力学性能下限[4.25]

性能	与未受影响的混凝土相比不同自由膨胀度时的强度百分比（%）				
	0.5mm/m	1.0mm/m	2.5mm/m	5.0mm/m	10.0mm/m
立方体抗压强度	100	85	80	75	70
轴心抗压强度	95	80	60	60	—
抗拉强度（劈裂或扭转试验）	85	75	55	40	—
弹性模量	100	70	50	35	30

5.5.4 结构细部

鉴于碱骨料反应作用膨胀的性质，SISD评估应考虑细部钢筋的约束。有多种考虑方法（第5.7节），但对于碱骨料反应，建议按照CONTECVET[5.1]中的分类，如同结构工程学会[4.25]最初的建议。

如表5-14所示，细部钢筋包括3种形式。图5-9（a）是墙和板的细部钢筋形式，图5-9（b）是柱的配筋形式。第1种形式不常见，大部分结构构件采用第2种形式。一些墙和板中可能配置横向钢筋，因此属于第3种形式，在约束碱骨料反应膨胀方面，效果最不明显。

即使配置了横向钢筋，也需检查其锚固情况。图5-10列出了一些可能的箍筋形式，最常见的是（b）类，最有效的是（a）类，效果最差的是（c）类和（d）类。

表5-14 SISD评估的钢筋细部形式

形式	限制膨胀	典型案例
1	高	锚固非常好的钢筋三向约束
2	中	锚固较好的钢筋三向约束
3	低	钢筋单面或双面双向约束；无贯通箍筋，无箍筋或保护层厚度较小

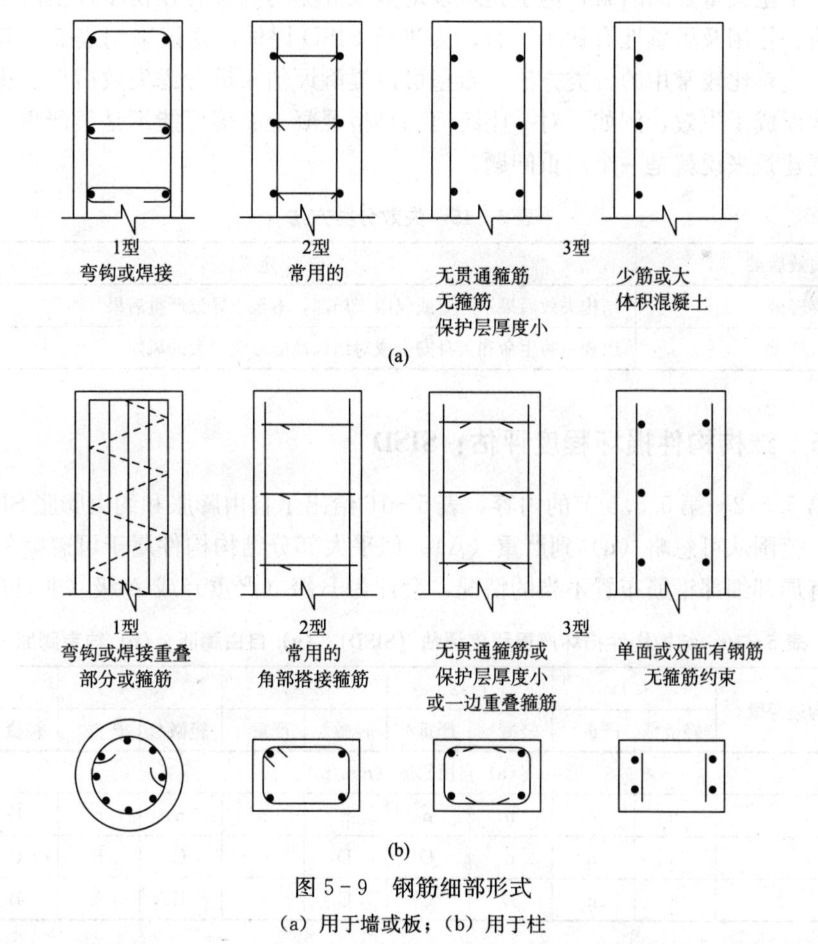

图5-9 钢筋细部形式

（a）用于墙或板；（b）用于柱

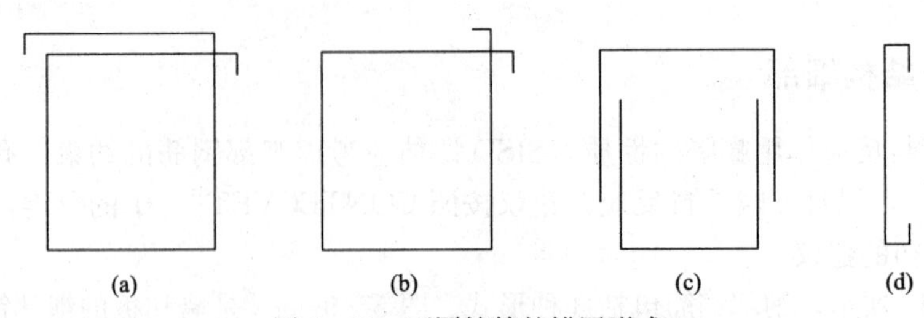

图 5-10 不同箍筋的锚固形式

(a) 抗扭箍筋；(b) 抗剪箍筋；(c) 重叠的 U 形箍筋；(d) 板箍筋

注：在限制膨胀方面 (a) 效果最好 (d) 效果最差

不能过分强调横向钢筋限制作用的重要性。一些构件由于外形原因对细部很敏感，例如搭接接头、锚固区、应力集中区、受冲切区等。在老式建筑中，很多采用弯起钢筋，锚固长度短，或无常规箍筋。在进行 SISD 评价时，需要仔细查看细部钢筋情况，详细评估时需更加仔细。

5.5.5 失效后果

这是一个至关重要的因素，但也是难以定量或分类的因素。在初步评估阶段，已经对结构的性质、作用及敏感性有初步了解。为进行 SISD 评估，建议采用表 5-15 中的简单分类方法。这是比较常用的分类方法，希望可以提醒评估人员考虑失效后果。也要求考虑是哪些因素促成了失效，例如，对一座跨河的小桥混凝土剥落可能不是很严重，但对一个城市的高层建筑来说就是一个严重问题。

表 5-15 失效分类方法

失效后果	定义
轻微	结构失效后果不严重或仅限于局部，不至于导致严重后果
严重	出现威胁生命和人身安全或对结构性能影响很大的风险

5.5.6 结构构件损坏程度评估：SISD

根据第 5.5.2～第 5.5.5 节的内容，表 5-16 给出了自由膨胀和约束膨胀 SISD 评估的建议等级。范围从可忽略（n）到严重（A）。似乎大部分结构构件属于可忽略的或轻微的等级，只有局部细部钢筋布置不当的情况，会评为 B 级（严重）或 A 级（非常严重）。

表 5-16 结构构件损坏严重程度评估（SISD）：(a) 自由膨胀，(b) 约束膨胀

钢筋细部构造等级	<1		1～2		2～3		3～4		>4	
	轻微*	严重*	轻微*	严重*	轻微*	严重*	轻微*	严重*	轻微*	严重*
(a) 自由膨胀（mm/m）										
1	n	n	n	n	n	n	n	n	D	D
2	n	n	n	D	D	C	C	B	C	B
3	n	n	D	C	C	B	B	A	B	A

续表

钢筋细部构造等级	<1		1～2		2～3		3～4		>4	
	轻微*	严重*	轻微*	严重*	轻微*	严重*	轻微*	严重*	轻微*	严重*
(b) 约束膨胀（mm/m）										
所有等级	n	n	D	C	C	B	B	A	B	A
钢筋细部构造等级	约束膨胀（mm/m）									
	<1		1～2		2～3		>3			
	失效后果									
	轻微	严重	轻微	严重	轻微	严重	轻微	严重		
所有等级	n	n	D	C	C	B	B			

注：*失效后果

n—可忽略；D—轻微；C—中度；B—严重；A—非常严重。

5.5.7　局部微气候：湿度

尽管在第5.4节将湿度作为一个重要因素，但在表5-16中没有相关规定。如果结构的混凝土不处于潮湿状态（例如RH<90%），基本上不会发生膨胀，那么自然不需要进行SISD评估。只有潮湿混凝土才需按照表5-16进行评估。

需要注意的是，有证据表明，由碱骨料反应引起的严重开裂在非常潮湿时会继续发展，这是因为其暴露在空气中、渗漏、积水或排水不好的缘故。因为有时在这样的环境中，也存在融雪盐或海水中的碱侵入结构的可能性，这时需考虑将SISD的评估提高一级（由轻微提至中度）。

5.5.8　外加荷载和静荷载引起的应力

如果应力水平较低，碱骨料反应对结构的影响要小于应力水平高时的影响。采用较高的约束应力可减小膨胀，使膨胀得到一定程度地控制。然而，这是修正SISD评估时需考虑的一个因素。建议按照结构工程学会建议的方法进行修正[4.25]，如表5-17所示。

表5-17　按实际外加荷载与设计承载力之比对SISD的评估结果进行修正[5.25]

外加荷载/承载力	结构构件严重程度评估结果的修正
0～0.6	评估结果降低一级（如从B到C）
0.6～1.0	不变
>1.0	评估结果提高一级（如从C到B）

5.5.9　下一步决策

初步评估阶段可实施的内容如图5-11所示。

即使已经确认结构是安全的，也要谨慎地监测混凝土膨胀是否在继续发展，如果仍在发展，就要采取措施尽可能减小其暴露在水中的情况。如果初步评估显示结构不安全或处于临界状态，通常应进行详细评估，定量检查对结构承受各种荷载效应的能力。那么，SISD 评估对决策过程的帮助有多大呢？表 5-18 给出了一些建议，与图 5-11 相关，该表的使用也依赖于工程判断，即第 5.3 节所述的对结构未来的预测。

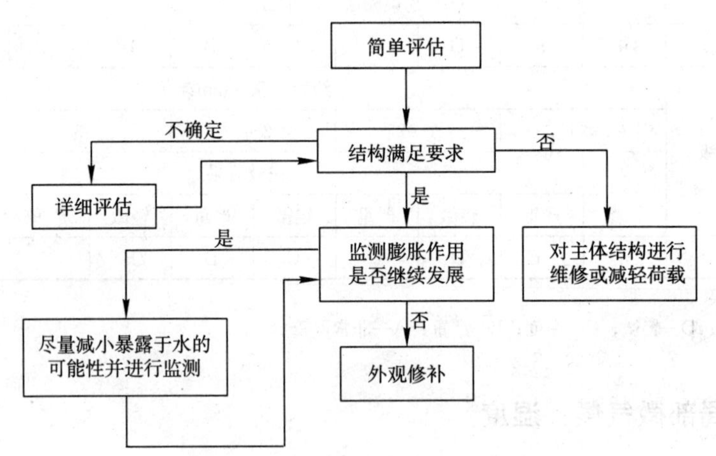

图 5-11　对受碱骨料反应影响的混凝土结构的建议管理方法

但是应如何将 SISD 评估结果与确切的剩余寿命联系起来尚无定论。这取决于安全方面，将剩余承载力与初始设计承载力进行比较，确定未来的使用性能。在适用性降低或功能降低时，需要进行干预，包括为保持美观所采取的措施，这都是设计者的职责。在评估中，即使是定量的初步评估，也有必要建立最低使用性能要求，如果未达到该要求，则需要采取补救措施。前面对碱骨料反应的特性作了论述，相应的 SISD 评估与最低技术性能之间的关系如图 5-12 所示。如果 SISD 评估等级为 C，或结构更早就已表现出比较敏感或细部处于危险状态，则应进行详细评估。详细评估将在第 6 章介绍。

表 5-18　SISD 评估（表 5-16）与可能采取的措施

初始结构损坏程度评估	处于碱骨料反应环境的情况	措施	评估
n D	良好	只进行日常检查	容易决策
C B	临界	从如下几项中保守选择： ·详细评估 ·采取限制措施 ·监测 ·进行荷载试验	对危险之处采取措施，可能需要进一步调查
A	可能不满足	根据详细评估结果进行补救和荷载试验	比较容易决策

注：1. 大部分结构包含的构件可能涉及 SISD 的组合。为了管理，SISD 相似的构件应作为一组。
2. 作用时间范围取决于结构及其状态、未来用途和要求的使用年限。这些广义上都与 SISD 相关。
3. 无论采取何种策略，目的均是保证结构的适用性，“延长寿命”并保持美观。在该阶段，都比较保守。
4. 在确定要采取的管理策略前有必要进行详细评估。

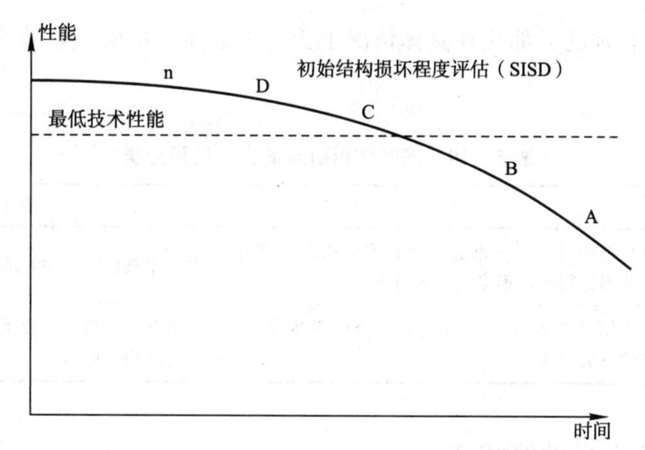

图 5-12　不同初始结构损坏程度评估（SISD）结果时的剩余使用寿命示意图

5.6 冻融作用的初步评估

5.6.1 概述

第 4.3.7 节对冻融循环作用进行了简单介绍，CONTECVET 手册[5.8]的附录有更多的详细描述，包括混凝土力学性能及其对结构性能的影响。这些大部分都是根据经验和在斯堪的纳维亚（Scandinavia）进行的研究获得的，斯堪的纳维亚的研究态度要比英国更加认真。该项研究仍在继续，见文献［5.15］。

由于混凝土的含水量有一个临界值，冻融作用会造成两种形式的损伤。

内部力学损伤，取决于孔结构，但通常会涉及微裂缝，降低混凝土的力学性能。当表面出现更宽的裂缝时，其形式是随机的，但只能根据混凝土表面情况及时作出判断。对于质量较差的混凝土，这将导致混凝土剥落。反复冻融循环会引起累积损伤，既在水平方向发展，又向结构构件深处发展。

表面剥落是混凝土表面接触到低浓度的盐溶液时由冻融引起的。如第 4.3.7 节所述，其确切机理目前尚不完全清楚，但将其分为冻融区和非冻融区的做法是合理的。最初的剥落发生于水泥层，骨料并没有受到损伤。随着剥落程度的加深，质量较差的骨料开始剥落，在这一过程中，大面积的表层发生剥蚀，引起腐蚀的危险和失去粘结。

冻融的初步评估方法基本上是以 CONTECVET 指南[5.8]为依据的。该方法是从早期的碱骨料反应的研究工作[4.25,5.1]发展而来的，即以 SISD 评估为基础。与第 5.4 节的主要参数有关，但强调的重点有所不同。对碱骨料反应，膨胀是主要作用；对冻融作用，微气候和湿度起主导作用。与第 5.5 节相比，给出了一些新定义，但未改变 5.4 节的基本方法，需分别考虑力学损伤和表面剥落。

5.6.2 失效后果的分类

本节采用的分类方法与碱骨料反应的分类方法相似，采用两种等级：轻微和严重。但本节的定义与表 5-19 的定义稍有差别。对于碱骨料反应，如果有足够信息表明将失效后果分为两类以上是合理的，那么在具体情况下为追求更高的精确性，改变失效的定义是完全可以接受的。

表 5-19　冻融作用引起的失效后果分类

失效后果	定义	例子
轻微	整个结构或其中一部分失效；不会引起财产损失或损失很小，不会危及人身安全	水工建筑物的表层脱落到水中或地面
严重	整个结构失效或一部分失效，会引起生命、财产的巨大损失	大坝裂缝导致下游发生洪水，大块表层混凝土从建筑物上掉落

5.6.3　内部力学性能损伤

对冻融作用主要考虑其对混凝土力学性能的潜在损伤。即使是初步评估阶段，也希望能够对性能降低的程度有一定了解，这将在第 5.6.3.1 节讨论。其次，将局部环境按其对混凝土内部湿度的影响进行分类很重要，这将在第 5.6.3.2 节讨论。最后要给出结构严重损坏程度等级 SISD 的评估结果。这将根据物理损伤的实例（裂缝等）、湿度的临界状态和冻融循环的模拟，在第 5.6.3.3 节简单介绍。对于是否有必要进行详细评估，这很有指导意义，对于冻融作用，作者建议对 SISD 评估为损坏严重和非常严重的混凝土结构进行定量评估。

5.6.3.1　力学性能降低的参考值

表 5-20 给出了混凝土力学性能降低的参考值，这些值是根据文献［5.58］广泛的调查得到的。抗压强度比抗拉性能受到的影响小，因为弹性模量仍然很大（表 5-13），在此未给出参考值。对于损伤严重的混凝土，进行详细评估时变形的计算很重要。表中的粘结强度值只是一个大致估计值。关于粘结将在第 6 章详细介绍。

如果有原始设计信息，则可获得初始强度。然而，对于碱骨料反应（表 5-13），可对未损伤的混凝土钻芯取样得到更好的估计。

表 5-20　冻融作用引起的力学性能降低的近似估计[5.8]

强度类型	1 损失强度与初始强度的关系（%）①	2 强度最大降低（%）	3 最低强度值②（MPa）
抗压强度	$(1 \sim 20/f_{c,o}) \times 100$	35	20
劈裂强度	$(3 \sim 11/f_{t,o}) \times 100$	70	1
与刻痕钢筋的粘结强度③	$(10 \sim 35/f_{t,o}) \times 100$	70	3
与光圆钢筋的粘结强度c	$(2.4 \sim 10/f_{t,o}) \times 100$	100	0

① $f_{c,o}$和 $f_{t,o}$分别为冻融作用前的初始抗压强度和初始劈裂强度。这种关系仅限于第 2 列中的值。
② 严重冻融损伤下观察到的最低强度，其初始抗压强度大于 35MPa，劈裂强度大于 3MPa。
③ 粘结强度为钢筋与混凝土间的内部粘结强度，不考虑保护层和箍筋的约束。

5.6.3.2　环境分类

混凝土内部湿度对冻融损伤性质、范围和程度的影响是至关重要的。理论上讲，伴随着冰的形成会引起 9%的体积膨胀，其对混凝土内部损伤巨大，特别是混凝土接近饱和时。实际上，即使处于干燥状态时混凝土也会有损伤。因此，应当谨慎地定义湿度。CONTECVET 的建议列于表 5－21。该表以冻融环境受混凝土内部湿度的影响为依据，越潮湿，冻融损伤的风险越高。含水量低于表 5－21 中的“潮湿”时基本不会引起混凝土内部力学损伤。

表 5－21　内部冻融损伤的环境分类

环境	潮湿特征	例子
潮湿	外部：暴露在水中的时间不长于暴露在干燥环境中的时间 内部：含水量不随时间增加	表面的垂直部分 结构的挡雨部分，如暴露于空气中板的下表面
非常潮湿	外部：暴露在水中的时间长于暴露在干燥环境中的时间 内部：含水量随时间增加	暴露于雨水中的水平表面 高于水位的水工建筑物
极度潮湿	外部：持续暴露于水中，从不处于干燥环境中 内部：含水量随时间明显增加	地下水中的基础，淡水中的桥墩，接近水位的水工结构

5.6.3.3　结构构件损坏程度评估：SISD

表 5－22 给出了 SISD 评估的建议，没有考虑钢筋细部构造类型对约束膨胀的影响。对于冻融损伤这方面的研究不多。如果发生冻融损伤，将会导致混凝土力学性能下降，下降程度取决于环境条件（表 5－21）。在极端情况下，混凝土酥松，钢筋细部就变得非常重要，在这种情况下粘结和锚固均会受到严重影响。

表 5－22 可用来根据混凝土力学特性的降低判断是否需要进行定量评估。不同于碱骨料反应，该表不像表 5－18 和图 5－12 那样，建立了 SISD 评估与性能的直接联系。通常情况下，定量评估适用于表 5－22 中等级为 S 或 VS 的情况，即向图 5－11 中的详细评估方向迈进了一步。

表 5－22　内部冻融损伤的 SISD 评估

环境	失效后果	
	轻微	严重
潮湿	n	M
非常潮湿	M	S
极度潮湿	S	VS

注：n—可忽略；M—中度；S—严重；VS—非常严重。

5.6.4　盐冻剥落

初步评估的重要因素包括：

—剥落深度；

—未来是否暴露于海水或除冰盐中；

—失效后果。

考虑上述因素，表 5-23 给出了 SISD 评估的参考值。根据观察/测量剥落深度与保护层厚度的比值（百分比）确定，并且所用符号的意义与表 5-22 中的相同。

表 5-23　盐冻剥落的 SISD 评估

剥落百分比①	环境	失效后果②	
		轻微	严重
<25%	无盐	n	n
	间接受到盐水或海水喷溅	n	M
	直接暴露于海水	n	M
	暴露于除冰盐、温度在-10℃以上	M	S
	暴露于除冰盐、温度低于-25℃	S	VS
25%～50%②	无盐	M	S
	间接受到盐水或海水喷溅	M	S
	直接暴露于海水	S	VS
	暴露于除冰盐、温度在-10℃以上	S	VS
	暴露于除冰盐温度低于-25℃	S	VS

① 本表用于剩余保护层厚度大于 20mm 的情况。如果剩余保护层厚度小于该值，需进行定量评估或详细评估。

② 如果剥落厚度大于保护层厚度的 50%，需进行定量评估或详细评估。

5.6.5　下一步决策

对于盐冻剥落，因剥落厚度可通过对结构进行测量或估计得到，所以很容易做下一步决策。剥落厚度的重要性可从下述几个方面评估：

- 截面削弱面积对结构强度、刚度和适用性的影响；
- 在极端情况下，对钢筋锚固和粘结的影响；
- 保护层削弱造成的腐蚀风险增加。

对内部力学损伤，主要问题是力学性能的降低程度（表 5-20）。在第 5.6.3.3 节，建议对失效后果为 S 和 VS 的情况（表 5-22）进行定量的 SISD 评估。表 5-20 给出了降低程度的下限值。最初，该定量评估只是为得到比表 5-20 更好的降低程度估计，从而有一定的保证。然而，当损伤比较严重时，有必要对每个方面的影响单独进行研究，如受弯、受剪、受压和粘结等，这还取决于结构的敏感性。详细评估方法在第 6 章介绍。

5.6.6　联合作用

如果几种破坏作用与冻融作用同时存在，要慎重使用上述建议的方案。例如，对于水工建筑物，如果发生溶蚀，那么表 5-20 描述的力学性能降低会更大。表 5-24 给出了联合作用的一些其他例子。通常根据确认的主导劣化机制及过程进行评估。有时各种机理之间的相互影响比较大，这时需分开进行评估。

表5-24　多种侵蚀同时存在引起共同作用的例子

机理组合	可能的影响
冻融造成的表面剥落和腐蚀	导致护筋能力逐渐减弱，引起腐蚀
碱骨料反应和冻融作用或腐蚀	碱骨料反应引起的膨胀会产生宽裂缝，浸入的水冻胀造成内部力学损伤。同样也会引起含氯化物的水浸，引起更严重的钢筋腐蚀。另一方面，碱骨料反应产生的胶体会填满孔隙，使水泥基体变得致密
溶蚀和冻融作用	浸入的水增大了湿度，降低内部抗冻融能力
溶蚀和腐蚀	混凝土保护层中的石灰溶出加速了碳化的速率和氯离子的扩散性，降低了钢筋腐蚀的临界水平

5.7　腐蚀的初步评估

5.7.1　概述

与碱骨料反应或冻融作用相比，在评估腐蚀的影响时，了解结构及其变化的敏感性是十分重要的。在受拉构件或受压构件中，腐蚀直接影响钢筋的承载力。钢筋粘结或锚固于混凝土，目的是提高结构构件的强度、刚度和适用性。任何劣化都很重要，评估必然会强调腐蚀机理的特点，同时还要遵循第5.4节用于初步评估的基本原则。

本书前面各章节（第3.2.4.2节，第4.3.4节）涉及了腐蚀，但未针对腐蚀机理展开讨论，而将重点放在了结构详细评估的水平上，从第4.6节开始论述，第5.3.5节再次提及，现又转移到CONTECVET指南中SISD评估方法[5.1,5.8,5.13]的初步评估上。

5.7.2　失效后果

这是SISD评估的一个主要特征。对于腐蚀，建议使用表5-15关于碱骨料反应“轻微”和“严重”的定义，第5.5.5节也同样适用。

5.7.3　腐蚀中SISD评估的基础

对碱骨料反应和冻融作用，第5.4节所列因素包含影响SISD评估的主要因素：碱骨料反应的膨胀作用和冻融作用的湿度。腐蚀的具体条件很难判断，在CONTECVET手册[5.13]中，建议SISD评估从下面两个方面进行：

（1）简化腐蚀指数（*SCI*）。从材料或结构上讲，既考虑了环境的侵蚀作用，又考虑了观察/测量到的腐蚀。这样，既可得到关于力学性能降低和截面特性的一些指导，又可得到未来腐蚀的速率。

（2）简化结构指数（*SSI*）。考虑了结构对腐蚀过程的敏感性，这与第5.5.4节碱骨料反应的结构细部因素类似。

这样便有：

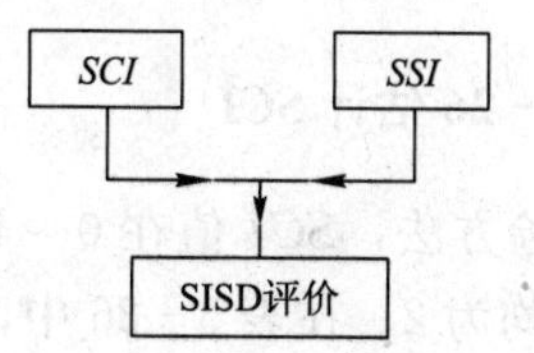

第5.7.4～第5.7.6节介绍3个指标的确定及整合到SISD评估中的方法。

5.7.4 简化腐蚀指数（*SCI*）

如第5.7.3节（1）所述，简化腐蚀指数由两部分组成：

1. 腐蚀损伤指数（*CDI*）；
2. 环境侵蚀系数（*EAF*）。

5.7.4.1 腐蚀损伤指数（*CDI*）

评估该指数值时应考虑多种因素，这主要取决于检查和现场试验获得的信息。为说明这一过程，选择下面6个因素：

(i) 侵蚀前端到达的深度（氯化物或碳化）；

(ii) 混凝土保护层厚度；

(iii) 腐蚀造成的开裂程度；

(iv) 是否发生锈蚀及测得的钢筋截面损失；

(v) 腐蚀速率的测量/估计；

(vi) 混凝土电阻率。

如表5-25所示，按1～4的分值将这些因素划为4个等级。

表5-25 确定*CDI*值时建议的4个损伤等级及建议的腐蚀指数和程度

损伤指数	(1) Ⅰ级	(2) Ⅱ级	(3) Ⅲ级	(4) Ⅳ级
碳化深度	$X_{CO_2}=0$	$X_{CO_2}<c$	$X_{CO_2}=c$	$X_{CO_2}>c$
氯化物等级	$X_{Cl^-}=0$	$X_{Cl^-}<c$	$X_{Cl^-}=c$	$X_{Cl^-}>c$
腐蚀引起开裂	未开裂	开裂$w<0.3$mm	开裂$w>0.3$mm	剥落并发展成裂缝
电阻率（Ω·m）	>1000	500～1000	100～500	<100
钢筋截面损失	<1%	1%～5%	5%～10%	>10%
主筋腐蚀速率（$\mu A/cm^2$）	<0.1	0.1～0.5	0.5～1	>1
权重	1	2	3	4

注：X_{CO_2}—实际碳化深度（m）；X_{Cl^-}—氯化物渗透深度（m）；c—混凝土保护层厚度（m）；w—裂缝宽度（mm）。

5.7.4.2 环境侵蚀系数（*EAF*）

由于微环境和湿度随季节有很大变化，很难准确估计该系数。如果能够获得渗透性、表面氯化物浓度、半电池电位、电阻率等信息，即可使用这些信息进行估计。如果无法获得，应按设计规范和标准定义的暴露程度确定。表5-26简要给出了EN 1992-1[5.16]和BS 8500[5.17]中环境的分类。

5.7.4.3 由表5-25和表5-26估计*SCI*

通过一个例子可说明这种经验方法，*SCI*值在0～4之间。假设表5-25中所有系数的评估结果均为Ⅱ级，*CDI*值平均为2。在表5-26中，假设最能反映实际环境条件的等

级为 XD3，其环境侵蚀系数（*EAF*）的权重为 4。因此用 *SCI* 值表示为

$$SCI=\frac{CDI+EAF}{2}=3$$

这种方法可能比较简单，但也可以对表 5-25 中不同等级的 6 个系数进行加权，并与表 5-26 中的暴露等级结合，即可得到最终结果。如第 6 章所述，目的是为后面的决策提供指导，确定是否需要进行详细评估。

5.7.5　简化结构指数（*SSI*）

表 5-14 和图 5-9、图 5-10 简要介绍了钢筋在控制碱骨料反应膨胀方面的能力，重点是横向钢筋的特点、布置及锚固的有效性。同样，在有腐蚀的情况下，进行 SISD 评估时有必要考虑细部构造的有效性。

尽管图 5-9 和图 5-10 可提供有用的出发点，但涉及腐蚀的要求有相当大的不同。如果观察/实测到的劣化很严重（假设为表 5-25 中的Ⅲ级和Ⅳ级），那么好的锚固箍筋对保持粘结和锚固至关重要，有关资料中的大量试验数据证明了这一点。进一步来讲，如果出现严重的混凝土分离和剥落，能够保持剩余的混凝土截面也很重要。最后，如果约束使混凝土形成三轴受压状态，则会提高混凝土的剩余强度，提供较大的转动能力，也可能会提供其他的承载机制，这样纵筋的锚固就更为重要。

为估计构件在上述情况下的承载力，建议将图 5-9 和图 5-10 转换为数值表示的发生腐蚀时的作用效率。这做起来并不容易，因为有很多局限性。这种方法是为了提供一个基本值，并且附加一些限制条件和补充说明，如表 5-27 所示。

钢筋细部形式有多种，可能与设计的相同，也可能不同。这时不是具体确定应是什么形式，而是尽可能得到更多的详细信息，进而确定下一步做什么。为简单起见，*SSI* 指数值限定在 0～4 之间，与表 5-25 和表 5-26 一致。另外，对 *SSI* 值还有一些修正建议，如箍筋或柱主筋较细时混凝土保护层要厚（重要的柱混凝土保护层有剥落或失稳的风险）。使用表 5-27 和第 5.7.4 节的 *SCI* 值，即可进行初步的 SISD 评估。

表 5-26　BS 8500[5.17] 的暴露程度分类，其建议是为了确定环境侵蚀系数（*EAF*），需参考重要性系数（经英国标准协会允许）

等级	等级描述	英国的应用实例	环境侵蚀系数（*EAF*）
无腐蚀或侵蚀的风险（X0 级）			
X0	素混凝土：除有冻融循环，磨蚀或化学侵蚀之外的所有暴露对钢筋混凝土或有金属嵌入的混凝土：十分干燥	结构内部的素混凝土表面 完全埋没在非侵蚀性土壤中的素混凝土 永久淹没在非侵蚀性水中的素混凝土 处于干湿循环中、不受磨蚀、冻融或化学侵蚀的素混凝土 非常干燥环境中的钢筋混凝土	0
碳化引起的腐蚀（XC 级） （钢筋混凝土或有金属嵌入的混凝土暴露于空气或潮湿环境中）			
XC1	干燥或永久潮湿	除结构某些部位非常潮湿外，结构内部的钢筋混凝土或预应力混凝土。钢筋混凝土或预应力混凝土永久处于非侵蚀性水中	1

续表

等级	等级描述	英国的应用实例	环境侵蚀系数（*EAF*）
XC2	潮湿，很少干燥	钢筋混凝土或预应力混凝土永久处于非侵蚀性土壤中	2
XC3 和 XC4	湿度适中或干湿循环	外部混凝土或预应力混凝土表面有遮挡，不会直接暴露于雨水中 钢筋混凝土或预应力混凝土表面在结构内部，但处于非常潮湿的环境（如浴室，厨房） 钢筋或预应力混凝土表面暴露于干湿交替环境	2（XC3） 3（XC4）
非海水中的氯化物引起的腐蚀（XD 级） （钢筋混凝土或有金属嵌入的混凝土与含有氯化物的非海水接触，包括除冰盐）			
XD1	湿度适中	混凝土表面暴露于含氯化物的空气中 桥梁钢筋混凝土或预应力混凝土表面不直接接触除冰化学物质的部分 结构暴露于偶尔有氯化物的环境或低浓度的氯化物环境	2
XD2	潮湿，很少干燥	完全浸没在含氯化物水中的钢筋混凝土或预应力混凝土	3
XD3	干湿循环	钢筋混凝土或预应力混凝土表面直接接触除冰盐或喷溅到除冰盐（如距行车道 10m 以内的墙、桥台和柱，护墙边梁和行车道下 1m 范围内的下部结构、路面、停车区的板）	4
海水中的氯化物引起的腐蚀（XS 级） （钢筋混凝土或有金属嵌入的混凝土与海水中的氯化物或含有海水盐分的空气接触）			
XS1	与空气中的盐分接触但不直接接触海水	沿海地区的外部钢筋混凝土或预应力混凝土	2
XS2	永久浸没于水中	完全浸没或处于潮湿状态的钢筋混凝土或预应力混凝土，如半潮水位以下的混凝土	3
XS3	潮湿，浪溅区	上述潮汐区和浪溅区的钢筋混凝土和预应力混凝土表面	4

表 5－27　不同纵筋布置方案的建议简化结构系数

	无箍筋或连通的拉结筋	按规范要求的箍筋间距			
		U 形钢筋搭接（图 5－9 中的 3 型）		传统的箍筋（图 5－9 中的 2 型）	抗扭箍筋，螺旋箍筋（图 5－9 中的 1 型）
		无弯钩	有弯钩		
基本 *SSI* 值（梁、柱）	0	1	2	3	4
箍筋直径与主筋直径之比≤0.4	—	0	1	2/3	3/4
柱：核心混凝土与整个截面面积之比≤0.75	—	0	1	2/3	3/4

注：1. 纵筋的锚固是最重要的。
2. 对于柱，如果箍筋间距比现行设计规范要求的大，取第 5 列和第 6 列中的较小值。
3. 需考虑实际施加的荷载与理论极限强度的比值。
4. 对于特殊构件，如托梁或受冲切的情况，需特别注意。

5.7.6 腐蚀情况下结构构件的损坏程度评价（SISD）

对于根据第5.7.4节和第5.7.5节得到的SISD评估值，在表5-28中可用可忽略、中度、严重和非常严重表示。在该表中，钢筋细部类型采用图5-9的描述方式，而不是用表5-27中的*SSI*值。但表5-27中的*SSI*值对锚固效率能否满足第5.7.5节中的要求有一个更好的估计，很难用这种差别得到与用可忽略、中度、严重和非常严重表示SISD评价的结果。

建议对所有评估为严重和非常严重的结构进行详细评估。如果有理由证明腐蚀速率很高，也需要进行中度评估，特别是对敏感的结构。当腐蚀状态为第3级和第4级、暴露程度为严重时，也需考虑表5-25和表5-26。

表5-28　腐蚀SISD评估的建议值

*SCI*值	简化结构指数（*SSI*）（假设与规范规定的箍筋间距一致）							
	1型		2型		3型		无箍筋	
	失效后果							
	轻微	严重	轻微	严重	轻微	严重	轻微	严重
0～1	n	n	n	n	m	m	m	m
1～2	n	m	n	m	m	m	m	S
2～3	m	m	m	S	S	S	S	VS
3～4	m	S	S	S	VS	VS	VS	VS

注：n—可忽略；S—严重；m—中度；VS—非常严重。

5.8 干预的性质和时间

第7章介绍的干预通常是在详细评估（第6章）之后进行的。详细评估明确阐明了实际行动的必要性。然而，第（3）阶段（图5-1）从不采取任何措施到拆除建筑物的全部整个范围内，有各种各样的选择，给出一些简要的说明非常重要。

在评估阶段，采取什么措施依赖于结构的维护制度、管理策略和未来计划。在图5-1的流程图中，不同的阶段会出现各种可能情况。检测是一种有效的手段，通过早期采取保护措施来减慢甚至阻止劣化过程。各种保护涂层可控制混凝土的湿度，此外还有一些技术手段，如阴极保护或电化学除氯，其最终目的是将最低维护成本与高效技术结合起来。

从纯结构的角度来看，失效后果通常很严重。这在很大程度上取决于表5-6中被认为处于危险状态的因素，同时还要考虑表5-8和表5-9。图5-10中箍筋类型的初步风险评估，对研究主要劣化机制的定量SISD方法很有帮助。

确定干预的时间不可避免有主观性，这主要取决于设计人员所认为的最低技术性能。如果安全等级满足要求，有些人认为应及早进行预防，而另一些人则倾向于继续观察，同时将检测引入到日常检查和维护制度中。这一问题没有一个普遍适用的答案，但在后面的章节中，将对建立最低使用标准和用于决策的指示性规则给出指导。

本章参考文献

5.1 CONTECVET IN30902I. A validated Users Manual for assessing the residual service life of concrete structures affected by ASR. A deliverable from an EC Innovation project. Available from the British Cement Association (BCA), Camberley, UK. 2000.

5.2 The Concrete Society. *Diagnosis of deterioration in concrete structures*. Technical Report 54. 2000. The Concrete Society, Camberley, UK.

5.3 Concrete Bridge Development Group (CBDG). *Guide to testing and monitoring the durability of concrete structures*. Technical Guide No. 2. 2002. CBDG, Camberley, UK.

5.4 Bungey J.H. and Millard S.G. *Testing of concrete in structures*. Blackie Academic and Professional, Glasgow, UK. 3rd Edition 1995. p. 286.

5.5 British Cement Association (BCA). *The diagnosis of alkali-silica reaction*. Report of a Working Party. Report No. 45.02 (2nd Edition). 1992. BCA, Camberley, UK.

5.6 Clark L.A. *Critical review of the structural implications of the alkali-silica reaction*. Transport Research Laboratory (TRL). Contractor Report 169. 1989. TRL, Crowthorne, UK.

5.7 Institution of Structural Engineers. *Structural effects of alkali-silica reaction*. Technical guidance on the appraisal of existing structures (2nd Edition). IStructE, London, UK. 1992.

5.8 CONTECVET IN30902I. A validated Users Manual for assessing the residual service life of concrete structures affected by frost action. A deliverable from an EC Innovation project. Available from the British Cement Association, Camberley, UK. 2000.

5.9 The Concrete Society. *Non-structural cracks in concrete*. Technical Report 22. December 1982. The Concrete Society, Camberley, UK.

5.10 The Concrete Society. *The relevance of cracking in concrete to corrosion of reinforcement*. Technical Report 44. 1995. The Concrete Society, Camberley, UK.

5.11 Webster M.P. The assessment of corrosion-damaged concrete structures. PhD Thesis. University of Birmingham, UK. July 2000.

5.12 Concrete Bridge Development Group (CBDG). *Notes for guidance on the assessment of concrete bridges*. Technical Guide No. 9. 2006. CBDG, Camberley, UK.

5.13 CONTECVET IN30902I. A validated Users Manual for assessing the residual service life of concrete structures affected by corrosion. A deliverable from an EC Innovation project. Available from the British Cement Association, Camberley, UK. 2000.

5.14 Jones A.E.K. and Clark L.A. The practicalities and theory of using crack width summation to estimate ASR expansion. *Proceedings of the Institution of Civil Engineers; Structures and Buildings*. Vol. 104. 1994. pp. 183–192. ICE, London, UK.

5.15 Fridh K. *Internal frost damage in concrete : experimental studies of destruction mechanisms*. Report TVBM – 1023. 2005. Lund Institute of Technology, Department of Building Materials. Lund, Sweden.

5.16 British Standards Institution (BSI) BS EN 1992–1–1. Eurocode 2: design of concrete structures – Part 1: general rules and rules for buildings. BSI, London, UK. 2004.

5.17 British Standards Institution (BSI). Concrete – complementary British Standard to BS EN 206–1. BS 8500. BSI, London, UK. 2002.

第6章　详细结构评估

6.1　引言

破坏的性质和范围与定性的SISD评价有关。如果它表明在决定所进行干预的性质和时机之前，有必要做进一步的研究，那么下一步就是详细评估。这涉及更为定量的方法，着重于研究结构的性能，即强度、刚度、适用性和功能及这些性能在结构劣化后受到的影响。在进行详细计算之前，需概述一下第5.3节的全部观点。第5.3节主要讨论了：

(a) 需要考虑的功能要求——在3个主标题下，从表5-6选取。

(b) 结构敏感度——除表5-7和表5-8中的事项，同时应注意设计依据、失效后果、施工质量和维护制度。

(c) 所使用分析方法的性质和复杂程度（第5.3.3节），同时还要估计实际的外加荷载（与设计中假设的荷载进行比较）。这里的一个重要特征是对作为输入数据的截面和力学性能的选取，代表着竣工时和受到劣化影响后的结构。

(d) 材料和结构参数可能受主要劣化机制影响（表5-9～表5-12），所以要进行初步风险评估。

(e) 特殊腐蚀损伤方面（第5.3.5节）。由于直接影响钢筋和预应力钢筋，腐蚀在劣化机制中有其独特性。

上面的(a)～(e)项都很重要，因为它们是问题的不同方面，而不是总体状况。此外还应考虑：

(f) 可接受的最低技术性能。安全总是最受关注，而适用性和功能性（表5-6）通常决定着干预的性质和时间。

(g) 合理的管理和维修策略。一些业主可能更喜欢早日介入，主要包括采取预防、延缓措施和进行修复。另一些人可能更喜欢等待，同时在开始进行修复之前，继续观察情况的发展。后期也会采用这种模式，而且在预测未来可能的劣化速率时，评估需要投入更多的精力。

(f)和(g)项明显是相互联系的，但是同时也与(a)～(e)项密切相关。结构总体状况非常重要，其决定着哪些方面将进行详细评估。

在此背景下，本书先考虑劣化对结构刚度和稳定性的作用，特别是与设计假设的荷载相比，作用效应（受弯、受剪等）的可能变化及分布的影响，即着重于整体上的结构分析，之后是剩余承载力的范围（临界截面分析）。这时应单独考虑混凝土力学和截面特性降低的影响（无论是什么原因）。

采用上述方法的两个主要原因是：

1) 保持方法尽可能简单，与输入信息的质量一致。

2) 大多数业主都有将初始设计数据与当前剩余强度的评估结果直接进行比较的想法。

很多文献采用的是基于理论风险分析、概率和可靠指标的评估方法。本书作者采用的方法本质上是确定性方法，但如 EN 1990[6.1]指出的，使用修正的设计模型，与可靠指标存在着密切的联系。设计中的分项系数法是根据专业人士和协会认可的可靠指标确定的。为简便起见，首先直接修正设计模型，同时保留修正可靠指标的选择，如同加拿大桥梁规范的做法（第 3.2.1.3 节；文献 [3.11]）。

现代复杂的结构分析方法，如那些涉及非线性有限元的方法，尽管能够考虑应力重分布，还将荷载效应分析与承载力计算合并在一起。通常认为这些方法是备用方法，旨在提高“评估等级”，本章后面将会简要介绍。

本章的范围和内容如下：

6.2　劣化的物理影响

6.3　最低技术性能

6.4　设计中材料力学性能的使用

6.5　结构分析

6.6　劣化对构件和截面强度的影响概述

6.7　开裂

6.2　劣化的物理影响

表 5-6 列出了需要验算的性能要求。那么劣化对结构性能主要有哪些影响呢？表6-1 给出了简要总结、一些例子和解释。

详细评估主要关注结构性能是否符合要求及如何估计截面、构件或结构整体性能的降低。表 6-1 的一些项目因为一般功能、外观或适用性的原因，可能需要采取补救措施。

在介绍本章后面性能要求的降低评定之前，有必要分析一个建议方法的简单例子。对于图 6-1 所示的矩形截面，设计中通常假定弯矩作用下达到极限状态时，受压混凝土达到最大应变，按矩形应力分布等于混凝土抗压强度。

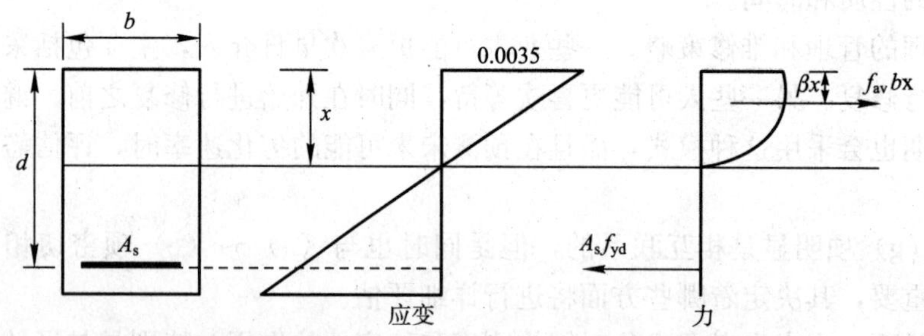

图 6-1　承载能力极限状态下矩形截面受弯构件的典型设计假定

未受到劣化影响时，设计承载力为

钢筋起控制作用：$M=A_s f_{yd}(d-\beta x)$　(6-1)

混凝土起控制作用：$M=f_{av}bx(d-\beta x)$　(6-2)

受到劣化影响后，下面任一个或所有参数可能受到影响：

$$x,\ b,\ d,\ f_{av},\ A_s,\ f_{yd},\ \beta,\ 0.0035 \quad (6-3)$$

进行评估时，首先要确定哪一个变量发生了变化及变化的程度，然后对未受到劣化影响条件下的公式进行修正。

柱也采用类似的方法进行分析，这是最简单的例子。对于受剪和粘结力的情况，会因下面两个主要原因变得比较复杂：

(1) 设计公式是根据经验得到的，可能不能反映构件破坏时的实际性能，其他模型可能更为合适。

(2) 与受弯构件相比，劣化对设计公式中一些变量的影响可能不同。例如，混凝土抗拉强度与抗压强度受到的影响不同。而且，实际上箍筋对纵向钢筋粘结强度的影响无法定量分析，需要根据试验确定。

在满足这些限定条件后，仍采用图6－1所示的方法。这是一个两阶段工作：

(1) 从调查和试验中获得尽可能多的关于物理破坏性质和程度的信息（表6－1)。

(2) 根据这一信息确定如何对设计公式进行修正。

表6－1 物理劣化作用的例子

类别	例子	备注
1. 截面损失	冻融作用造成表面混凝土剥落	极端情况下会引起腐蚀
	腐蚀产物膨胀或碱骨料反应引起混凝土剥落	极端情况下，会导致分层及对纵筋粘结和锚固产生显著影响，进而导致构件强度或承载力下降
	腐蚀造成钢筋截面面积减小	连同上面提到的剥落问题，应重点关注
2. 力学性能下降	混凝土强度	对临界截面评估很重要。在临界截面处，不同作用的效果可能不同。实际上包括膨胀在内的所有劣化过程都会降低混凝土强度（表5－9和表5－10)
	构件和结构刚度	对下述面两个方面很重要： —结构分析（荷载效应分布） —适用性因素评估（表5－6） 弹性模量会比强度降低更多
	延性	有证据表明，腐蚀会影响钢筋极限伸长率和屈强比。计算中需考虑重分布时，这一点很重要
3. 过度变形	极端情况下失效模式改变	图5－3为一个具体例子。同样，柱表层混凝土可能会剥落，短柱变为长柱。对裂缝来说，适用性是需考虑的因素，如外观或保水性
	应力超过限值	在有约束的承重结构中，膨胀会导致应力超过限值
	局部破坏	在应力集中处（如支座或凹角)，过度变形和/或强度损失会导致局部破坏。对于这种情况，还需注意伸缩缝和铰接体系的实际整体性能

6.3 最低技术性能

6.3.1 概述

图5－1表明，从初步评估到详细评估之前，需要确定可接受的最低技术性能要求，本书前面各章的图和表从不同方面阐述了这一点，见图3－3、图3－12、图4－8和图5－12。

一些业主可能希望早做到这一点，例如图 5－1 中的 1 级或 2 级，这是因为从审美和功能角度讲，可见的破坏是不能接受的（表 5－6），或是因为可能会很快发生更严重的劣化，所以应尽早采取相应的维护措施，通过一些预防措施加强日常维护和监测。首先需注意适用性条件下的最低可接受性能，一方面是由于早期干预的策略要求，另一方面是因为检查和试验数据表明结构需要进行详细评估。

本节是为要牢记这些而写的。

6.3.2 适用性因素

从 3 个方面考虑：

(i) 截面或影响结构刚度的力学性能的降低，会导致分析得到的作用效应与设计中的假设不同，并可能使计算的挠度和变形过大；

(ii) 各种原因引起的所有裂缝问题（图 4－3）；

(iii) 通过检查、试验和判断腐蚀风险表明结构状况仍处于表 5－25 的第 1 级，但其腐蚀程度相对更为严重。

6.3.2.1 截面损失或力学性能降低

截面性能降低通常是可见的，且相当明显；冻融作用导致表面剥落是一个典型例子，磨蚀、腐蚀或风化亦是如此。在较低的破坏等级下，仅因为这一原因决定采取措施是很主观的。等级更高时，伴随力学性能的降低，会导致更为严重的结构问题，这将在本章后面进行讨论。

力学性能降低的评估比较困难。试验中通常采用钻芯取样方法，特别是存在膨胀作用时，如碱骨料反应或冻融作用。首先需要一种测定抗压强度的方法，同时也能得到弹性模量和抗拉强度。表 5－13 和表 5－20 的示意值表明，对于给定的侵蚀水平，后两个值可能比抗压强度受到的影响更大。化学侵蚀（如硫酸盐造成）主要发生于基础（表 4－4），第 4.3.5 节对其影响进行了总结。随着混凝土逐步软化，构件截面和力学性能也会降低，最严重的情况可能是硅灰石膏侵蚀（第 4.3.5.2 节），极端情况下混凝土会转变为覆盖于表面的物质。

一般来说，化学侵蚀可在使用条件下发生，如果发现，研究就不仅仅是确定力学性能的严重下降，往往需要根据结构类型及对劣化作用的敏感度对结构进行推断。

这是一种通过试验进行的逐步深入的调查。主要注意刚度的降低，如果发现有明显降低，需对结构进行详细评估。

6.3.2.2 裂缝

图 4－3 对裂缝的成因进行了分析，并在图 4－4 中指出了可能出现的位置。表 5－2 是根据裂缝宽度和间距对裂缝进行的较常见的分类，表 5－1 给出了根据裂缝宽度确定损伤速率的方法，主要是针对腐蚀的情况。表 5－25 与其他腐蚀下的破坏指标联系，对此做了进一步的研究。

做决策时，不仅仅是裂缝宽度和间距问题，需要找出裂缝的成因、开裂程度和位置。作为一个简单的指导，表 5－1 中的第 4 或第 5 破坏等级要求做进一步的调查和可能的详细评估，表 5－25 中的第Ⅲ级和第Ⅳ级，同样也是如此。然而，适用性关注的是是否有必要从美学和功能要求考虑对裂缝进行填充，这不可避免地具有主观性，且与正常的维护制度有关。

6.3.2.3　腐蚀

这里重点讨论初步调查表明结构状况不低于表 5－25 第Ⅰ等级的情况，即腐蚀尚未开始，但碳化或腐蚀正向钢筋发展，业主可能希望在早期阶段采取补救措施。这种情况在第 4.6 节已讨论过，同时表明如何针对竖轴上不同的极限性能标准使用图 4－8。

为利用这一条件（这是十分有用的，因为从一个建议准则到另一个建议准则的时间是非常重要的），应使用测定的参数值（包括第 4.6 节中 C 组的值）对腐蚀机制进行模拟，预测从一个准则到下一个准则所需的时间。

6.3.3　安全等级

评估中安全总是首要问题，而且越来越趋于保守，特别是失效后果极其严重时。业主总是对剩余承载力与初始设计值的关系比较关心，因此本节主要介绍安全水平的演变及根据是如何变化的。

利用实用规范可很好地完成这一任务。在 20 世纪，设计规范已从弹性方法发展到极限强度设计方法，目前欧洲规范采用的方法是极限状态设计方法，见文献 [6.2]。设计模型已变得更加完善，而且又引进了新的模型。材料强度和弹性模量都有所提高。由于对所使用的技术更有把握，使用的安全系数降低。因此当评估旧混凝土结构时，最好确定施工时使用了何种标准及这些标准与现行方法的比较。在这一发展过程中，有很多经验因素，包括大量试验数据的校准。极限状态下混凝土的弹塑性性能难以模拟，过去模型的科学依据都不充分。然而，这一发展过程在平衡经济和可接受的性能方面仍然取得了令人满意的效果。

前不久这种实用方法与可靠度理论并行发展，尝试编制可控性更好的规范。这一原理已被国际标准 ISO 2394 采用[6.3]，是英国标准 BS EN1990：2002[6.1]方法的基础，图 6－2 说明了传统的确定性设计方法与概率设计方法的关系。两种方法都趋向于分项系数设计，方法“a”是现行规范中的设计方法，概率方法用于未来安全方面的进一步发展。

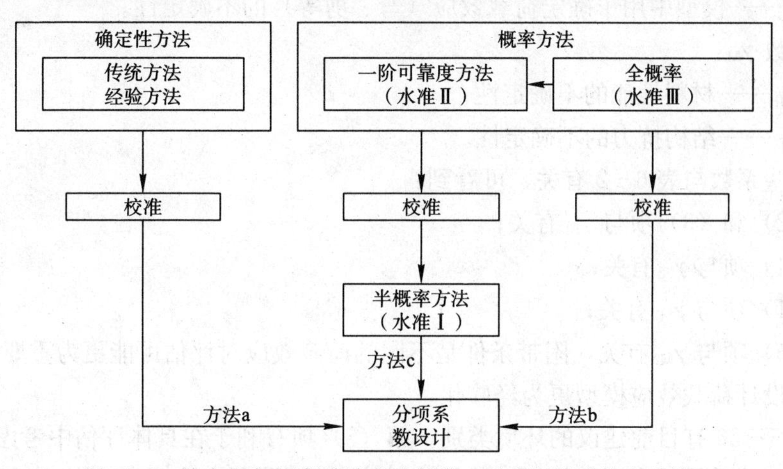

图 6－2　确定性与概率设计方法概览（经英国标准协会允许）

可靠度方法通常使用与失效概率有关的可靠指标。采用分项系数方法时，BS EN 1990建议大部分结构50年设计基准期的可靠指标取$\beta=3.8$。一般认为现行的混凝土设计规范已经做到了。

但是，也允许采用其他可靠指标值。实际上，对破坏后果非常严重的情况，建议使用更高的值（$\beta=4.3$），而对破坏后果很小或可忽略的情况，使用较小的值（$\beta=3.3$）。

这里论及可靠度的目的，是讨论评估中在安全方面最小可接受的性能包括哪些内容。注意表3-2中，加拿大桥梁标准协会[3.11]建议的β值及其变化的依据，最大值为3.75，最小值为2.25。

设计与评估有很多不同，表6-2对此进行了总结。在评估过程中，假设变得更少了，绝大多数关键输入数据可能是通过测量或定义确定的。如同表中的建议，这使得在整体可靠度没有明显变化的情况下，分项安全系数值可能取得较低。

表6-2 设计与评估的主要区别

项目	设计	评估
(1) 材料性能	假设	实测
(2) 恒荷载	计算	准确确定
(3) 活荷载	假设	估计
(4) 分析	按规范	更严格的选择
(5) 荷载效应	弯、剪、压、控制裂缝	锚固、节点处细部设计可能更重要
(6) 环境	假定的类别	宏、微气候的定义
(7) 可靠度	规范中的安全系数值	对于相同可靠度采用更小的系数（?）

为理解如何用分项安全系数体现可靠度，需要考虑分项系数涵盖了哪些内容。用很简化的形式表示，我们得到：

荷载系数γ_F：

(i) γ_{F1}——荷载的不确定性；

(ii) γ_{F2}——模型中用于确定荷载效应（弯、剪等）的不确定性。

材料系数γ_M：

(iii) γ_{M1}——材料性能的不确定性；

(iv) γ_{M2}——结构抗力的不确定性。

如果这些系数与表6-2有关，可看到：

- 第（2）和（3）项与γ_{F1}有关；
- 第（4）项与γ_{F2}有关；
- 第（1）项与γ_{M1}有关；
- 第（5）项与γ_{M2}有关，附带条件是不同的荷载效应对评估可能更为重要，通常这些比那些主要设计荷载效应模型更为经验化。

尽管表5-26有目前建议的环境类别，第（5）项有利于在具体评估中考虑微气候。

在确定可接受最低安全等级时，建议在确定/计算分项安全系数、外加荷载和剩余强度值时使用基于可靠度得出的概率，结果取决于测量结果和精度。特别是，确定材料性能的（γ_{M1}）是有帮助的，准确确定外加荷载（γ_{F1}）的代表值更是如此，可降低分项安全系数的值（设计中，我们已经做到了这一点，对恒荷载和外加荷载采用不同的值）。由于不能精确模拟各种不同作用效应下劣化影响的不确定性，修正设计抗力模型比较困难。

6.4　设计中材料力学性能的使用

6.4.1　概述

本书进行详细评估的全部方法是使用经修正考虑了劣化的设计模型。试验和诊断阶段包括测量构件截面损失和力学性能的降低。为此目的并表达这些数据，需要判断应使用哪些方法，如何使用，以及为何使用。

6.4.2　混凝土的力学性能

进行结构分析、确定作用效应的最大值时，常采用弹性方法并假定构件不出现裂缝。计算刚度时按构件整个截面考虑，并且根据混凝土设计强度确定弹性模量。

计算临界截面的承载力时，采用混凝土 28d 的特征强度，这是通过对圆柱体或立方体试件在标准控制条件下进行试验确定的，其他必要的力学性能是从假设的关系由特征强度计算得到的。

当前这方面的实际做法是按英国标准 BS EN 1992-1-1[6.2]进行的，表 6-3 进行了归纳。以圆柱体 28d 特征强度为基础，给出立方体试件特征强度与平均强度的关系，平均强度用于确定混凝土设计配合比。表 6-3 也给出了假定的抗拉强度等级，注释说明了抗拉强度等级与抗弯或劈拉强度的关系。最后，得到估计弹性模量的表达式，注 5 说明了对不同类型的骨料如何进行修正。注 2 和注 4 说明了如何确定抗压和抗拉强度设计值。

从某种意义上讲，特征强度是假想的，是用标准方法试验的对比试件定义的。结构中的实际强度不同，这要取决于构件的类型和荷载的性质。设计者应清楚这一点，并相应地修正设计模型，以达到可接受的安全等级。

评估应了解上述情况，尽管情况可能大不相同（表 6-2），直觉判断和测量的某个降低值应与设计模型中的重要变量有关。后面将进一步讨论如何处理特殊作用效应的情况，原则上有两个选择：

(i) 初始设计采用 28d 特征强度，允许后期强度变化（表 6-3 的注 1）；

(ii) 从结构中破坏和未破坏区域钻取代表性的芯样（通常在最小横向约束的方向），在设计模型中考虑强度的不同。

表 6-3 并不是设计中所考虑力学性能的全部情况，同样需要考虑应变，特别是应力-应变曲线。图 6-3 示出了受压混凝土的应力-应变曲线及确定结构分析中弹性模量 E_{cm}（表 6-3 中的公式）的方法。混凝土强度等级小于等于 C50 时，ε_{cu1} 取 0.0035，ε_{c1} 在 0.0018～0.00245 的范围内变化。

对于截面设计，图 6-3 是理想化的曲线，一般的形式如图 6-4 所示。f_{cd}的定义同表 6-3 的注 2，ε_{c2}和 ε_{cu2}分别为 0.0020 和 0.0035。

表 6-3　现行设计规范中混凝土力学性能之间的关系[6.2]（经英国标准协会允许）

f_{ck}(MPa)	12	16	20	25	30	35	40	45	50	55	60	70	80	90	28d 圆柱体特征强度
$f_{ck,cube}$(MPa)	15	20	25	30	37	45	50	55	60	67	75	85	95	105	28d 立方体特征强度
f_{cm}(MPa)	20	24	28	33	38	43	48	53	58	63	68	78	88	98	平均强度$=f_{ck}+8$(MPa)
f_{ctm}(MPa)	1.6	1.9	2.2	2.6	2.9	3.2	3.5	3.8	4.1	4.2	4.4	4.6	4.8	5.0	当 $f_{ck}\leqslant 50$MPa 时，f_{ctm}＝平均抗拉强度$=0.3\times f_{ck}^{2/3}$
$f_{ctk,0.05}$(MPa)	1.1	1.3	1.5	1.8	2.0	2.2	2.5	2.7	2.9	3.0	3.1	3.2	3.4	3.5	$f_{ctm,0.05}=0.7\times f_{ctm}$，5%分位值
$f_{ck,0.95}$(MPa)	2.0	2.5	2.9	3.3	3.8	4.2	4.6	4.9	5.3	5.5	5.7	6.0	6.3	6.6	$f_{ctk,0.95}=1.3\times f_{ctm}$，95%分位值
E_{cm}(MPa)	27	29	30	31	33	34	35	36	37	38	39	41	42	44	$E_{cm}=22(f_{cm}/10)^{0.3}$，$f_{cm}$的单位为 MPa

注：1. 公式用于估计非 28d 龄期混凝土的力学性能，与水泥品种有关。

2. 在英国，按极限状态下的等效矩形应力图计算时，设计抗压强度（f_{cd}）$=0.85f_{ck}/\gamma_c[\gamma_c=1.5]$。

3. f_{cm}为直接抗拉强度，与劈裂强度的关系为 $f_{ct}=0.9f_{ct.sp}$，与弯拉强度的关系为 $f_{ctm.fl}=\max[(1.6-h/100)f_{ctm},f_{ctm}]$，式中 h 为全截面高度，单位 mm。

4. 不同的抗拉强度用于不同的校核阶段，如开裂和粘结，但一般设计值 f_{ctd}取 $1.0f_{ctk,0.05}/\gamma_c$。

5. E_{cm}值适用于石英骨料，石灰岩取该值的 90%，砂岩 70%，玄武岩 120%。

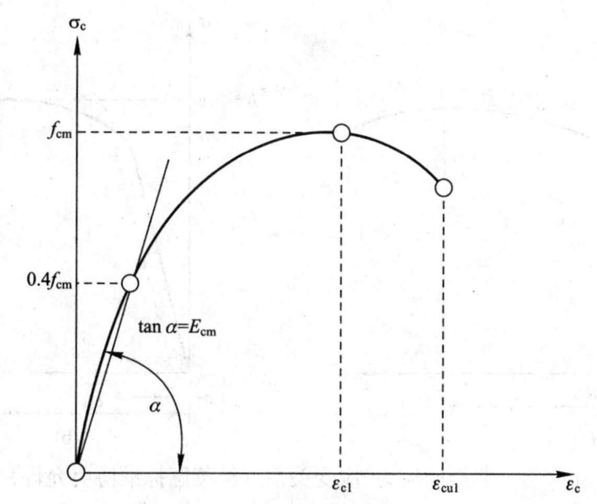

图 6－3　结构分析使用的混凝土代表性应力-应变曲线（经英国标准协会允许）

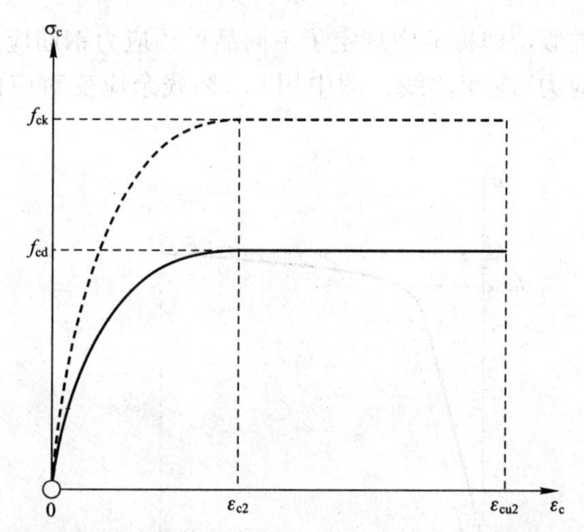

图 6－4　混凝土受压抛物线-矩形设计应力-应变曲线（经英国标准协会允许）

在评估阶段，即如果大面积的破坏不仅影响表 6－3 中描述的混凝土力学性能，而且会降低混凝土受压的变形能力，应考虑严酷条件下结构应力-应变曲线的变化。值得注意的是，英国标准 BS EN 1992－1－1 给出了约束混凝土的应力-应变曲线，如果能够对侧向压应力作出符合实际的估计，则该曲线在评估中是很有用的。

6.4.3　钢筋和预应力钢筋的力学性能

要求的钢筋性能在欧洲标准或国家标准中有详细规定，包括：

屈服强度；冷弯性能；疲劳；抗拉强度；粘结；容差；延性；焊接性能。

钢筋特征屈服强度在 400～600MPa 的范围内，通常采用特征值 f_{yk}＝500MPa。

图 6－5 给出了热轧和冷加工钢筋的典型应力-应变曲线。在规范和标准中通过规定 f_t/f_{yk}和 ε_{uk}的限值定义了不同的延性等级。设计中采用理想的应力-应变曲线，一般是双线段的，水平段为 $f_{yd}=f_{yk}/\gamma_s$，其中 γ_s 为钢筋的分项安全系数，通常取 1.15。水平段始于应变值 f_{yd}/E_s，其中 E_s为弹性模量。

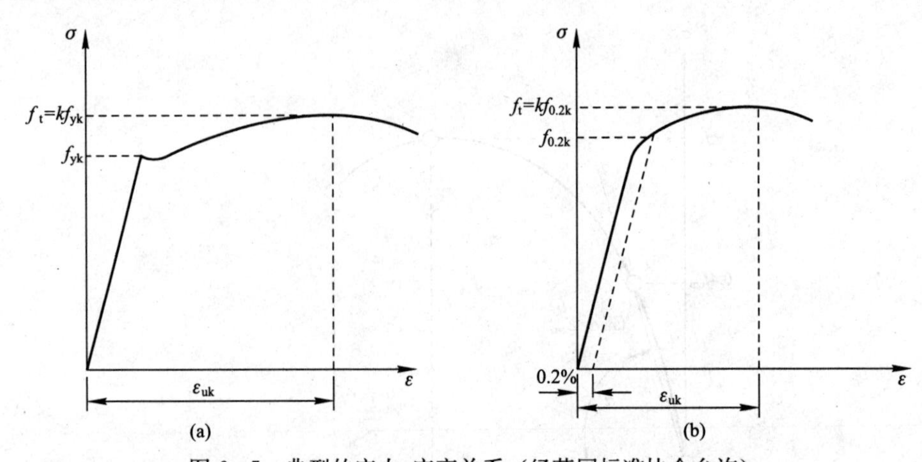

图 6-5　典型的应力-应变关系（经英国标准协会允许）

(a) 热轧钢；(b) 冷加工钢（屈服应力不明显，所以采用 0.2%的验证应力）

预应力钢筋与此类似，即标准中规定了不同品种预应力钢筋应达到的性能。图 6-6 为预应力钢筋典型的应力-应变曲线，图中用 0.1%残余应变对应的弹性极限应力表示屈服应力。

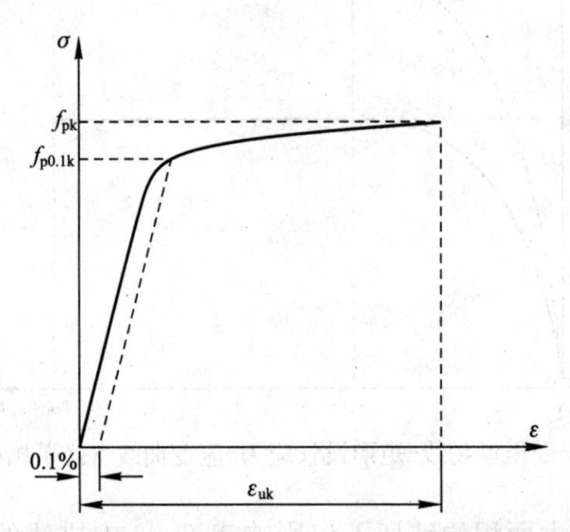

图 6-6　预应力筋典型的应力-应变曲线（经英国标准协会允许）

设计中的配筋通常由构件强度控制，评估中也是如此。因此，调查阶段的关键步骤是确定钢筋数量、位置和类型。这对已有结构尤为重要，因为设计时钢筋的特性与当前的结构可能不同。目标是为修正设计模型提供一个代表性的应力-应变曲线。在验算强度和延性时，后期作用与腐蚀情况密切相关。

6.5　结构分析

结构分析的主要目的是按规范规定的外加荷载大小和分布，计算内力的最大值，以确定内部作用和弯矩的分布。分析也可用于估计应力、应变和位移。

第 5.3.3 节给出了分析方法的概要，包括估计的偏差。由于本书的策略是模拟和修正设计方法，在详细评估阶段（图 5-1），有必要进行更为详尽的分析，确定结构的几何构造和尺寸也很重要。

在现行设计规范[6.2]中，建议的方法包括：

(i) 弹性设计方法；

(ii) 有限重分布的线弹性设计方法，但不适于柱的设计；

(iii) 塑性设计方法；

(iv) 非线性设计方法。

方法 (i) 和 (ii) 目前已用于大部分结构，特别是建筑框架结构和建筑中的子框架结构，塑性铰线分析法 (iii) 常用于板。具体设计时，规范规定了如何确定有效跨度和翼缘宽度，以及重要部位的处理、几何缺陷和二阶效应。目前实际分析过程几乎完全由计算机完成，MacLeod[6.4]还给出了一种更好的现代方法。

这里特别要提及桥面板的分析方法。20 世纪 50 年代初期有重型车轮荷载的非常规车辆 (HB) 的出现，促进了基于正交板理论[6.5]荷载分布分析方法的发展，19 世纪 60 年代逐渐被梁格法所替代。表 6－4 对目前使用的各种方法进行了总结，该表取自于文献[6.6]，侧重于评估环境下的结构分析，包括各种标准和建议中的指导和公路部门提供的建议。Clark[6.7]提出了一个更适用于设计的桥梁分析方法。

表 6－4　现有的桥面板分析方法[6.6]

	分析方法	例子
复杂性增加 ↓	简单方法	单位宽度条带方法
	线性数值方法	有限元和梁格法
	上限塑性方法	塑性铰线分析
	非线性数值方法	非线性有限元分析

上述步骤是达到可接受安全性和适用性水平（第 6.3.3 节）整个设计过程的一部分。一般来讲，规范中的弹性设计方法比较保守，而且假定的名义设计荷载可能永远不会达到。该过程包括很多假设（表 6－2），而且实际性能可能与之有很大不同。这可能与力学和截面特性有关，但是边界条件难以确定。一般来讲，支座常假设为铰接或完全固定的，但实际上是介于两者之间，而且难以界定。评估时须将此牢记于心，通过仔细观察支撑条件，包括是否在连续构件支撑中存在严重的裂缝，也必须考虑支座系统的有效性；受弯框架支撑系统边缘附近的支座常发生破坏。支座设计为允许转动且/或不允许纵向运动的形式，常导致产生不可估计的纵向力，严重降低支座的承载力。还应考虑公差和施工方法。例如，对于第 2 章描述的 Pipers Row 停车场，沿柱周边的荷载分布与设计假定的均匀分布相差甚远。结构分析中的一个关键参数是抗弯刚度。在设计中，弹性模量 E 取平均值（表 6－3 和图 6－3）。设计师需要的是能够代表结构整体的平均值。惯性矩 I 的计算基于截面无裂缝和线性应力-应变关系假设。

在评估中，这只是结构分析的出发点，关键问题是劣化使 EI 的有效值发生了多大改变。惯性矩只能根据开裂程度判断，特别是支座处，但也要考虑跨中。得到弹性模量更为困难。另一个方法是，对从破坏和未破坏区域钻取的芯样进行试验时，按照本章下面几节介绍的方法，建立弹性模量与混凝土有效强度的关系。计算控制截面的剩余承载力时，考虑与选定的“与破坏有关的有效单轴强度”相比，平均强度大多少。

对结构详细评估的所有这些意味着什么？由于这会影响分析的深度和复杂程度，很多情况下取决于劣化的性质和程度。不过根据采用的分析方法，应基于以下几点：

实际外加荷载的估计。在作者看来，在任何情况下都应对荷载进行估计，这涉及表6－2中的（2）和（3），而且对荷载分项安全系数 γ_{F1} 有直接影响（第6.3.3节）。

支座固定约束程度的确定。准确确定实际工程中构件支座处的约束程度可能比较困难，然而，由于它对荷载分项安全系数 γ_{F2} 有影响，还是应该进行尝试。但对于比较明确的构件，一般不存在问题，尽管简支的预制构件因支座局部状况常受到一定程度的约束。从本质上讲，分析的目的是确定支撑系统是更接近于铰接还是完全固接。近年来，由于桥梁和建筑细部构造的种类繁多，因此距固定端的比例值会有很大变化，甚至不受劣化的任何影响。如果连续构件支座截面的劣化引起过多裂缝，固支可能会变为简支。

惯性矩的确定。原始设计基本都是按无裂缝截面考虑的，这也是评估中结构分析的出发点。只有当结构破坏很严重（控制截面出现过多裂缝、剥落、分层等）时分析中才应考虑惯性矩的降低。

弹性模量的选取。表6－3为设计中可能使用的弹性模量值，同时表明这些值与平均值而不是特征强度值有关（图6－3）。众所周知，劣化（如碱骨料反应和冻融作用）会降低混凝土的弹性模量，且降低不成比例地大于抗压强度的降低（表5－13和表5－20）。对于其他侵蚀作用（例如硫酸盐侵蚀）也是如此，尽管对降低程度的了解很少（见第4.3.5节，特别是第4.3.5.2节中涉及硅灰石膏的部分）。

确定混凝土弹性模量的一种可行方法是分别从破坏和未破坏的区域钻取芯样。由于在冻融严重或非常严重的条件下弹性模量可能会严重降低（第5.6.3节），所以此时必须确定混凝土的弹性模量。进行分析时应采用弹性模量的平均值。

当不能进行试验但可得到原始设计和施工记录时，可根据表6－3得到弹性模量的近似值。知道原始设计混凝土的28d强度，可估算平均强度值，同时使用规范公式估算28d后的强度增加（表6－3的注1）。允许使用弹性模量计算未破坏混凝土的强度值。对于碱骨料反应，建议弹性模量值的降低按表5－13取用。对于冻融损伤下恶劣和十分恶劣的条件，建议弹性模量的降低取为50%～70%，因为对整体结构需要采用一个平均值。

这些都不是完全科学的方法，需要对一个具体情况的所有方面作出工程判断。不要忽略评估中结构分析的总体目标，即：

1）估计劣化引起的内力和弯矩分布的变化；

2）建立1）与原始设计给出的数据的联系，并比较安全水平的相对值（第6.6.3节）。

6.6 劣化对构件和截面强度的影响概述

在本章的后几节，提出了考虑劣化影响的建议设计公式。这些修正是以校正大量试验数据为基础得到的，其中大部分是在CONTECVET项目实施期间[6.8-6.10]完成的，并按照DETR PIT的方案[6.12]根据Webster的研究[6.11]及英国水泥协会的一份报告进行了补充。

绝大多数结构性能的研究是针对腐蚀和碱骨料反应的，但在对所有相关作用效应的研究上，有的研究较多，有的较少，如考虑腐蚀影响时，对剪切和冲切效应的阐述非常少，而且在用试验数据校正、修改设计模型时还存在一些实际问题。尽管如此，还是可得到大致的结果。本节的目的是对此进行解释。

具体方法是分别讨论每种作用效应，在必要的情况下对具体的劣化机理进行分析。

6.6.1　受弯

试验表明，通常情况下，结构的受弯承载力基本不受劣化影响，除非劣化非常严重。例如，出现大面积开裂或剥落，或超筋构件混凝土的强度显著降低。绝大多数构件是适筋的，在下列假定下，承载力很大程度上由配置的钢筋控制：

—损坏尚未影响粘结和锚固；

—搭接和连接保持有效；

—符合最小箍筋要求。

对于碱骨料反应，仅当自由膨胀大于 6mm/m 时才需考虑受弯承载力的降低，且降低程度一般不大于 25%。Clark[6.13]已经通过估计结构约束应变并将其转换为钢筋应力和钢筋承载力，估算了多位研究者所试验试件的受弯承载力。该计算基于应变协调，同时考虑碱骨料反应引起的预应变，预应变与传统预应力结构预应变产生的方式是相同的。图 6－7 示出了得出的结果。然而，需要强调的是，该方法仅当碱骨料反应的膨胀作用受到如上所述的约束时才有效。

腐蚀破坏的情况类似，仍假定破坏不严重。但在使用修正设计公式时，仍需考虑不同的劣化效应，如第 6.2 节所述，并参考图 6－1，文献［6.12］利用文献［6.9］收集的试验数据对修正的设计公式进行了验证。

文献［6.9］分析使用的构件截面如图 6－8 所示。在修正设计公式时，要对截面进行如下修正：

—因角部混凝土剥落致使受压区减小；

—使用的钢筋面积是测量的截面面积损失的平均值；

—其他所有截面和材料性能保持不变（d，b，f_y，f_{cu}）*。

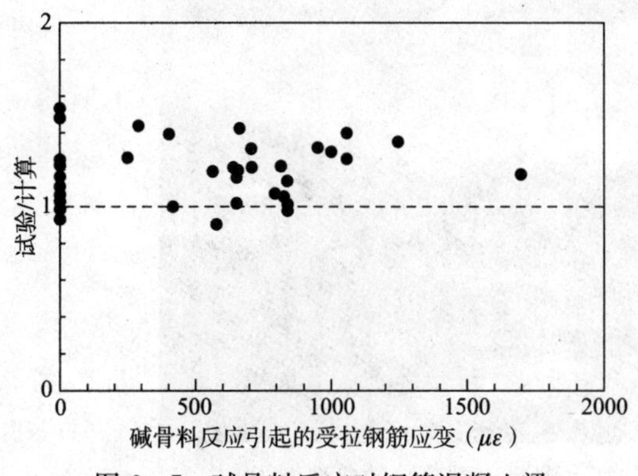

图 6－7　碱骨料反应对钢筋混凝土梁受弯承载力的影响[6.13]

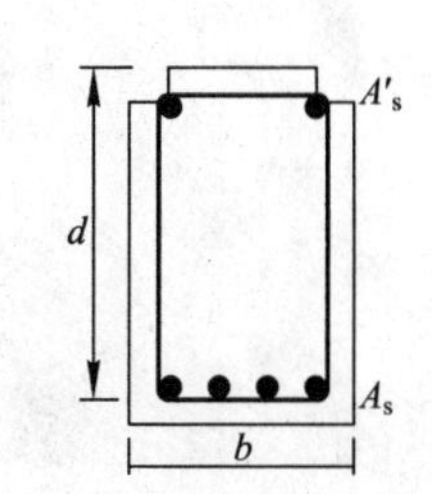

图 6－8　用于校准考虑劣化设计模型的修正截面特性[6.12]

* 分别表示：截面高度、截面宽度、纵向钢筋屈服强度和混凝土立方体抗压强度——译者注。

分析/校准结果如图 6-9 所示。

使用的 10 个对比试件（未腐蚀）的试验值与计算值之比的平均值为 1.053。如果考虑劣化时所作的假设合理，且没有其他二阶效应，那么得到的试验值/计算值之比的平均值相近，数据点以某种分布随机分布在该点附近。然而，从图 6-9 可以看出，随着钢筋腐蚀程度的增加，该比值有逐渐下降的趋势，并不与钢筋截面面积的减小成正比。一个原因可能是由于钢筋截面面积减小的测量比较困难，而且测量是在结构失效之后而不是之前进行的，也可能是由于较大程度的截面减小导致粘结力降低。研究结果证明了使用修正设计模型估计构件受弯承载力的可行性，如果在物理劣化方面的输入数据比较精确，结果会更好。

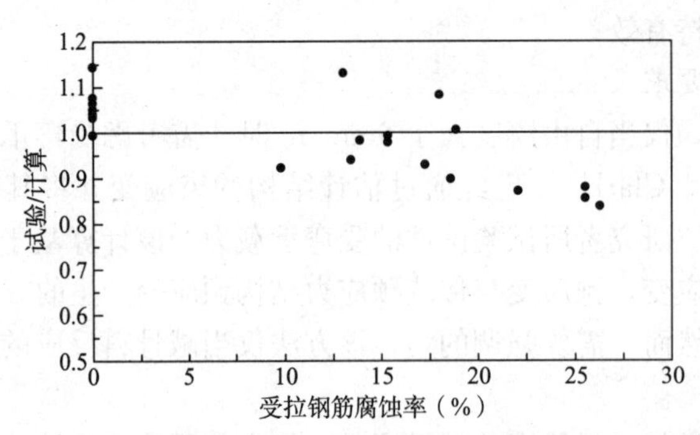

图 6-9 考虑劣化的设计公式的分析/校准结果[6.9,6.12]

作者目前尚未找到可用于进行比较的遭受冻融作用梁的试验数据，所以下面的评述只是基于第 5 章第 5.6 节作出的假定。冻融破坏最有可能发生于混凝土接近完全饱和的平面构件，如板或大型结构（如水坝）。图 6-10 为文献［6.14］中一个停车场的例子。

如果尝试建立与上述碱骨料反应和腐蚀类似的冻融破坏模型，那么考虑引起有效截面损失的一个主要因素是表面混凝土剥落，与图 6-8 腐蚀时的情况相同。对于内部力学损伤，修正图 6-1 中的基本模型时，混凝土强度降低可按表 5-20 确定。

图 6-10 停车场上表面冻融破坏（混凝土剥落）的典型例子[6.14]

6.6.2 受压

受压主要出现在承受轴力或轴力与弯矩组合的柱或墙中。劣化柱的试验研究有限。一些学者在碱骨料反应方面作了一些研究，如 Clark[6.13]、Chana 和 Korobokis[6.15]，受腐蚀钢筋混凝土柱的试验是 CONTECVET 项目[6.9]的一部分。

在详细评估方面存在两个问题，虽然相关但可单独考虑。这两个问题是：

—截面承载力；

—构件性能，主要指有支撑框架或无支撑框架的长细比和功能。

6.6.2.1　截面承载力

在设计中，承载力是柱受压过程中混凝土和纵向钢筋发挥的总承载力，假定纵向钢筋受到锚固良好的箍筋的约束。

对于碱骨料反应，文献［6.15］已经指出，当无约束碱骨料反应膨胀达到 4mm/m 时，承载力大多因混凝土抗压强度下降而降低。那么问题就变为：这一降低应如何估计？

一种常用的方法是研究混凝土的单轴抗压强度，最好的方法是从损坏区和非损坏区分别钻取芯样并进行比较。如果不可行，则可利用表 5－13 的规定进行保守估计。还要考虑在混凝土保护层处膨胀引起开裂，甚至剥落，可能仅是核心区的混凝土强度保持不变。假定箍筋提供的约束仍然有效，那么混凝土将处于三向受力状态，可采用规范的公式考虑这种影响[6.2]。

大体上来说，腐蚀的情况是相似的[6.9]。Clark[6.16]的工作进一步表明，对于低碳钢筋和高强度钢筋，当箍筋间距和主筋直径之比分别大于 44 和 32 时才会出现纵筋压曲而未屈服的情况，前提条件是箍筋保持有效锚固且未受腐蚀（旧结构可能不总是如此）。

估计受压截面承载力的主要内容包括：

—获得混凝土抗压强度的实际值和代表值；

—检查混凝土保护层破坏的性质和范围；

—检查箍筋锚固的有效性时，查看箍筋腐蚀情况。

6.6.2.2　构件性能

柱有细长柱和短柱之分。作为框架结构的有支撑构件或无支撑构件对结构整体稳定性起重要作用。

规范［6.2］考虑了所有情况，并给出了反映不同弯曲形式的长细比和有效长度等的建议。文献［6.17］给出了基于欧洲规范 2 的简化假设，并进一步给出了设计建议。另外还给出了荷载布置的建议，同时提供了有关如何考虑几何缺陷及如何处理受弯支撑体系结构的二阶效应。

计算临界截面的承载力时，上述这些只是初步工作，受压构件才是扮演提高整体稳定性的主要角色。那么，柱劣化后的性能如何呢？

从 CONTECVET 中不同腐蚀程度[6.9]柱的试验结果可以看出，柱的破坏是由混凝土保护层开裂、剥落引起的，个别情况下是由一个或多个箍筋腐蚀失效引起的。由于混凝土的劣化不均匀，局部开裂和剥落也会引起荷载偏心增加，且柱 4 个面上偏心的增加不均匀。因此，除几何缺陷外，分析中还应考虑附加偏心距，为此给出了建议值[6.9]。

根据上述建议，必须对受压构件的实际状况进行评估，包括约束条件、有效长度和长细比，为与初始设计进行比较，须重新进行分析。核心工作是对箍筋的评估，包括其锚固状况及是否存在局部腐蚀。如果核心混凝土未受损伤，那么结构整体性能（包括强度和稳定性）则不会受到严重影响，尽管实际性能可能与设计时的假设不同。

6.6.3 受剪

6.6.3.1 历史和展望

用 Mörsch 首次提出的定角桁架模型解释钢筋混凝土构件的抗剪性能已有 100 多年的历史。Mörsch 提出用 45°角桁架模型对钢筋混凝土梁进行设计，所有剪力均由抗剪钢筋（箍筋和弯起筋）承担。这是 20 世纪 60 年代之前所有规范设计模型的依据。1961 年发表了“Stuttgart 剪切试验”[6.18]以及 Regan[6.19]提到的英国抗剪研究小组的研究成果。该研究表明，有箍筋构件的受剪承载力大于用 45°角桁架模型计算的值，并通过在抗剪箍筋承担的剪力的基础上考虑混凝土承担的剪力说明了这一点。这种分别计算混凝土和箍筋的抗剪作用然后相加的做法在英国延续了 30～40 年，见文献［6.20］。

不同的英国规范计算混凝土的抗剪作用时采用的公式不同，但本质上都是根据经验确定并由试验数据验证的，不像受弯公式那样是根据基本原理建立的，对于劣化的情况，这使得对公式进行修正非常困难。

随着研究的深入，对无箍筋构件性能的认识越来越清晰。Taylor[6.21]首先提出无箍筋构件抗剪强度的构成，如表 6-5 所示。

Chana[6.22]做了进一步的工作，对表 6-5 中所列的 3 个应变分量进行了详细的记录，大致证实了 Taylor 的发现（但销栓作用的影响稍大）。破坏始于销栓劈裂裂缝，这表明销栓作用与骨料咬合是相互依赖的，即销栓作用是两种分量协同工作的必需条件，因此销栓作用对无箍筋梁的抗剪非常重要。对于遭受腐蚀的情况，在较低的荷载下沿受拉钢筋的开裂可能先于销栓劈裂裂缝的出现。计算劣化的无箍筋梁的抗剪强度时，所有研究都强调了受拉钢筋锚固和粘结的重要性。

表 6-5　不同机制对混凝土抗剪强度的相对贡献[6.21]

抗剪机制	对构件抗剪强度的贡献（%）
受压混凝土	20～40
纵向受拉钢筋的销栓作用	15～25
沿主剪切裂缝骨料的咬合	30～50

同时，在过去的几十年中，抗剪设计方法不断发展。变角桁架模型取代了固定角为 45°的桁架模型。该模型是 Regan 提出的[6.23]，现已为欧洲规范 2 采用。最近建议将该模型用于桥梁评估[6.24]。加拿大和北美引领着修正压力场理论的发展，提供了一个可为抗剪试验验证的基本模型[6.25,6.26]。

本节前言的目的是强调绝大多数规范中的抗剪设计方法在很大程度上是由经验得到的，而且在用于劣化构件评估时，简单修正传统规范公式的可行方法是使用替代模型。本书主要包括：

—45°角桁架模型，增加了混凝土和箍筋的贡献；

—变角桁架模型，同样增加了混凝土和箍筋的贡献；

—修正压力场方法。

针对具体情况考虑使用哪种模型时，有必要通过已有的试验数据分析劣化对抗剪性能和强度的影响。

6.6.3.2　碱骨料反应对抗剪性能的影响

从结构上讲，存在两种与碱骨料反应作用有关的因素。第一，混凝土强度的损失；第二，反应膨胀产生拟预应力作用，内部（配筋）和外部（相邻构件）钢筋对膨胀产生约束作用。碱骨料反应对构件抗剪强度有潜在危害，直接受影响的是混凝土的性能，间接受影响的是个别情况下粘结和锚固性能的降低，从而降低销栓作用（表6-5）。但有时也有好处，如果产生了约束作用，即可对约束膨胀进行估计。

Chana 和 Korobobis[6.27]进行了有箍筋和无箍筋梁的试验，与 Cope 和 Slade[6.28]所做的试验类似。一般来说，碱骨料反应对有箍筋梁的受剪承载力似乎没有影响。对纵向钢筋为带肋钢筋的无箍筋梁，承载力降低20%～30%，而对纵向钢筋为光圆钢筋的无箍筋梁则降低15%～25%。承载力降低后仍然大于使用规范的45°固定角桁架模型的估计值。在研究碱骨料反应对结构的隐含影响时，Clark[6.16]建议估计钢筋混凝土构件的受剪承载力时将其看作预应力，并建议使用单轴混凝土强度，但考虑50%的由碱骨料反应产生的预应力。图6-11示出了他采用该方法得到的结果，给出离散试验数据一个比较合理的下限，尽管随着膨胀的增加该预测可能变得不安全。总之，在英国进行的绝大多数工作都涉及与基于45°角桁架模型规范公式得出的计算结果的比较，同时考虑了混凝土和抗剪钢筋的贡献。如果考虑因碱骨料反应造成的单轴混凝土强度降低，在混凝土对抗剪的贡献中，可得到剩余受剪承载力合理的保守估计，条件是碱骨料反应没有导致：

—受拉钢筋丧失粘结和锚固；

—裂缝或剥落造成混凝土截面显著减小。

作者未能找到涉及其他类型膨胀作用或冻融作用的有关受剪承载力的参考数据。然而，一般来说，受弯对结构性能的影响与碱骨料反应对结构性能的影响类似，这里给出的方法是评估的基本出发点。

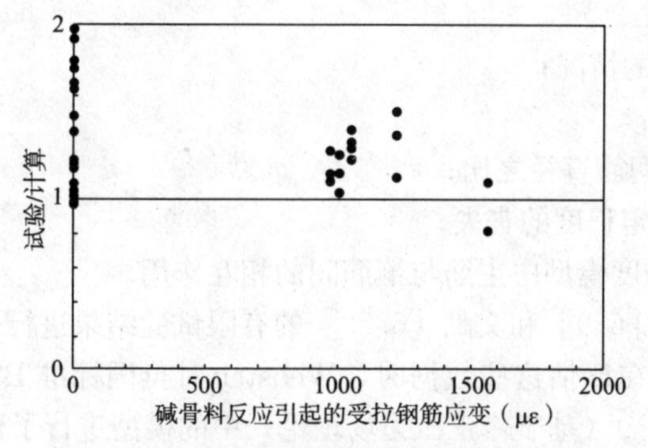

图6-11　碱骨料反应对钢筋混凝土梁抗剪强度的影响（Clark[6.16]）

6.6.3.3 腐蚀对抗剪性能的影响

像碱骨料反应（第6.6.3.2节）这样的膨胀作用对结构受剪承载力的主要影响是混凝土单轴抗压强度的下降，在极个别情况下，当受拉钢筋的粘结锚固受到影响时，销栓作用对强度的贡献也下降。随着腐蚀的发展，粘结和锚固的降低也成为关键因素（受到腐蚀产物的膨胀作用）。其他的因素是主筋或箍筋截面面积的减小。表6-6对这些影响进行了汇总。

表6-6 腐蚀对受剪承载力的可能影响

	构件	腐蚀的可能影响
混凝土的贡献	受压混凝土	因混凝土剥落造成构件截面减小
	锚固作用	因钢筋截面面积减小和出现顺筋裂缝引起粘结性能下降
	骨料咬合	受拉钢筋对剪切裂缝的约束作用减弱
箍筋的贡献		箍筋截面面积减小，通常角部的箍筋最先受到腐蚀，箍筋承担的剪力不一定与腐蚀成比例降低

尽管腐蚀是结构混凝土的主要劣化机理，但得到的腐蚀试验数据少于碱骨料反应。本节利用文献［6.9］和文献［6.29］中的资料，根据文献［6.11］和文献［6.12］作的评估进行阐述。最近，文献［6.24］列出了威斯敏斯特大学的系列工作报告（并未全部公开出版），文献［6.30］重点研究了构成有效锚固的关键因素，并将有限元分析结果与试验数据进行了比较。

CONTECVET手册[6.9]收集的试验资料是针对配置变形钢筋的有箍筋梁的，剪切破坏形式如图6-12所示。图6-12（a）示出了一条沿受压钢筋延伸的主剪切裂缝，图6-12（b）也出示了一条主剪切裂缝，但该裂缝明显受粘结破坏的影响。

该项目中，对腐蚀造成的螺纹钢筋的截面损失进行了测量。在与规范公式计算结果进行比较时，假定各种因裂缝和剥落引起的混凝土截面损失，按修正的欧洲规范2[6.2,6.17]方法计算得到的结果如图6-13所示。可以发现，仅当按所有箍筋的保护层均已脱落进行计算时，才能得到一致的保守估计。

使用专门的设计公式并假定钢筋截面损失量已知，图6-12和图6-13阐述的方法有助于得出受剪承载力的可能范围。但在有箍筋的情况下，该方法仅限于使用变形钢筋的情况。为扩大使用范围，有必要考虑：

—无箍筋的情况；

—主筋为光圆钢筋的情况；

—下面的可能影响：

(i) 保护层厚度与钢筋直径之比；

(ii) 粘结锚固有一定程度的丧失；

(iii) 修正的抗剪强度模型中主筋与箍筋间的相互作用。

Webster基于文献［6.9］和文献［6.29］的有限试验结果进行分析[6.11]，提出了上述各种情况的指导方法。在评估这些数据时，Webster对英国标准BS 8110[6.20]、欧洲规范EC2[6.2]和加拿大规范[6.31]（基于修正压力场理论）中的模型进行了比较，并提出了对不同评估情况选用适合模型的建议。他的研究得出如下主要结论：

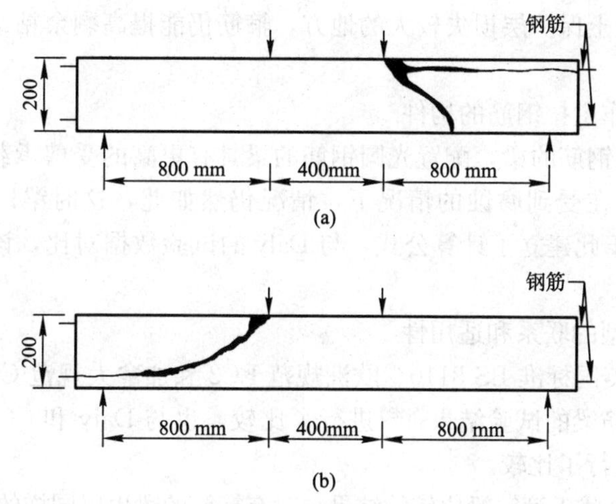

图 6-12　CONTECVET 项目[6.9]中 Geocisa 得到的剪切破坏

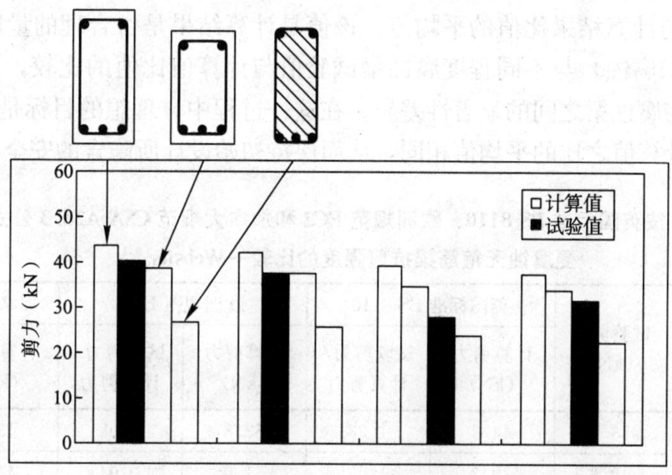

图 6-13　基于 CONTECVET[6.9]中不同的混凝土截面损失假定，试验与按欧洲规范 2 中的方法计算的受剪承载力比较

1）无箍筋的构件

（a）发生腐蚀后，混凝土保护层厚度与钢筋直径之比（c/d）对受剪承载力有重要影响。

（b）销栓作用是一个重要因素，因为在腐蚀条件下，销栓作用的影响依赖最终的锚固粘结状况。

（c）评估混凝土对抗剪强度的贡献时，有必要确定受拉钢筋的有效面积。

（d）要考虑腐蚀对混凝土贡献的影响，这需对一般的规范公式进行修正以考虑 c/d 和受腐蚀情况的粘结强度与设计假设粘结强度之比的影响。

2）有箍筋的构件

（a）箍筋对抗剪有贡献，该贡献可看做是混凝土贡献的一部分。保守地说，可通过减小箍筋面积考虑箍筋腐蚀的程度。实际上，箍筋腐蚀可能首先发生于弯曲屈服处，而剩下的肢在某种程度上仍起作用。

(b) 即使是混凝土保护层损失较大的地方，箍筋仍能提高剩余粘结强度，因此对抗剪强度有帮助。

3) 以光圆钢筋作主拉钢筋的构件

相对于配置带肋钢筋的梁，配置光圆钢筋的梁具有更高的受剪承载力。如果端部弯钩保持完好，那么即使在受到腐蚀的情况下，情况仍然如此，这时梁以浅平拱的形式起作用。Webster[6.11]基于此建立了计算公式，与Daly的试验数据对比，该公式给出了合理的计算结果。

4) 不同规范模型的联系和适用性

Webster[6.11]将英国标准BS 8110、欧洲规范EC2和加拿大规范CSA A23.3模型的计算结果与Daly无箍筋梁的试验结果[6.29]进行了比较，也与Daly和CONTECVET[6.9]中有箍筋梁的试验结果进行了比较。

表6-7示出了这些无箍筋梁比较的结果，对有箍筋的梁也以同样的表给出了比较结果。

在分析这些比较结果时，人们关心两个方面的因素：

· 试验结果与计算结果比值的平均值，该值是计算结果是否合理的量度；

· 对比梁（未腐蚀）与不同程度腐蚀梁试验值与计算值比值的比较，从中可看出是否考虑了未腐蚀梁与腐蚀梁之间的显著性差异。在这一过程中，理想的目标是使未腐蚀梁与腐蚀梁的试验值与计算值之比的平均值相同，从而保持初始设计所隐含的安全界限。

表6-7 按英国标准BS 8110、欧洲规范EC2和加拿大规范CSA A23.3公式计算的受腐蚀无箍筋梁抗剪强度的比较—Webster[6.11]

梁	腐蚀率(%)	试验剪力(kN)	英国标准BS 8110		欧洲规范EC2		加拿大规范CSA A23.3	
			计算剪力(kN)	试验剪力/计算剪力	计算剪力(kN)	试验剪力/计算剪力	计算剪力(kN)	试验剪力/计算剪力
TS12/0	0.0	56.9	44.3	1.28	52.8	1.08	43.2	1.32
TS12/1	4.3	48.6	39.7	1.23	51.9	0.94	44.5	1.09
TS12/2	21.5	39.0	33.5	1.16	48.5	0.80	44.2	0.88
TS12/3	21.5	45.8	33.5	1.37	48.5	0.94	42.2	1.09
TS24/0	0.0	53.5	43.2	1.24	51.3	1.04	41.1	1.30
TS24/1	4.5	51.6	43.2	1.19	50.4	1.02	40.9	1.26
TS24/2	14.4	50.0	40.9	1.22	48.5	1.03	39.5	1.27
TS24/3	21.5	46.2	36.9	1.25	47.1	0.98	39.2	1.18
TS36/0	0.0	47.9	42.1	1.14	49.6	0.97	39.5	1.21
TS36/1	3.8	51.2	42.1	1.22	49.1	1.04	38.1	1.34
TS36/2	14.1	49.7	42.1	1.18	47.0	1.06	36.6	1.36
TS36/3	17.9	48.7	41.3	1.18	46.3	1.05	36.2	1.35
对比梁			平均值	1.22	平均值	1.03	平均值	1.28
			标准差	0.123	标准差	0.075	标准差	0.057
			变异系数	6.16%	变异系数	5.56%	变异系数	4.47%

续表

梁	腐蚀率（%）	试验剪力（kN）	英国标准 BS 8110		欧洲规范 EC2		加拿大规范 CSA A23.3	
			计算剪力（kN）	试验剪力/计算剪力	计算剪力（kN）	试验剪力/计算剪力	计算剪力（kN）	试验剪力/计算剪力
受腐蚀梁			平均值	1.22	平均值	0.99	平均值	1.20
			标准差	0.061	标准差	0.082	标准差	0.158
			变异系数	4.98%	变异系数	8.32%	变异系数	13.19%
所有梁			平均值	1.22	平均值	1.00	平均值	1.22
			标准差	0.075	标准差	0.061	标准差	0.141
			变异系数	4.99%	变异系数	7.68%	变异系数	11.59%

进行比较时，除采用减小的钢筋面积以考虑试件的腐蚀外，Webster 使用的是未修正的欧洲规范 EC2 和加拿大规范 A23.3 的公式。另一方面，对于英国标准 BS 8110 的公式（45°角桁架模型），引入修正系数反映锚固有效的受拉钢筋面积的可能减小。

在英国标准 BS 8110[6.20]的表 3－8 中，混凝土设计剪应力的公式包括下面的系数：

$$\left(\frac{100A_s}{bd}\right)^{1/3}$$

式中　A_s——有效锚固纵向受拉钢筋的面积；

b——截面宽度；

d——受拉钢筋的有效高度。

Webster 的建议是用 $A_{s,eff}$ 代替 A_s，A_s 为受腐蚀梁中受拉钢筋的有效面积。他考虑了 3 个变量：受拉钢筋的腐蚀量、c/d 的值和钢筋腐蚀后的粘结强度。基于全部试验数据的分析，提出了下面的公式：

$$\frac{A_{s,eff}}{A_s}=0.8\left(\frac{c}{d}\right)^{1/3}\frac{f_{b.corr}}{f_b}$$

式中　$A_{s,eff}$、A_s、c、d——定义同前；

f_b——未腐蚀受拉钢筋的粘结强度，按规范计算；

$f_{b.corr}$——腐蚀受拉钢筋的粘结强度，按第 6.6.5 节计算。

表 6－7 就是基于这一修正得到的。可以看出，对于对比梁和受腐蚀的梁，使用这种方法得到的平均值基本是相同的，但后者的变异系数要高。

对比梁和受腐蚀梁受剪承载力试验结果与利用欧洲规范 EC2 公式得到的结果的比值平均值最佳，受腐蚀梁的变异系数变大。计算中少数梁处于不安全状态。加拿大规范 CSA A23.3 公式的计算结果更偏安全，但对于受腐蚀的梁，变异系数明显较大。

表 6－7 表明，这 3 个规范的公式一般可用于计算无箍筋梁的抗剪强度，同时也表明，如果能得到更多的有效试验数据，则能进一步提高计算精度。

同样，对配置箍筋梁的比较得到相似的结论，但试验值与计算值之比的平均值更接近于 1.0，且变异系数更大。事实上，对于欧洲规范 EC2 的公式，受腐蚀梁的试验值与计算值之比的平均值小于 1.0，这表明需要对公式进行修正。如果有抗剪箍筋，计算结果通常有更大的变异性，这可能是箍筋腐蚀程度的变化引起的，并取决于腐蚀发生的位置。

对于配置光圆钢筋的梁，如之前 Webster 的研究结论 4，表现出比配置带肋钢筋的同种梁更高的受剪承载力。这可能是由于拉杆拱的作用，如图 6-14 所示。

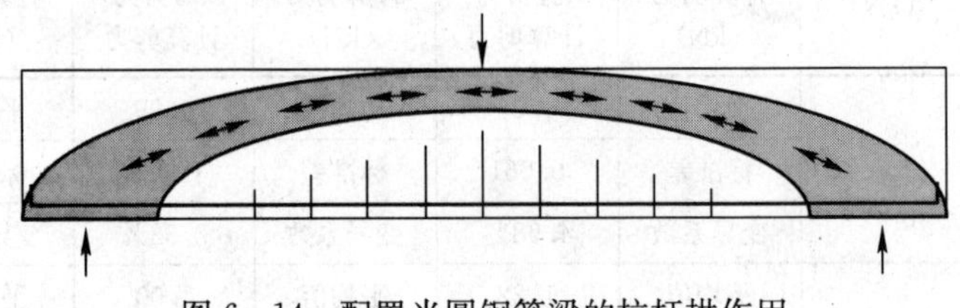

图 6-14　配置光圆钢筋梁的拉杆拱作用

拉杆拱作用产生的条件是受拉钢筋的锚固必须可靠，并能够使钢筋达到屈服强度。通常情况下，受剪承载力依赖于将受拉钢筋的力传递到混凝土中的粘结强度。随着粘结强度的降低，传力能力下降直至平截面不再保持平面，例如光圆钢筋，受腐蚀的光圆钢筋更是如此，之后图 6-14 所示的荷载传递机制开始发挥作用。实际上，存在常规荷载传递和拉杆拱的混合作用，并逐步向后者发展，因为腐蚀的影响变得更加显著。

Cairns 观察到了这种现象[6.32]。试验梁中，受拉钢筋的暴露长度不同，即非有效拉结。暴露长度越长得到的受剪承载力越高，Cairns 建议用拱作用来解释这种现象。Webster 在理论上发展了该方法，并与 Daly 的试验数据进行了比较。他认为从有足够的拉结到完全无粘结的状态，拱作用构件的抗剪强度在 40%的范围内变化，但端部应具有足够的锚固强度以使受拉钢筋屈服。

这里介绍的拱作用是为配置光圆钢筋的梁提出一种可能的处理方法，采用规范的传力模型计算得到的承载力比理论上要求的承载力小。传统的规范模型得到的结果比较保守，如果可保证充分的锚固，就能得到更为合理的估计。

6.6.4　受冲切

这里要处理的是平面构件而不是线形构件。第 2.5.1 节论述了 Pipers Row 停车场坍塌的情况，研究表明破坏是由多种因素导致的，其中冻融作用是主要劣化机制。最终劣化的范围和深度导致受拉钢筋丧失粘结和锚固，从而使得抗冲切强度严重降低及内力失衡。

在评估劣化结构的剩余承载力时，缺乏估计现有设计公式有效性的试验数据。通过研究设计公式的特点并结合传统抗剪理论的思路是可行的。

欧洲规范 2[6.2,6.17]把重点放在了确定临界冲切截面和如何处理荷载偏心上。这两个特点在评估中核实已建结构的条件也是非常重要的，从而为外加剪力的分布提供一个切合实际的估计。

或许最普遍的情况是无抗冲切钢筋的板。对于这种情况，规范给出了计算抗冲切强度的公式，若冲切力低于抗冲切强度设计值，则不需布置抗冲切钢筋。最近增加的公式允许考虑抗冲切钢筋提供的抗冲切强度。公式中的基本变量有：

- 混凝土圆柱体抗压强度特征值 f_{ck}，实际中使用 $(f_{ck})^{1/3}$；
- 距柱表面规定距离内垂直受拉钢筋的数量。

这为评估要考虑的因素提供了依据。如果劣化的性质和范围引起结构内部力学损伤（如冻融、碱骨料反应、硫酸盐侵蚀），那么应采用减小的 f_{ck} 值，如第6.3.2节所述（尽管对碱骨料反应，有限的试验数据表明[6.33]，如果自由膨胀小于6mm/m，膨胀的预应力作用可在一定程度上弥补混凝土强度的降低）。如果与表面剥落和/或裂缝有关的内部力学损伤严重，那么受拉钢筋的粘结和锚固将会受到影响。因为钢筋的作用对保持内部抗冲切机制的平衡十分重要，所以发生腐蚀时应检查粘结和锚固情况。

6.6.5　粘结和锚固

6.6.5.1　背景

建立受弯、受剪和轴压构件设计公式的基本假定是：钢筋及周围混凝土的应变相同，即保持理想的粘结状态。规范要求验算粘结强度，当给出粘结应力计算公式后，习惯做法是用钢筋直径的倍数规定受拉、受压钢筋的极限粘结锚固长度和搭接长度。英国标准BS 8110[6.20]的表3－27是该规定的典型例子。目前已不再对弯曲裂缝间的局部粘结强度进行验算。

钢筋通常包括光圆钢筋和变形钢筋。目前多使用各种形式的带肋变形钢筋。过去光圆钢筋使用较为普遍，也使用人字纹变形钢筋。光圆钢筋依靠粘结力和摩擦力保持粘结，而变形钢筋除此之外还依靠机械咬合力。文献中给出的粘结力大小与所采用的试验方法（通常采用拔出试验或使用设计的试件来模拟实际结构构件的应力）有关，所给出的粘结力试验结果总是存在着相当大的离散性。光圆钢筋因从混凝土中拔出而失效，引起的局部破坏很小，而带肋钢筋往往因为引起混凝土纵向劈裂而失效。如所想象的，变形钢筋具有较高的粘结强度。

充分的试验数据可用来说明实际中粘结强度受那些参数影响。表6－8给出了Webster[6.11]对影响参数分析的总结。规范中并没有明确考虑全部因素的影响，极限粘结强度公式为：

$$f_b=\beta\sqrt{f_{cu}}$$

式中　f_b——极限粘结强度；

f_{cu}——混凝土抗压强度，通常取特征值（表6－3）；

β——取决于钢筋品种的系数。

表6－8　不同参数对未腐蚀钢筋粘结强度的影响—Webster[6.11]

参数	对粘结强度的影响	适用于	
		光圆钢筋	带肋钢筋
保护层厚度与钢筋直径之比（c/d）	粘结强度随 c/d 的增加而增加直至极限值达到2.5，之后不再增加。如保护层厚度较大，钢筋趋于拔出而不是使混凝土劈裂		√
箍筋	箍筋为纵筋周围的混凝土提供了约束，并与可能的裂缝面相交，从而达到较高的粘结强度		√

续表

参数	对粘结强度的影响	适用于	
		光圆钢筋	带肋钢筋
钢筋位置	构件上部钢筋的粘结强度比下部的低。上部钢筋周围的混凝土不像下部钢筋周围的混凝土那样密实，且塑性沉陷会导致粘结强度下降	√	√
混凝土抗拉强度	c/d 值小时，粘结强度随保护层混凝土抗拉强度的提高而提高	√	√
钢筋锚固长度	钢筋嵌固在混凝土的实际长度超过需要的长度越多，粘结承载力越高（达到屈服或滑移）	√	√
外加正应力	构件支座处的外加应力提供了约束作用并限制了劈裂裂缝，从而提高了粘结强度	√	√
销栓作用	因剪力传递过程中的销栓作用，增加了纵向劈裂的可能性，因此减小了粘结强度	√	√

表 6-9 给出了英国标准 BS 8110[6.20] 使用的适用于不同品种钢筋的 β 值，包括纤维。该值包括一个大小为 1.4 的安全分项系数，并假定符合最小配箍要求。虽然文献中有大量的粘结试验资料，但是英国标准 BS 8110 中有关粘结的规定主要是以 Reynolds[6.34] 和 Tepfers[6.35] 的研究成果为基础的。

作者的观点是，构件劣化处钢筋的粘结和锚固在评估中起着重要作用，相比于常规的设计，需要给予更多的关注。有两个方面的原因：

(1) 需要评估一般的劣化特别是腐蚀对粘结的实际影响，以及设计公式如何在评估中应用的影响；

(2) 需要尝试对表 6-8 中的参数进行估计，其中大部分参数为传统设计公式隐含的粘结强度提供了有利作用。

第 6.6.5.2 节描述了进行的上述分析，侧重于腐蚀引起的劣化，之后简要介绍影响混凝土性能的其他腐蚀机制。

表 6-9　粘结系数 β 的建议值（BS 8110）[6.20]

钢筋品种	β	
	受拉钢筋	受压钢筋
光圆钢筋	0.28	0.35
第 1 种变形钢筋	0.40	0.50
第 2 种变形钢筋	0.50	0.63
纤维	0.65	0.81

6.6.5.2　腐蚀对粘结和锚固的影响

尽管可从文献中得到相当多的试验数据，但这些数据缺乏一致性和真实性，这是因为：

(1) 使用不同的粘结试验试件，范围从拔出试验到梁试验；

(2) 使用不同的腐蚀率。通常采用加速腐蚀方法进行腐蚀试验，这并不能代表实际情况；

(3) 试验采用的混凝土保护层厚度与钢筋直径比 (c/d) 大多数高于实际中使用的值；

(4) 一些试验数据所涉及的试件在腐蚀条件下未产生裂缝。在这种情况下，腐蚀产物的膨胀压力增强了对钢筋的约束，相对于未腐蚀钢筋的试验，得到的粘结强度要高。只是当出现裂缝时粘结强度才趋于减小。

与无腐蚀的情况相比，所有因素的综合效应使得试验数据更加离散。不过，仍然可看出总的趋势。表6-10和表6-11给出了Webster对这些结论的总结。表6-10强调区分腐蚀发生后保护层开裂前和开裂后阶段，表6-11分析了不同参数对粘结强度的影响。与表6-8相比，反映了受腐蚀和无腐蚀情况的不同。

显然，在分析无腐蚀和受腐蚀情况的不同时，其中的一些参数更加重要。当用于对评估的方法进行修正时，为使用表6-8～表6-11的信息，有必要将关键的参数进行分离，并明确其影响。首先考虑无箍筋的情况，相关参数为：

—混凝土保护层厚度与钢筋直径之比 (c/d)；

—混凝土抗拉强度；

—腐蚀量和腐蚀率；

—是否因腐蚀出现裂缝。

发生腐蚀时，钢筋品种的影响似乎相对较小，但也要考虑。箍筋的贡献可以单独考虑。

在分析获得的试验数据时，Webster[6.11]主要关注了CONTECVET项目和伯明翰大学[6.36]的研究结果，因为用两者的数据得到的公式是一致的，公式考虑了上面列出的主要参数。对两者研究采用的腐蚀速率是实际中通常出现的，研究结果大致相同，如图6-15所示，其中 R_b 为受腐蚀钢筋和未腐蚀钢筋的粘结强度之比，腐蚀率为纵筋截面面积的损失。图中示出了两项研究所采用的腐蚀速率，结果大致相同，但应注意有粘结情况下试验数据的离散性。

表6-10　按对粘结强度的影响划分的腐蚀阶段

阶段	典型性能
未腐蚀	与设计规范中假定的性能相同
开裂前	膨胀的腐蚀产物受到周围混凝土的约束，腐蚀引起对钢筋的附加约束。钢筋表面的轻度锈蚀增大了摩擦力。这两种效应组合起来提高了粘结强度，提高值可达未腐蚀值的1.5倍
开裂阶段	第一条裂缝出现时，许多约束丧失，粘结强度从开裂前的峰值点下降。光圆钢筋似乎比带肋钢筋的下降程度更大。粘结强度为试验中观测的未腐蚀强度的0.9～1.2倍
开裂后	观察发现，粘结强度随腐蚀的增大而降低。随着变形钢筋肋的腐蚀，其与光圆钢筋不再有明显的区别。一些试验表明，腐蚀率达到8%时剩余粘结强度为未腐蚀情况的0.15倍。然而，一些其他试验表明，腐蚀率为25%时的剩余粘结强度为未腐蚀情况的0.6倍（腐蚀速率较低）

表6-11　各参数对粘结强度的影响—受腐蚀钢筋（与表6-8中的无腐蚀钢筋相比）

参数	对粘结强度的影响
保护层厚度与钢筋直径之比 (c/d)	c/d 的增大一般会延长混凝土开裂和粘结强度损失的时间。在较低的腐蚀率下 c/d 的增大可提高粘结强度，但腐蚀率较高时粘结强度逐渐趋于定值
箍筋	相对于未腐蚀的构件，箍筋对受腐蚀的构件提供了更大帮助。有箍筋时的粘结强度保持为未腐蚀情况的70%～80%，而无箍筋时保持为20%～30%

续表

参数	对粘结强度的影响
钢筋位置	混凝土开裂后，上部和下部钢筋的粘结强度相近，即下部钢筋的粘结强度下降比上部钢筋更大
混凝土抗拉强度	粘结强度随抗拉强度的增大而增大
腐蚀率	腐蚀率增大会先导致粘结强度提高。在同等程度的腐蚀下，腐蚀率的进一步增大则会导致粘结强度下降
钢筋品种	相比于光圆钢筋，裂缝出现时，带肋钢筋的粘结强度略有下降。裂缝出现后，带肋钢筋的粘结强度下降程度更大。带肋钢筋似乎在很轻的腐蚀下就会引起混凝土开裂

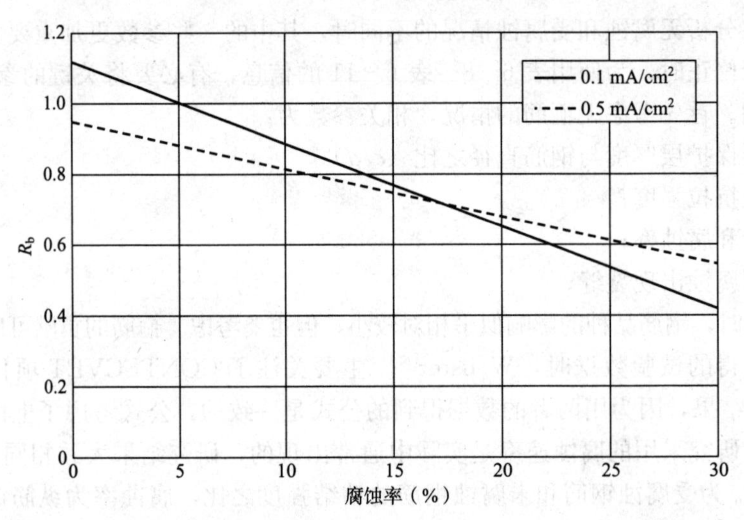

图 6-15　主筋截面损失对锈蚀和未锈蚀粘结强度比 R_b 的影响[6.9,6.36]

分析试验数据的过程中，Webster[6.11]以 Tepfers[6.5]的研究成果为依据，并基于线性回归进行了分析，得出了腐蚀影响的修正系数，同时他还考虑了腐蚀量和腐蚀速率的影响。得出与5%特征值对应的下限粘结强度表达式为：

$$f_b=(0.31-0.015A_{corr})(0.5+c/d)f_{ct} \tag{A}$$

式中　f_b——腐蚀后的粘结强度（N/mm^2）；

A_{corr}——腐蚀钢筋的损失面积（mm^2）；

c/d——混凝土保护层厚度与钢筋直径之比；

f_{ct}——混凝土劈拉强度（N/mm^2）。

图 6-16 表明，上述公式给出了无箍筋约束时带肋钢筋试验数据的一个合理下限值。实际中使用这种基于有限数据的公式总是有风险的，但该公式较好地考虑了主要的变量。

对于受腐蚀的带肋钢筋，剩下的问题是配置的箍筋可在多大程度上提高粘结强度。没有必要充分了解其中所包含的机理，从试验数据中可得到证明，配置箍筋具有重要作用。图 6-17 为引自 CONTECVET 数据库的两个不同腐蚀程度的曲线，其中水平轴为箍筋的力学配筋率。然而，数据有限且不是线性增大的。

英国标准 BS 8110[6.20]规定，当未腐蚀钢筋的最小配箍率为 $0.2\sqrt{f_{cu}}$时，允许提高钢筋粘结强度。从有限的 CONTECVET 试验数据库来看，在一定的腐蚀水平下，钢筋粘结

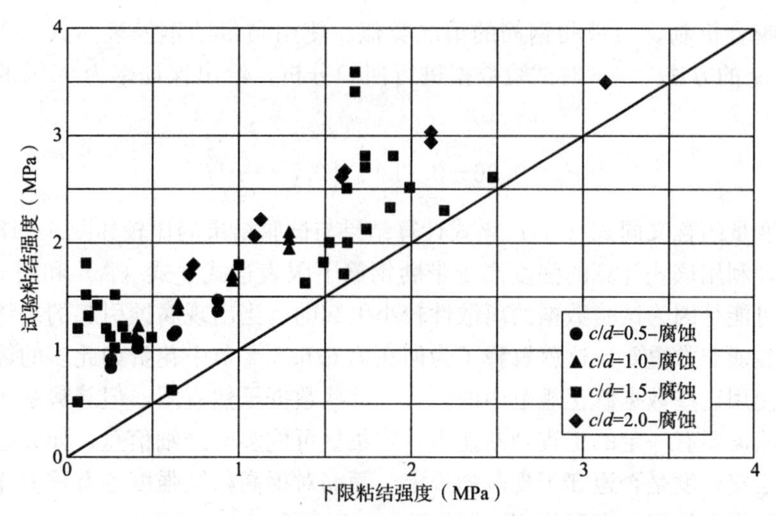

图 6－16　无箍筋构件中锈蚀带肋钢筋计算粘结强度下限值与试验结果的比较

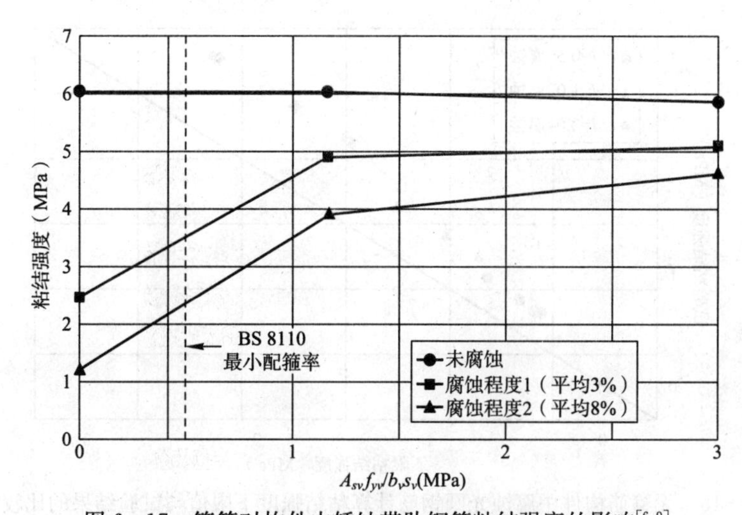

图 6－17　箍筋对构件中锈蚀带肋钢筋粘结强度的影响[6.9]

强度的下限值取为 1N/mm² 的是合理的。对配置更多箍筋的情况，可以采用根据 Reynolds 的研究[6.34]所提出的方法，他建议箍筋提高的粘结强度用下式计算：

$$f_{\mathrm{b.\,link}}=\frac{kA_{\mathrm{sv}}}{s_{\mathrm{v}}d}$$

式中　$f_{\mathrm{b.\,link}}$——箍筋对粘结强度的额外贡献；

A_{sv}、s_{v}——箍筋面积和间距；

d——纵向钢筋直径；

k——系数。

对于腐蚀的情况，系数 k 必须从文献数据中得到，目前这方面的数据尚不多，因此建议使用上述规范采用的保守方法。

对于光圆钢筋，试验数据有限[6.36]，所以只能作出预测性的结论。腐蚀发生后，c/d 值是一个关键的参数，这不同于无腐蚀钢筋的情况。不难想象，这是因为腐蚀产物产生了某种形式的咬合机制，与带肋钢筋的情况类似。使用与带肋钢筋表达式（A）相同的方法，即 Tepfer 的方法[6.35]，对试验数据进行回归分析，给出保证率为 95%的特征值，即式（B）：

$$F_b=0.36-0.11A_{corr}\left(0.5+\frac{c}{d}\right)f_{ct} \tag{B}$$

式中各变量的含义同式（A）。该式计算结果与试验结果的比较如图 6-18 所示。

实际上，利用该式计算的强度高于带肋钢筋下限表达式［式（A）和图 6-16］计算的结果，这可能是因为试验数据的离散性较小引起的。当出现腐蚀引起的裂缝时，粘结和锚固对结构性能非常重要，这就解释了为何在第 6.6.5.2 节中花费如此多的篇幅来分析试验数据，并使用这些数据修正规范中的公式。这些数据虽然有限，但趋势是正确的。实际中使用该方法需要有一定的工程判断能力并收集尽可能多的详细信息，如裂缝的范围、位置及锚固和搭接长度是否遵守了规范的规定。箍筋对提高粘结强度也有重要作用，如同支座反力产生的横向约束的有利作用。

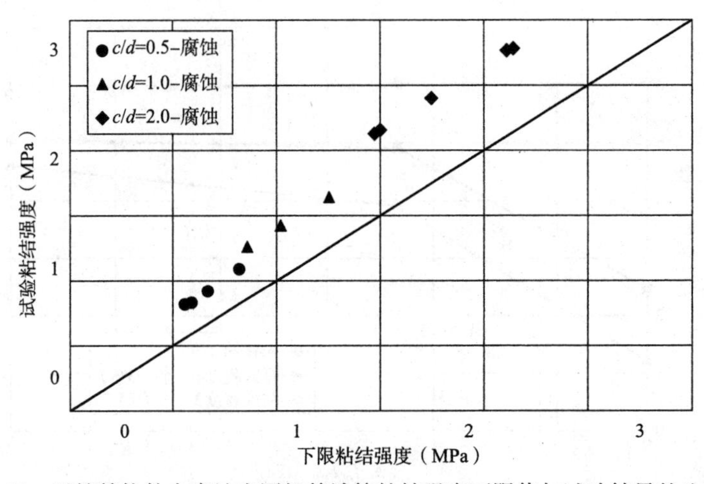

图 6-18 无箍筋构件中腐蚀光圆钢筋计算粘结强度下限值与试验结果的比较[6.36]

6.6.5.3 膨胀对粘结和锚固的影响

作者的工作经验主要涉及碱骨料反应和冻融作用，以 CONTECVET 指南为基础[6.8,6.10]。

开裂和剥落很大程度上取决于损伤的范围和程度。对于严重损伤的情况，混凝土保护层严重剥落处的粘结和锚固能力下降（如同腐蚀的情况），结构性能将主要取决于钢筋品种、混凝土保护层厚度与钢筋直径之比及是否有箍筋。

对于损伤不严重的情况，粘结强度下降主要是由混凝土力学性能下降引起的，如规范中的粘结公式所反映的。表 5-20 给出了冻融作用的相应值，包括由试验得到的粘结强度值。

在实践中，有必要区分有箍筋和无箍筋的情况。下面给出一个针对碱骨料反应情况的例子。

(a) 配置最小量箍筋且开裂不严重。

减小粘结强度，如同采用常用的规范公式计算，得到如下结果：

膨胀受约束（mm/m）	0.5	1.0	2.5	5.0	10.0
轴心抗压强度降低系数	0.95	0.80	0.60	0.60	

（b）无箍筋的地方

（i）混凝土抗拉强度折减系数

膨胀受约束（mm/m）	0.5	1.0	2.5	5.0	10.0
折减系数	0.85	0.75	0.55	0.40	

由上表可计算受碱骨料反应影响的折减抗拉强度（$f_{ct.asr}$）。

（ii）带肋钢筋

极限粘结强度 f_b 为：

$$f_b=\alpha(0.5+c/d)f_{ct.asr}$$

式中　c/d——混凝土保护层厚度与钢筋直径之比；

$f_{ct.asr}$——由上面（b）中的（i）得到的强度；

α——系数，按表6－12取值。

（iii）光圆钢筋

$$f_b=\beta f_{ct.asr}$$

式中　β——系数，按表6－12取值。

表6－12　计算受碱骨料反应影响的无箍筋构件粘结强度的 α 和 β 值

钢筋位置	α	β
角部和上部	0.30	0.33
角部	0.43	0.47
上部	0.43	0.47
其他位置	0.60	0.65

表6－12认为粘结强度随钢筋的位置而变化，规范中也认同这一点，为此针对“良好”和“其他”粘结条件给出了不同的设计值。“良好”与表6－12中的“其他位置”相对应。

6.7　开裂

开裂是一个变化的过程，引起的原因有多种（第4.2.2节）。评估中，常规的做法是绘出裂缝形式图（图5－2）并进行判别（表5－1和表5－2），确定引起裂缝的主要原因，因为这能够确定维修措施的性质和时机，可能受外观、适用性和功能的影响。评估重点是物理观察和测量。

裂缝能够对各种劣化作用起到定位、引发和加速作用，并产生如第4章和第5章所说的协同效应。本章的前部分介绍了结构效应或裂缝，如粘结、锚固和剪切。

在具体评估中，与裂缝有关的腐蚀是重点关注的问题，当尚未出现裂缝时，氯化物或碳化情况预示了重大风险。业主或评估者可能希望知道裂缝是否发生及何时发生。这不仅需要知道氯化物或碳化情况和腐蚀发生的临界条件，而且需要有腐蚀速度（受局部和内部微气候影响）的资料。这不是一件容易的事，因为所有这些因素本身就具有高度的可变性，且还会随时间发生变化。

当腐蚀开始后，腐蚀产物形成，在引起径向压力前扩散到混凝土内部的部分产物引发了更复杂的问题，关键问题是：

（a）多少产物扩散到混凝土的孔隙结构中而不会使混凝土产生应力？

（b）引起裂缝需要多大的径向压力？如何估计？

主要通过试验及建立理论模型尝试解决这些问题。公式计算结果用于预测腐蚀产物扩散到混凝土的量及计算引发裂缝的径向压力。通过引入腐蚀速率值，得到估计开裂时间的公式。

基本变量包括：

• 混凝土保护层厚度；

• 钢筋品种；

• 混凝土抗拉强度；

• 与原始钢筋相比占据更大体积的铁锈；

• 混凝土的孔隙结构，主要取决于水灰比、密实度、混凝土水化程度、锈蚀产物的流动性和钢筋附近的各种微裂缝，评估时其中的每一因素都难以量化。

评估已有数据时，Webster[6.11]的结论是铁锈进入混凝土孔隙结构的径向膨胀远大于引起开裂应力的径向膨胀。为此他提出估计开裂时间的简化方法，因为主要因素（锈蚀扩散）难以量化，锈蚀发展的两个阶段主要依赖于混凝土保护层厚度与钢筋直径之比（c/d）。Webster 提出一个简化公式，适用于计算出现腐蚀裂缝时钢筋截面的损失：

$$\delta_{cr}=k_1 \cdot c/d \ (\%)$$

对试验数据的分析表明，k_1 约为 0.5。由此得到以年为单位的开裂时间估计公式为

$$t_{cr}=\frac{k_1 \cdot c/d}{11.61 I_{corr}}$$

式中　I_{corr}——腐蚀电流密度（$\mu A/cm^2$）。

上述建议公式似乎过于简单化，但除非投入很大精力研究腐蚀产物和混凝土孔隙结构的性质，否则难以验证任何其他可能更为有效的方法。

本章参考文献

6.1 British Standards Institution (BSI). *Eurocode – basis of structural design*. BS EN 1990: 2002. BSI, London, UK. 2002.

6.2 British Standards Institution (BSI). *Eurocode 2: Design of concrete structures – Part 1–1: General rules and rules for buildings*. BS EN 1992-1-1: 2004. BSI, London. 2004.

6.3 International Standards Organisation (ISO). *General principles on reliability for structures ISO 2394*. Available from BSI, London, UK.

6.4 MacLeod Iain A. *Modern structural analysis: modelling process and guidance*. Thomas Telford Ltd., London. 2005.

6.5 Rowe R.E. *Concrete bridge design*. CR Books Ltd., London. 1962.

6.6 Concrete Bridge Development Group (CBDG). *Notes for guidance on the assessment of concrete bridges*. Technical Guide No 9, CBDG, Camberley, UK. 2006.

6.7 Clark L.A. *Concrete bridge design to BS 5400*. Construction Press, London, UK. 1988.
6.8 CONTECVET IN30902I. *A validated users manual for assessing the residual service life of concrete structures affected by ASR*. A deliverable from an EC Innovation project. Available from the British Cement Association (BCA). Camberley, UK. 2000.
6.9 CONTECVET IN30902I. *A validated users manual for assessing the residual service life of concrete structures affected by corrosion*. A deliverable from an EC Innovation project. Available from the British Cement Association (BCA), Camberley, UK. 2000.
6.10 CONTECVET IN30902I. *A validated users manual for assessing the residual service life of concrete structures affected by frost action*. A deliverable from an EC Innovation project. Available from British Cement Association (BCA). Camberley, UK. 2000.
6.11 Webster M.P. *The assessment of corrosion – damaged concrete structures*. PhD thesis. University of Birmingham, UK. July, 2000.
6.12 British Cement Association (BCA). *Impact of deterioration on the safety of concrete structures*. Report to the DETR under the PIT programme. Project reference CI 38/13/20 (cc 1030), BCA, Camberley, UK. April, 1998.
6.13 Clark L.A. *Assessment of concrete bridges with ASR*. Bridge Management 2. Thomas Telford Ltd, London, UK. 1993. pp. 19–28.
6.14 Mulenga D., Robery P. and Baldwin R. *Multi-storey car parks – have we parked the issue of effective maintenance? Concrete Engineering International*. Vol. 10. No. 3. The Concrete Society, Camberley, UK. Autumn, 2006.
6.15 Chana P.S. and Korobokis E. *The structural performance of reinforced concrete affected by alkali–silica reaction*. Phase II Transport Research Laboratory Contractor Report 233. TRL, Crowthorne, UK. 1991.
6.16 Clark L.A. *Critical review of the structural implications of the alkali–silica reaction in concrete*. Transport Research Laboratory Contractor Report 169. TRL, Crowthorne, UK. 1989.
6.17 Narayanan R.S. and Goodchild C.H. *Concise Eurocode 2*. ISBN 1-904818-35-8. The Concrete Centre, Camberley, UK. June 2006.
6.18 Leonhardt F. and Walther R. *The Stuttgart shear tests*. Cement and Concrete Association (C&CA) Translation CJ 111. 1964. p. 134.
6.19 Regan P.E. Research on shear; a benefit to humanity or a waste of time. *The Structural Engineer*, Vol. 71, No. 19. 5 October 1993. pp. 337–347. Institution of Structural Engineers, London, UK.
6.20 British Standards Institution (BSI) *Structural use of concrete: Part 1: Code of Practice for design and construction*. BS 8110 Part 1: 1997. BSI, London, UK.
6.21 Taylor H.P.J. The fundamental behaviour of reinforced concrete beams in bending and shear. Shear in reinforced concrete. ACI SP-42. American Concrete Institute, Detroit, USA. 1974. pp. 43–77.
6.22 Chana P.S. Analytical and experimental studies of shear failures in reinforced concrete beams. *Proceedings of the Institution of Civil Engineers (ICE) Part 2, 85*. December 1988. pp. 609–628. ICE, London, UK.
6.23 Regan P.E. Shear. Concrete practice sheet no. 103. *Concrete*. November 1985. The Concrete Society, Camberley, UK.
6.24 Concrete Bridge Development Group (CBDG). *Notes for guidance on the assessment of concrete bridges*. Technical Guide No. 9. 2006. CBDG, Camberley, UK.
6.25 Collins M.P. *Reinforced and prestressed concrete structures*. Brunner-Routledge. 2nd Edition, 2005. ISBN 0419249206.
6.26 Bentz E.C., Vecchio F.J. and Collins M.P. Simplified modified compression field theory for calculating shear strength of reinforced concrete elements. *ACI Structural Journal*, Vol. 103, No 4. July–August, 2006. pp. 614–624. ACI, Detroit, USA.
6.27 Chana P.S. and Korobokis G. *The structural performance of reinforced concrete affected by alkali–silica reaction*. Phase II. Transport Research Laboratory (TRL) Contractor Report 311. 1992. TRL, Crowthorne, UK.
6.28 Cope R.J. and Slade L. The shear capacity of reinforced concrete members subjected to alkali–silica reaction. *Structural Engineering Review* No. 2. 1990. pp. 105–112.

6.29 Daly A.F. *Effects of accelerated corrosion on the shear behaviour of small scale beams*. Research Report PR/CE/97/95. 1995. Transport Research Laboratory (TRL). Crowthorne, UK.

6.30 Shave J.D., Ibell T.J. and Denton S.R. Shear assessment of concrete bridges with poorly anchored reinforcement. *Proceedings of Structural Faults and Repair*, London 2003.

6.31 Canadian Standards Association. *Design of Concrete structures*. Structures (Design) A23.3. December 1994. p. 199.

6.32 Cairns J. Strength in shear of concrete beams with exposed reinforcement. *Proceedings of the Institution of Civil Engineers, Structures and Buildings*. Vol. 110. May 1995. pp. 176–185.

6.33 Ng K.E. and Clark L.A. Punching tests on slabs with alkali–silica reaction. *The Structural Engineer*, Vol. 70, No. 14. July 1992. pp. 247–252. IStructE, London, UK.

6.34 Reynolds G.C. *Bond strength of deformed bars in tension*. Technical Report 42.548. 1982. Cement and Concrete Association, Wexham Springs, UK. (Now located in the archives of the Concrete Information Service, Concrete Society, Camberley, UK.)

6.35 Tepfers R. Cracking of concrete cover along anchored deformed reinforcing bars. *Magazine of Concrete Research (MCR)*. Thomas Telford Ltd, London, UK. Vol. 31, No. 106, March 1979. pp. 3–12.

6.36 Saifullah M. *Effect of reinforcement corrosion on bond strength in reinforced concrete*. PhD thesis. University of Birmingham, UK. April 1994. p. 258.

第7章　保护、预防、修补、翻修和改造

7.1　概述

混凝土结构需要修补已经不再是一个新的话题。早期大都通过修补及灌缝来满足混凝土结构美观及适用性的要求[7.1]。20世纪中期，混凝土基础设施的建造基本完成，由于结构用途的改变和使用荷载的增加，需要对混凝土结构进行加固、改造。20世纪50年代，预制钢筋混凝土房屋开始出现钢筋锈蚀现象。本书第2章的文献对20世纪60年代早期由于过度使用除冰盐导致一些高速公路结构物的腐蚀进行了详细论述，文献［7.2］也列举了这方面的一些实例，文献［7.3］对英国、法国后张法施工的混凝土桥梁的锈蚀情况作了详细的评述。

耐久性问题已是一个日益受人们关注的问题，因结构失效造成的后果影响巨大，这使得混凝土修补行业得到迅速发展。无论从修补原则、修补方法，还是从每种基本方法所对应的解决方案来说，市场上可供选择的范围都大大增加了。最近出版的文献［7.14］中有200多篇论文涉及混凝土修补的各个方面，可见混凝土修补行业是飞速发展的。

本书对多个案例进行了深入研究，描述了对其进行的物理方面的研究，并介绍了作出某种特定选择的原因，但很难从中归纳出大致的结论。这样的文章对我们也是有帮助的，因为它们提供了网址，而且经常选登在一些与混凝土有关的期刊杂志上，如英国混凝土协会主办的《混凝土》。在北美，美国混凝土协会（ACI）出版的各种期刊也做了类似的工作，而国际混凝土修复协会（ICRI）关注的是混凝土修补问题，其主办的期刊是双月刊，其网站www.icri.org提供了美国很多出版物的详细信息，既有指导性文件，又涉及一些特殊实例。

在这些网站上，还有一些关于混凝土修补、防护、改造方法的指导文件，这些文件阐明了所涉及的原则，着重论述了如何解决这方面的问题。有关此方面的例子在北美的IC-RI网站上可以查到，在英国混凝土协会网站上也可查阅到，文献［7.4～7.9］就是在英国混凝土协会网站上查到的。英国混凝土协会的业务范围正在逐步扩大，很多报道都提到它们在测试方法、诊断及怎样提高新建工程耐久性方面的工作。技术报告61[7.10]就是一个提高混凝土耐久性的例子，其中的很多详细信息都可以运用到混凝土修补及翻修上来。英国混凝土修复协会的网址为www.cra.org.uk。

上面的简要回顾主要是告诉读者关于混凝土修补及翻修方法有很多可以利用的信息，同时也表明了不同信息的特点。然而，随着科技不断更新及新技术的引入，这些信息很快就过时了；而且，这些信息的特点及样式又使人们很难对不同方法的技术优势、经济优势进行比较，而这些信息对作选择的人来说都是至关重要的。这种情况现在有所改观，根据一些合适的规范及测试方法，人们正在努力制订一套系统的科学标准对修补及翻修方法进行分类。本章后面章节所参考的欧洲标准EN 1504就是其中的一个主要标准。

资料库中主要缺乏的是在特定的时间段内对特定领域真实性能的详细反馈，在这种条件下怎么能将所要求的与所期望的效果进行比较呢？目前这种情况有所改观，Tilly论文[7.11]中的图2-13～图2-16就是其中的代表。Tilly的这篇论文发表于欧洲一家混凝土

修补网（CONREPNET）上。CONREPNET 对 100 多项工程案例的研究进行了详细考察，除了提供现场数据外，还在努力形成一套标准，在此标准下，可以允许在一般的准则下有其他的选择。关于这方面的知识在本章后面用到。

混凝土的修补及翻修是一项重大的课题，一些书籍对此专门作了论述。本书是关于评估、管理及维护的，而修补又是其中必不可少的部分。本章重点是在选择合理方案的过程中从评估阶段向采取有效措施阶段过渡是如何符合整体策略的。学习这种方法，首先要学习下列各节：

7.2　已修补结构的性能要求

7.3　混凝土保护、修补、翻修和改造方案的分类

7.4　修补及补救措施的性能要求

7.5　工程规范

7.6　选择过程

7.7　使用过程中修复的性能

7.8　干预时间

7.9　修补方案选择的一般原则

7.10　欧洲标准 EN 1504 在选择过程中的作用

7.11　实践中修补方案的选择

7.12　本章总结

7.2　已修补结构的性能要求

简单说来，修补结构与新建工程在性能要求上没有什么不同。从结构方面考虑，更关注表 4-12 所列的各种因素。根据连续评估结果绘制的性能-时间曲线（图 3-12），就考虑了表 4-12 中的相关因素。由此可看出，结构的现状既与初始设计的性能水平有关，又与业主对最低可接受程度下性能组成内容的看法有关。需要记住的是，现在人们对结构的了解越来越多了（表 6-2）。

问题的复杂之处在于不同的业主希望用不同的方法来管理修复过程。图 3-3 示出了英国桥梁资产管理程序的两种可行性方案。不同的策略包含了不同的干预时间，尤其是不同的解决方案。一些业主也希望采取保守的处理方法，包括早期的预防措施。这里没有固定的一般原则，但我们需要了解什么样的方案在有效性方面是有保障的。

进一步来看，很有必要清楚了解所需的性能水准。尽管表 4-12 保留着基本的结构因素，但涉及更多的关键问题，一些是非技术的，将会对业主选择所遵循的路线产生影响。不同的业主有不同的策略目标，取决于下列情况：

· 所有权的类型，是个人的还是政府的；

· 法律要求的改变；

· 结构类型及其功能；

· 结构未来的计划，与当前的状态无关，如：

—用途上可能的改变；

—使用者更高的期望，对性能要求的提高；

—使用荷载的增加等；

・更加注重与预算计划有关的全寿命周期成本；

・改善可持续性的要求。

在CONTECVET项目中，来自西班牙、瑞典和英国等的业主创建了一套混凝土结构维护及修复策略，该项目还制定了混凝土的一般性能要求，简称为REHABCON（修复混凝土）。表7-1给出了REHABCON的详细内容[7.12]，大多数要求都与整体结构有关，当然也与选择的修复方案和修复过程本身有关。

表7-1　修复结构的一般性能要求，REHABCON[7.12]

一般性能要求	
结构安全性	承载能力极限状态设计（与新建结构相同） ・强度（承载力等） ・稳定性 ・坚固性（抗冲击性） ・疲劳性 ・耐火性 ・抗震性能
适用性	正常使用极限状态设计（与新建结构相同） ・变形 ・位移 ・振动 ・密水性（对大坝、游泳池、水箱等尤为重要） ・（地面、道路的）抗滑性/粗糙度 ・排水 ・恶劣天气下的可视性（如在高速公路上喷水时） ・舒适性/方便（如限制振动、不漏水等）
使用和功能	・可用性、功能性（正常工作状态下完成预定功能，如运输车辆） ・将修复时间降低到最短。对修复的结构很重要，更重要的是修复期间减少对用户的干扰，即在修补过程中尽量降低对用户的影响。在修补过程中可以通过临时改变结构功能或加快修补速度来达到此目的 ・可检验性（必须对修复的结构进行检验）
美观	・颜色（结构修复部分外表颜色应相同且与结构其他部分颜色相同） ・表面质地（结构修复部分质地应相同且应与结构其他部分质地相同） ・美观耐久性（结构修复部分的美观耐久性应与结构本身修复的美观耐久性相同，如果修复期较短，还应与结构其他部分的美观耐久性相同） ・外观安全性（修复结构外观上应让用户感到安全）
可持续性及环境因素	・修复使用的材料应可持续利用且有利于环境保护，包括以下情况： 　・制作 　・施工 　・使用 　・毁坏（如火灾引起） 　・拆除 　・对再生及重新利用的影响 　・废弃物（废弃的材料至少不能立刻再生或重新使用） ・声学、噪声控制（修复期间及修复后应保证低噪声） ・能源消耗（修复结构应减小能源消耗，所有阶段都应考虑能源消耗） ・有害影响，如修复期间或修复后，自发或火灾等引起的溢出、渗漏、尘土或有毒气体的排放

续表

一般性能要求	
健康和安全性	·公共安全（留意栅栏、栏杆并预防混凝土块剥落或劣化部分从结构上掉落） ·生命周期内各阶段人类健康和环境问题（修复期间工人、用户、公众的安全和健康问题等）。需考虑采用特定的安全措施来降低危险 ·疏散及紧急逃生路线
耐久性	·原结构及结构修复部分的耐久性。使用寿命（修复工程的预期耐久性取决于结构的剩余寿命及生命周期成本（包括用户的成本））
可靠性	·修补方法的可靠性（降低修复不成功的风险） ·（修复结构的）可维护性 ·（修复结构的）维修保障
灵活性	·确保满足未来的需求（一般来说修复方法不应对未来的修复行为，如加固，产生影响）
经济性	·降低或限制全寿命周期成本（业主的成本和用户的成本），包括： ·经营成本 ·维护、修补、修复成本 ·改善/加固成本 ·拆除及处理成本 ·用户成本 ·因功能不满足要求导致的效益损失（在修复期间及修复后，如其他要求对修复结构的全寿命周期成本也有影响，则这些成本也应考虑在全寿命周期成本中）
文化继承	·有文化及历史价值的结构应作特殊处理

REHABCON的合作者认为表7-1只是一般的归纳，对于不同类型的结构，每种因素的重要性不同，从而产生了不同的先后次序排列问题，而且一些主要的要求也是不同的，由此产生了表7-2，包括对不同类型结构的主要要求及规定。表7-2与表4-12密切相关。

表7-2 不同类型结构的主要性能要求，REHABCON[7.12]

(a) 一般性能要求	
结构安全性	·强度 ·稳定性 ·坚固性
适用性	·变形 ·位移
使用和功能	·功能
可持续性及环境因素	·有害影响，如溢出、渗漏、尘土或有毒气体的排放
健康与安全	·公共安全 ·生命周期内各阶段人类健康及环境问题
(b) 对桥梁的附加要求	
结构安全性	·疲劳
适用性	·振动

续表

(c) 对建筑结构的附加要求	
结构安全性	·耐火性
适用性	·振动
可持续性及环境因素	·声学及噪声控制
健康与安全	·疏散及紧急逃生路线
(d) 对停车场的附加要求	
结构安全性	·耐火性
适用性	·振动
健康与安全	·疏散及紧急逃生路线
(e) 对水坝的附加要求	
结构安全性	·阻水性

表7-2将重点放在了结构的安全性上，人们普遍认为安全性应与其他因素分开考虑，这不仅是因为它的重要性，更是因为在修补、保护、翻修、改造等选择方案范围内，提高安全水平的方案有不同的类别。另外，提高安全性方案的提出需要考虑其实际操作性。结构修补往往会导致整体强度及稳定暂时降低，直到修补作用生效。

7.3　混凝土保护、修补、翻修和改造方案的分类

可供选择方案的范围很大，且不同的方案有不同的优势。为使这些方案排序合理以便于选择，有必要对此进行分类。这种分类很重要，而且也是考虑干预时间的一个主要因素。提议采用欧洲标准EN 1504的分类方法[7.13]。EN 1504分为10个部分，如表7-3所示。

表7-3　EN 1504的10个部分的主要内容[7.13]

编号	标题	颁布时间
1504-1	一般范围和定义	2005年修订
1504-2	表面保护系统	2004年10月
1504-3	结构和非结构修补	2006年2月
1504-4	结构粘结	2004年11月
1504-5	混凝土喷射	2004年12月
1504-6	灌浆以锚固钢筋或填充外部空隙	2006年9月
1504-7	钢筋锈蚀防护	2006年9月
1504-8	质量控制及符合性评价	2004年11月
1504-9	产品及系统使用的一般原则	1997年（修订中）
1504-10	产品、系统现场应用及工程质量控制	2003年12月

第1部分1998年首次颁布，曾一度被认为是完整的欧洲标准。其余部分也相继颁布，当前（2006年）正以不同的程度被正式采用。第9部分是很重要的文件，1997年首次颁布，其修订版本有望很快面世。

第2部分～第7部分详细介绍了修补方法（见第9部分）性能的测试要求，测试方法

采用欧洲标准及国际标准（ISO)。有一点很重要，测试与修补系统有关，与修补的性能及结构作为系统的性能无关。业主应考虑哪些问题会引起两者间的相互作用，主要考虑实际荷载尤其是环境及当地微气候。第8部分包括质量控制及以测试结果为基础的产品合格要求。第10部分是关于现场应用方面的，包括基底条件及前期准备。

剩下的第9部分是整个系统的核心部分，选择方案分类的根据是表7-4中的11项原则，该原则是根据基本目标（保护、修复、加固等）制定的，每一种目标采用的方法因以下原因有很大不同：

(i) 满足目标的作用/功能不同（如1b和1d，4a和4c、4d)；

(ii) 采用的方法不同（如3a、3b和3c)；

(iii) 与已经完善的工艺相比（如比较7a、7b和7c、7d)，对产品及工艺的依赖性。

表7-4　EN 1504第9部分的修补和处理原则[7.13]

1	加强保护、避免有害介质进入
	(a) 浸渍
	(b) 有/无使裂缝弥合能力的表面涂层
	*(c) 局部裂缝弥合
	(d) 填充裂缝
	*(e) 将裂缝转变成接缝
	*(f) 外部贴板
	*(g) 采用薄膜
2	湿度控制
	(a) 厌水浸渍
	(b) 表面涂层（密封或油漆）
	*(c) 遮盖或外包裹
	*(d) 电化学处理
3	混凝土修复
	(a) 人工使用砂浆
	(b) 重浇混凝土
	(c) 喷射混凝土或砂浆
	*(d) 替换构件
4	结构加固
	(a) 增加或替换植入式钢筋或外部钢筋
	(b) 在混凝土预留孔或钻孔中植筋
	(c) 粘贴钢板
	(d) 增加砂浆或混凝土
	(e) 灌注裂缝、空隙和细裂缝
	(f) 将裂缝、空隙、细裂缝灌满
	*(g) 后张法体外施加预应力

续表

5	增强物理抵抗性能
	(a) 罩面或涂层(磨耗层或薄膜)
	(b) 浸渍
6	增强化学抵抗性能
	(a) 罩面或涂层(磨耗层或薄膜)
	(b) 浸渍
7	防护或保持钝化
	(a) 增加混凝土保护层厚度及额外用水泥砂浆或混凝土抹面
	(b) 更换受污染的、碳化的混凝土
	*(c) 碳化混凝土的电化学再碱化
	(d) 通过扩散使混凝土再碱化
	*(e) 电化学除氯
8	增加抗渗透能力
	(a) 通过表面处理、涂层、遮盖或厌水浸渍来控制湿度
9	阴极控制
	(a) 通过水饱和或表面处理限制阴极氧的含量
10	阴极保护
	(a) 应用电位差(惰性或活性)
11	阳极区控制
	(a) 钢筋表面涂抹含有活性颜料的涂层
	(b) 钢筋表面涂抹保护层
	*(c) 混凝土使用阻锈剂

注:前面带“*”的指产品或系统不在EN 1504系列的范围内。

不过,有些方法在很多原则中都出现过(如1b、2b和8a,关于表面涂层的方法),需要不同的配方来满足不同的目标。

由于上述原因及在工程规范中需考虑性能指标,有必要对各种研究方法重新排序来更好地反映其所包含的物理、化学作用,因此导致工程规范的本质差别。另外,表7-4针对的主要是劣化机制为钢筋锈蚀的修补及补救工作,其他劣化形式(如碱骨料反应、冻融作用或对混凝土的直接侵蚀)的修补方案选择可能更为有限,而且在表7-4中可能需要重新排序。

为便于对性能要求和规定的定义,表7-5为重新排序的结果。总的来看,表中的5大类别是按直接对结构采取措施的影响程度逐渐降低的顺序排列的,第1类措施使结构的变化最大,第5类最小。

业主的策略及所选择的标准决定了对结构进行修补或补救措施需要的时间,如对于腐蚀,业主可在以下失效的任意一个阶段开始采取措施:

(i) 碳化之前或在钢筋遭到氯化物侵蚀之前;

（ii）各种腐蚀介质刚好到达钢筋表面；

（iii）腐蚀刚刚开始；

（iv）腐蚀达到某一最大深度；

（v）混凝土表面即将出现裂缝或剥落；

（vi）钢筋截面产生最大可容许损失。

表7－5中方案的选择直接取决于观察的失效特点和程度，也取决于检查和调查的范围（与置信水平有关）、结构的敏感度和业主对结构未来的规划。表7－5中的第3类、第4类和第5类方案与前述的（i）～（iii）阶段有关，第1类和第2类措施与（iv）～（vi）阶段有关。无论选择哪种补救措施，干预时间的选择对所选用技术的质量指标和性能要求都有影响。

表7－5中所列方案的主要作用是将表7－2中的性能要求保持或恢复到一个可接受的水准。达到此目的的方法很多，无论选择哪种方案，都必须明确性能要求，以确保所需的结构性能。不过，履行原则时方法的选择会受到现行《健康及安全规定》的影响（表7－1）。

表7－4和表7－5使人们在选择修补方案时对性能要求的确定更加容易，不仅没有改变EN 1504的基本原则，还把这些原则整合到工程规范中。第2部分～第8部分给出了使用EN 1504系统时的基本性能要求，反过来也需要参考欧洲标准化协会（CEN）标准中关于测试方法、符合性的要求等。本书第7.4节和第7.5节以表7－5中的工程方法为基础，对此过程作了简要介绍。

表7－5　根据物理功能或方法对修补方案的重新分类

方案	备注
1. 体外加固或隔离 (a) 替换整个构件 (b) 粘贴板材 (c) 外部施加预应力 (d) 提供附加的混凝土保护层(可另加或不加钢筋) (e) 防水膜或防水板 (f) 包裹或物理隔离	方案(a)用于劣化范围很大且修复受影响而停止的可能性很小的情况 方案(b)和(c)用于需要补强的地方，同时需要计算 对于方案(b)，粘结力很重要，既要证明其复合作用，还要确保材料的相容性 方案(d)可用于需要补强的情况，也可用作附加保护，抵抗腐蚀。为确保粘结良好、混凝土密实，粘贴方法很重要 方案(e)一般用于桥面板，目前已有此方面的规范。可对桥梁构件进行包裹控制局部微气候。一般来说，物理隔离可以是独立的，也可与母体结构粘结在一起，如对桥梁下部结构涂刷防护层
2. 结构修补 (a) 清除并更换受污染、有裂缝和有缺陷的混凝土 (b) 除掉并更换被腐蚀的钢筋 (c) 清除混凝土，增加对钢筋的保护，再更换混凝土	这些方法有所不同，目的是恢复或提高已有结构构件周边范围内的强度 如失效是由化学或物理作用(如碱骨料反应、冻融作用或磨蚀)导致的，可采用方案(a)。方案(b)和(c)与腐蚀损伤有关，这些都是对结构进行的修补。修复期间需对结构方面的临时状况进行考虑，必要时提供适当的支撑 使用的材料及施工取决于所替换面积的大小。市场上有多种专用系统，确保与基体相容及共同作用是重要的 前期准备工作至关重要，这样可确保与基体及钢筋的粘结。对已有的各种方法，好的工艺和技巧极为重要
3. 表面涂层和浸渍 表面处理 涂层 浸渍	从本质上讲，本目标是限制有害介质的侵入或控制湿度(见表7－4的原则) 市场上很多专用系统，有各自的配方，了解每种系统的特点是很重要的，即这些系统工作的机理及有效使用的必要条件。在特定的位置和环境下，应确定各系统合理寿命的范围 表面处理是针对次要缺陷而言的，然后涂抹防护层。要想使表面涂层有效，需要光滑的表面、涂层有适应变形的能力(包括裂缝)且保护层和隔离层应无裂缝。 根据定义，浸渍必须渗透到混凝土中且达到一定最小深度，与其有效性相适应

续表

方案	备注
4. 填充裂缝和空隙	使用的材料和技术取决于空隙的大小和裂缝的宽度。表面空隙或缺陷可通过局部修补来处理。为了使灌缝有效，经常使用注射的方法。同样，市场上也有很多方法，方法选择很重要，同时还要确保使用的材料和相关的产品标准相符。这种技术经常用表面涂层或表面处理作为补充
5. 电化学技术（表7-4的原则7、9、10、11） (a) 再碱化 (b) 除氯 (c) 阴极保护 (d) 阴极或阳极控制	这些技术之所以被整合在一起是因为它们都是有效的自我防护过程，不像上面的第2～4类方案，需要更多和产品标准有关的性能标准，这些产品标准是以可接受的测试方法为依据的，并取决于安装和工艺规范。这些方法都取得了一定的成功，其中阴极保护方法应用最为普遍，并有相应的规范和标准

7.4　修补及补救措施的性能要求

7.4.1　概述

工程环境下的性能要求，取决于修补和补救措施的特点以及使用这种措施所要达到的目的。参考表7-5中的第1类方案（a)、方案（b）和方案（c）都提供了附加强度，方案（d）也有这种作用，同时还为预防污染物的侵入提供了附加保护。

方案（e)、方案（f）是两种外部处理方法，通过物理隔离控制湿度变化或限制污染物的侵入，不过两者的作用明显不同。

将表7-5中的第2类方案“结构修补”单独列出是因为它也涉及提高强度及适用性问题，不过是通过内部改变实现的。这里强调了结构方面是因为在修补施工期间，必须要考虑结构临时的承载力及使用时的适用性。

尽管表7-5中的第3类～第5类方案在特点和功能上有很大不同，但其作用不直接影响结构构件的承载力。首要目的是阻止（或减缓）未来的劣化或恢复（或提高）结构对污染物的抵抗能力。在有些方法中，需要触及到混凝土内部，但对结构承载力的影响很小。

由此产生了两种不同的方法，一种方法以某种方式影响结构承载力，另一种方法更关注的是预防措施。就工程性能要求而言，在修补及随后的使用过程中，两者的差别显著。

根据表7-4的原则确定的性能要求在EN 1504的第2～第8部分进行了介绍。这些要求作为新方案出现，仍在不断发展并增加新的内容。

第7.4.2～第7.4.5节简要介绍了表7-5中5类方案的工程前景。

7.4.2　采用隔离进行外加固（表7-5中的第1类方案）

此类中6种方案的相同特点是它们都对结构进行了外部加固或处理，但功能和目标却不同，因此性能要求也大不相同。

7.4.2.1　构件替换

此方法包括拆除严重劣化的构件并用与其大致相同的构件替换。新构件应按现行的设计标准设计，这就要设置性能要求和技术要求。

实际中拆除一个构件很困难，而且当将构件拆除后，考虑结构的强度和稳定性很重要。剩下的工程要求就是把新构件安装到已有的结构中，以达到要求的超静定性。

7.4.2.2 粘贴板材

通常把钢或有色金属板粘贴于梁或板构件来提高构件的强度，有色金属材料通常用于约束或加固下部结构，如圆柱。

板粘结的主要工程特点是保证板与原构件的协同作用，这需要有较好的粘结特性和良好的表面处理，确保选用的胶粘剂达到规范要求。

7.4.2.3 外部施加预应力

这种技术适用于主体结构（如箱梁桥），其几何外形允许外部后张拉钢筋安装和保护。为使外部预应力有效传递到原结构中，需要安装锚具和中间隔板及鞍座。设计和细部处理要仔细，确保不会影响原构件的结构完整性。由于这是一种特殊施工技术，一般应由有经验的预应力公司实施。

7.4.2.4 附加混凝土保护层

这种技术主要用于桥面板顶面和桥梁拱腹处，通常采用喷射方法。这种技术也用于需增加防火层或混凝土保护层较薄的隧道和房屋中。

为保证所加保护层的有效性，良好的粘结是很重要的，还需仔细进行表面处理。使用的材料通常以水泥为基础，选择材料时要考虑避免出现裂缝，这些裂缝或往往是由混凝土收缩或新老混凝土间的相对移动引起的。当保护层厚度较大时，需配置钢筋网。

7.4.2.5 防水膜

在第3类方法中，讨论了利用表面涂层或浸渍控制湿度的问题。本小节主要讨论物理隔膜的使用，一般用于桥面板顶面磨耗层的下面，与混凝土粘结在一起。

这里的性能要求是针对连续隔离物的，基本不受交通荷载的影响，规范强调应用此类方法时接缝和边缘与交界处的细部处理。

7.4.2.6 包裹或物理隔离

这是一种外部隔离方法，不仅阻滞了污染物的侵入，还控制了局部微气候，特别是湿度变化。精确的性能要求需对单个案例进行明确规定，本质上说，目标是降低或消除局部微气候的侵袭。

包裹通常采用不可降解的材料，可保护桥梁拱腹免受除冰盐的影响。这是一项专门技术，但已经有了性能要求的指导文件。一般来说，物理隔离的常用处理方法是将其与原结构粘结在一起，如水平表面铺覆盖层或下部结构竖表面涂防护层。

7.4.3 结构修补（表7-5中的第2类方案）

表7-5中的3种方法都是同一种方法的变种，取决于劣化机制和失效范围，包括清

除和替换混凝土或钢筋。该项工作是在已有结构构件周围范围进行的，其主要结构性能要求是恢复或提高原来的强度、刚度和适用性。

需要牢记的是，这些都是结构上的修补，因此必须考虑结构问题，即修补施工中的临时状况和所修补构件的长期使用性能。

为满足结构的性能要求，要确保所修复构件作为一个联合体起作用。为此，需要考虑多方面的问题，下面就此一一论述。

7.4.3.1　前期准备

认清劣化的原因及劣化或污染的范围是很重要的，目的是要恢复结构承载力，降低失效再次发生的危险。对修补特点（材料和方法）的评价也很有必要，需要确认材料符合相关产品标准且有施工指南。指南应与所选的浇筑方法和必要的工艺标准一致。

前期工作很重要，因为涉及修补区域的尺寸和周长。包括：

—使用不损坏基底的方法清除至完好、未受污染和未劣化的混凝土；

—留有足够的空间保证钢筋的粘结（或重叠）；

—混凝土表面处理，包括清洁、除去松散的材料、为有效粘结和复合作用创造条件；

—必要时清洗钢筋并使用防护涂层；

—避免周边产生楔形边。

应确保进出方便，保证临时支撑安装合理和必要时预加载（预压）方便。还要对材料储备作出规定并保存好所有施工记录。

7.4.3.2　修补材料与老混凝土间的相容性

应对修补材料的下列要求进行检验：

强度，刚度，密度，渗透性，耐火性，抗紫外线能力；

预期使用年限，热反应，湿度变化，收缩和徐变，外观。

7.4.3.3　关于有效修补的相容性

需考虑以下要求：

粘结；

约束收缩/膨胀；

养护要求；

一致性，包括质量保证；

可浇筑性（如和易性、凝结时间等，应与修复方法相适应）。

7.4.3.4　特殊环境下的性能要求

由于对环境、结构位置和结构功能的依赖，必须考虑附加的性能要求，包括：

耐化学能力；

磨损；

硬度；

抗滑性；

抗冻性；

渗漏；

密水性；

动力荷载或疲劳荷载作用下的有效性。

7.4.3.5 健康与安全

修补材料应是无毒并符合所有健康和安全法规的要求。

7.4.4 隔离污染物进入和湿度控制（表7-5中的第3类和第4类方案）

表7-5中的第3类和第4类方案的性能要求可以放在一起考虑，因为其基本目标总体上是相同的，仅仅在如何达到这些目标及确保必要的有效性方面有所不同。基本目标是隔离污染物的进入或控制水分迁移。从功能上讲，涂层需为混凝土提供表面薄而连续的隔离层；浸渍液需渗透到混凝土中，堵塞孔隙系统或改变混凝土水通道的阻力；填缝料需渗透到混凝土更深的位置（因此对材料相容性的要求更高）。

市场上很多材料的性能要求在EN 1504及相应的标准中有较为详细的介绍，这里只对比较重要的内容做简要介绍。

7.4.4.1 一般要求

在结构修补方面，隔离层的制作在较大程度上受前期准备工作质量和修复期间工艺标准的变化影响。很多背景资料已在实验室获得，与具体现场条件相关的内容需仔细进行评估。不仅要证明与相关产品标准相符，还要有现场施工方法大纲，大纲应与修复方法及必要的工艺标准相一致。

隔离层（阻滞污染物或水分迁移）应明确以抵抗特殊的微气候为目标并满足预期的使用年限要求。有效粘结是性能要求之一，这对所有类型的隔离层都是相同的。

除满足主要功能外，隔离层必须能抵抗其他类型的作用，这取决于结构的位置和功能。第7.4.3节列出了其中的一些可能性。

市场上有多种不同类型的产品，所有材料都应无毒且符合健康和安全法规的规定。

7.4.4.2 涂层

涂层必须紧紧附着在混凝土表面且连续才能有效，需要对一些性能要求进行检验，包括：

粘结；

对氯化物和二氧化碳的抵抗力；

有效厚度；

对局部环境因素的敏感度（紫外线辐射、风化等）；

裂缝弥合能力；

对湿度和水蒸气的抵抗力；

热阻；

延性/塑性（有变形时不产生裂缝）。

市场上有各种类型的涂料，每种都有不同的性能。因此在具体应用上，要想使所需的性能与要求的使用年限相匹配，选择是很重要的。

7.4.4.3　浸渍

浸渍液需渗透到混凝土内部且达到最小深度才能有效，这一过程是否可行需要检验混凝土的质量，还要检验其抗碱性能。

浸渍液可堵塞混凝土的孔隙或改变混凝土对水通道的阻力（厌水性），因此进行选择时，需考虑湿度和水蒸气方面不同的传输机制（如渗透性、扩散、毛细吸附等）。

7.4.4.4　填缝料

填缝料的性能要求取决于空隙的宽度和深度及是否是活性裂缝。填充裂缝可能纯粹是为了美观，但更普遍的是避免内部金属受氯化物和碳酸引起的腐蚀。

除上面介绍的一般要求外，还应检验其他附加要求，包括：

体积变化；

与老混凝土的相容性；

黏度；

可注入性（需要注入时）；

密水性。

7.4.5　电化学技术（表 7-5 中的第 5 类方案）

单从性能上讲，没有必要对这些技术进行详细介绍。每项技术的名称不是很明确，目的是通过某种方式实现再钝化，解决腐蚀问题并消除或减缓未来的腐蚀。

大多数情况下，这是一个自我完善的过程，需要不断跟踪、记录从而产生基于性能的标准。一些要永久性安置，其他的属于短期处理（小于 3 个月）。最先进的技术就是阴极保护，欧洲标准（EN 12696）就是根据这一领域的成功经验编制的，该标准为这种系统的建立提供了性能准则。

7.5　工程规范

7.5.1　概述

进行干预的决定是根据调查和评估资料作出的。干预的特点取决于调查结果及业主的管理和维护策略，主要特点是结构的性能应维持在特定时间内，这段时间可以是结构有效剩余寿命，也可以是指定的较短时间段。在这段时间的后期，需再进行评估并规划未来的管理和维护。无论是哪种情况，都应作出规定，其本质是有一个全寿命的性能规划及了解表 7-1 和表 7-2 中所列主要因素中哪些是可接受的最低性能。

与干预性质有关的决定是根据表 7-4 和表 7-5 中的原则和方案作出的，可简单归纳为：

(a) 直接结构方法，用于修补或改造（表 7-5 中的第 1 类和第 2 类方案）；

(b) 间接方法，用于设置隔离，目的是除掉或降低污染物造成的进一步劣化的风险（表7-5中的第3类和第4类方案）；

(c) 与性能有关的特殊技术，并与方案（b）有相同的基本目标。

第7.4节已对这3种方案的性能要求作了介绍，要对每种方案进行匹配，来确定具体采取哪种方案，为此，还需落实到具体工程、材料及加工规范中，接下来将对所依据的原则作简要介绍。

7.5.2 加固方案（表7-5中的第1类和第2类方案）

这些都是直接的结构方法，有外部的（表7-5中的第1类方案），也有内部的（表7-5中的第2类方案），可通过直接计算［第1类方案的（a）］或进行物理推断［第1类和第2类方案中除1（c）外的所有方法］来证明方法的合理性。需要计算时，应对使用的方法作出详细说明。

对采用新材料和新构件的加固方法，不管是内部的还是外部的，在以下方面都需参照规范：

(i) 使用的材料；

(ii) 现场清理方法，包括工艺标准；

(iii) 前期准备的过程及确保新材料与原结构有效连接，要确保新老部分的协同作用。

第（i）项出自于相关的产品标准，可用其他有关测试方法标准进行检验。第（ii）项来自于承包商提供的资料，要确保其提出的建议适合于特定位置及现场条件。第（iii）项的前期准备工作也基于承包商提供的资料，其主要部分是实际检测或现场试验得到的数据，协同作用是按照重新设计的假定来保证的。第（ii）项和第（iii）项需要形成一个方法大纲和质量保证体系，以确保所有步骤得以执行。

7.5.3 隔离方法（表7-5中的第3类和第4类方案）

第7.4.4.4节说明了所需的性能要求。方法是选取特定的由不同类型材料构成的制品。从理想的角度讲，规范中的材料部分应参照相关产品规范，涂刷部分较为困难但同样重要，因为实践表明，大多数方法对前期现场清理和工艺标准都很敏感。再者，制定一套方法大纲也是必要的，理论上要以与现场条件有关的研究资料为依据。承包商提供的资料、有经验的人员和适当的质量保证程序是这种方法的基础。

7.5.4 专业技术（表7-5中的第5类方案）

目前，只有阴极保护有相应的标准，也给出了性能要求和安装过程。显然，应按规范使用。

其他技术都与过程有关，使用的经验也很有限，但一般都很有用。同阴极保护一样，这样的过程需要以性能为基础。目前，规范仅以专业供应商提出的建议为基础。

7.6 选择过程

第7.2节简要介绍了修补结构的性能要求，第7.3节提出了保护、维修和改造方案的分类，由此产生了这些方案的性能要求（第7.4节），还有工程规范方面的解释（第7.5节）。

所有这些代表了选择过程中的所有基本信息（本章介绍完有关现场修补性能的反馈信息后将对此做介绍）。到目前为止，所有根据都来自于EN 1504。现在简单看一下EN 1504是如何将连续的评估过程融合为一个整体的，图7-1对此作了阐述，实际上，这是对图4-1中基本行动模式的补充。

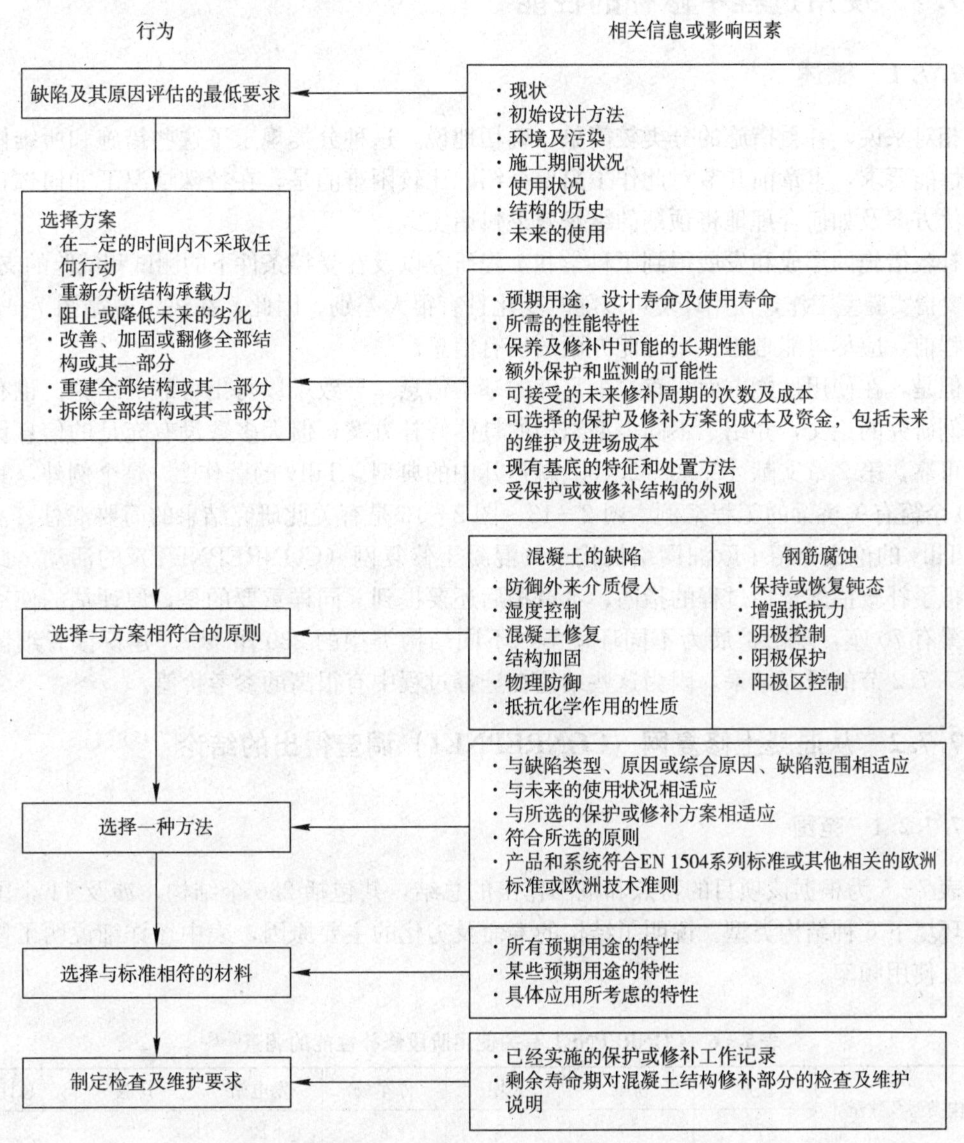

图7-1　EN 1504-9中连续评估过程的融合概况（经文献［7.16］允许，HIS BRE Press，2007）

图7-1的左边为基本流程图，右边概括了不同水平的必要输入。首先出现的是结构性能要求，接下来选择最好的方案并考虑所选方案的性能要求。

这看起来似乎很简单，但实施起来却并不容易。很多情况下会有不止一种可行的方法，这就需要首先根据相对的技术性能及怎么能及早介入来判断，另外还要根据不同方案的直接成本更重要的是生命周期成本（全寿命周期成本分析）作出经济方面的判断。无论怎样做，全寿命周期成本分析（LCCA）必须包括在所要求的生命周期内，对修补的有效性进行评估，并可继续满足特定结构的基本要求。在查看选择标准和可供选择的方法之前，应对真实性能的有效反馈进行研究，第 7.7 节将对此进行介绍。

7.7 使用过程中修补的性能

7.7.1 概述

相对来说，补救措施的分类较简单；确切地说，这种分类规定了这些措施和所维修结构的性能要求，本章前几节对此作了简要介绍。比较困难的是，在特殊情况下如何选择一个最优方案及如何合理地将预期的维修效果付诸实践。

补救措施的形成和发展得到了科学和工程研究以及在受控条件下的测试和试验的支持。这主要指实验室工作，使用环境可以随时变化且有很大差别。因此，在决定遵循图 7－1 中的流程前，应尽可能考虑使用性能方面的已有信息。

但是，在使用性能方面一直缺少足够的基本信息，导致难以得出可靠的结论。也有一些案例研究的论文，介绍了不同类型结构的具体修补方案，但大多数没有充足的信息保证绝对可靠，第 2 章文献［2.30～2.40］就是其中的典型。Tilly 的著作[2.41]是个例外，其中有 70 余篇有关桥梁的工程案例，图 2－13～图 2－16 是有关此研究结果的简要汇总。

Tilly 的论文介绍了欧洲网络机构——混凝土修复网（CONREPNET）的活动，此机构草拟了补救措施选择过程的指南，本章稍后还要提到。同样重要的是，原评估的使用中的桥梁有 70 座，现已扩展为不同环境下、不同结构类型的 230 座[7.15]。建议读者细读一下第 7.7.2 节的研究结果，因为这些结论在选择过程中有很高的参考价值。

7.7.2 从混凝土修复网（CONREPNET）调查得出的结论[7.15]

7.7.2.1 范围

表 7－6 为根据该项目的特点和范围作出的总结，共包括 230 个结构，涉及 11 个国家不同环境下 6 种结构类型。说明了结构的寿命及劣化的主要原因，表中还详细说明了修补类型及使用频率。

表 7－6 CONREPNET 有关使用阶段修补性能的调查[7.15]

结构类型及数量	房屋	桥梁	大坝	停车场	发电站	其他	总计
	77	75	36	8	12	22	230
地理位置及特点	从北部的斯堪的纳维亚到南部的希腊和西班牙共 11 个国家 周边环境可分为城市（84）、乡村（54）、公路（54）、沿海（27）、工业区（11）						总计 230
寿命	大部分结构（61%）建于 20 世纪 50～80 年代，其中有 18%的结构寿命超过 60 年。进行修补时，80%的结构寿命在 0～40 年之间，50%的在 11～30 年间，另有 8%的寿命小于 10 年，寿命最长的超过了 100 年						

续表

结构类型及数量	房屋	桥梁	大坝	停车场	发电站	其他	总计
	77	75	36	8	12	22	230
劣化的主要原因	腐蚀约占55%，冻融作用约占10%，一般开裂约占9%，碱骨料反应约占6%，其他因素如施工不当、渗漏、冲刷、冲击和变形等约占20%						
修补类型	以桥梁的各组成部分为例，修补类型的分布如图2-13所示。一般来说，修补的类型总计约365种（很多结构采用不止一种类型）。全部修补类型包括：打补丁（138）、涂层（72）、灌缝（65）、加固（42）、喷射混凝土（30）和电化学处理（18）						
关于修补类型及使用的注意事项	有60%案例研究使用的是打补丁方法，其中60%使用水泥材料，30%使用聚合物改性材料，其余的使用纤维。有35%的案例研究使用的是刷涂层方法，其中60%使用隔离，25%使用厌水浸渍 有时打补丁方法与涂层方法结合使用 加固一般指置换腐蚀的钢筋，另外还有增加钢筋及混凝土、采用粘结板和施加预应力的方法						

这份基本资料比文献［2.41］记录的内容多，如此多的结构类型说明图2-13～图2-16反映的一些趋势发生了变化，但没有根本性的变化。要想更加深入地了解这份调查结果，还要清楚这份资料有一定的局限性，尤其是下列情况：

—只有6%的案例涉及碱骨料反应；

—电化学技术的使用有限；

—涉及粘结板或外部施加预应力的加固案例有限。

还应注意有20%案例的劣化机制不是腐蚀、碱骨料反应或冻融作用，而是由于施工不当、外加荷载或变形及冲刷和渗漏。

这份资料很有价值，它指出了实际维修与预期性能的符合程度并提示我们需要控制的主要因素应该是什么，为未来的选择过程提供指导，本章稍后将作介绍。

7.7.2.2　不同管理策略下的修补期望

在所有类型的结构中，应首先考虑安全因素，因为安全问题导致的失效很重要，特别是造成了生命损失时。对于一些很敏感的结构，如核电站，寿命约为40年，无论如何都要让其处于安全的工作状态下，对其进行修补也应一直持续到规定的使用年限。

在不同的策略及管理系统下，对修补的期望也是不同的，这取决于结构类型及业主的态度。以下是两个例子。

1. 交通结构。预期寿命通常为100年，必须保证结构安全且耐用，采取补救措施时对交通的影响要小，修补最少持续25年。

2. 商业结构。包括多种结构类型及功能，设计寿命也不相同，但最主要的要求是保持运营状态且使修补时间最短。过去人们倾向于选择快速的维修或预防措施，但这不是最佳的长期技术方案。现在，物有所值的观念使人们一般通过招标的方式选用报价最低的方案。

这种观念目前正在发生改变。过去的维修性能令人感到失望时，人们对更加持久且可靠方案需求也大大增加。保证维修体系的可靠是普遍的要求。为在所需性能和最低成本之间取得平衡，业主更加意识到生命周期分析（LCA）的必要性，这也受到可持续发展的驱动。

在这一背景下，面对当前的趋势，从过去的维修性能中得到的教训对我们大有裨益。

7.7.2.3　性能分类

在最近的调查中，混凝土修复网（CONREPNET）使用了如下的分类系统：

1. **成功**——不需立即关注。
2. **有失败的迹象**——不尽如人意，最终需进一步关注。
3. **失败**——需立即关注。

用上述分类系统分析所有类型的修补，发现50%是成功的，25%有失败迹象，另外25%属于失败。

各种类型修补的成功率如下：

打补丁——50%，使用聚合物改性材料比使用水泥材料稍好；

涂层——50%，使用厌水涂层比设置隔离层稍好；

灌缝——70%；

喷射混凝土——30%；

加固——75%；

电化学处理——35%。

对于某些情况，数据很少（表7-6），这些数据只是象征性的，还要在具体环境中得以论证。有明显证据表明，有时将某些修补系统结合起来使用效果更好，如打补丁与涂层相结合。

在一般的分析中，需进一步关注的问题是失效发生的时间段。有20%的失败情况发生在5年内，55%发生在10年内，95%发生在25年内。在识别失效模式特别是识别产生失效的可能原因时，需仔细研究上述数据。

7.7.2.4　与劣化机理有关的成功率

（a）**腐蚀**。总的来说，腐蚀修补的成功率为50%，其中灌缝的成功率为70%，打补丁的成功率为40%。当腐蚀处于早期阶段时，灌缝可看做是一项保护性措施。打补丁是一个比较敏感的过程，包括清除受影响的混凝土及对钢筋进行清洁。打补丁处理的效果取决于前期所做的准备，首先是施工工艺，其次是所清除混凝土的范围。另外，保证基底与相容修补材料之间的有效粘结也很重要。

（b）**碱骨料反应**。发生碱骨料反应的情况很少，修补的成功率只有20%，修补类型为打补丁和涂层，两者可单独使用，也可结合使用。尚无足够证据表明碱骨料反应破坏修补的成功率为什么如此之低，也许是因为碱骨料反应尚未完成的缘故。刷涂层的目的是减少水分的吸入量，打补丁的目的是修补裂缝或替换已剥落的混凝土。

（c）**冻融作用**。冻融作用修补的成功率也很低，只有25%，修补效果不明显。冻融作用在英国的关注度不是很高，不过人们却清楚其产生的两种后果：一是有盐的情况下会产生表面剥落；二是以微裂缝的形式引起内部机械失效。

（d）**一般裂缝**。修补的成功率为65%，表明灌缝或裂缝注射的效果较好。

7.7.2.5　修补失效的形式

图7-2为图2-15的另一种表达方式，描述了修补失效的形式。由图7-2可以看出，相对来讲，剥落失效有增加。“其他”指混凝土劣化，如有些情况下混凝土剥落和表面涂层劣化。

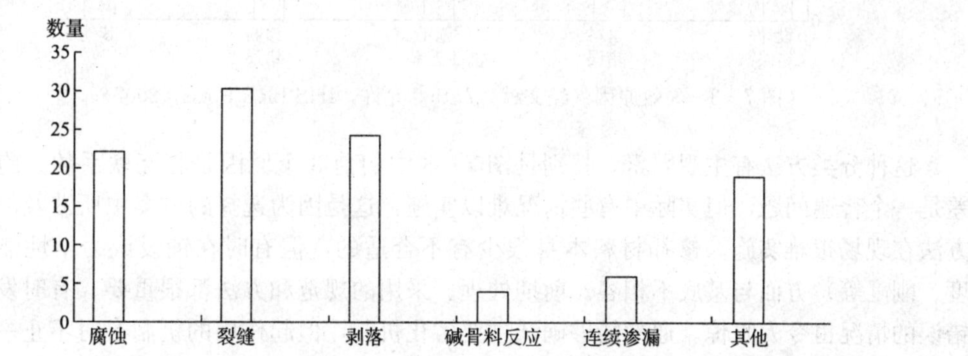

图7-2　所有类型修补中失效的比例（经文献［7.15］允许，IHS BRE Press，2007）

修补失效的具体统计数据如下。

(a) **打补丁**。在所有的失效形式中，裂缝占30%，剥落占25%，连续腐蚀占25%，其他形式占20%。

(b) **涂层**。在所有的失效形式中，裂缝占25%，剥落占25%，腐蚀占20%，连续碱骨料反应占10%，其他形式占20%。

(c) **喷射混凝土**。失效形式主要是裂缝、剥落和连续腐蚀。

(d) **阴极保护**。失效主要是由系统错误（如电子连接件或阳极失效）导致的，这种失效容易纠正，只要出现一种错误就不能抑制腐蚀过程。

需要注意的是，在选择、设计和安装这些维护系统时，混凝土开裂和剥落是经常发生的失效形式。对于打补丁，发生连续腐蚀可能是因为未清除足够的混凝土或因为没有从整体认识结构中腐蚀电池的特点和位置。对于涂层，应该记住的是，在某些情况下，涂层本身也会劣化。大部分失效发生于设计和涂刷过程的具体实施中。选定一个方案后，判断可能产生失效的原因很重要，这将在下面介绍。

7.7.2.6　修补失效的原因

对于特定的失效，很难判别是哪种原因，因为经常会有几种原因相互联系着。CONREPNET将失效原因分为如下几种：

—修补设计错误；

—使用材料错误；

—施工工艺差；

—诊断错误；

—其他因素。

上述分类方法如图7-3所示。图7-3为图2-16的另一种表达形式。

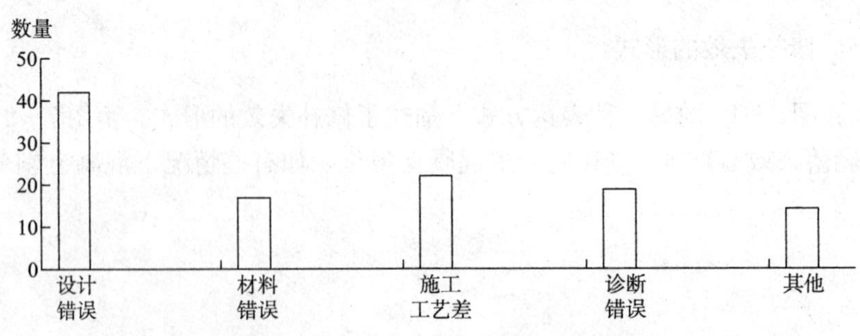

图 7-3 失效原因（经文献［7.15］允许，IHS BRE Press，2007）

这种分类方法有主观因素，特别是图 7-3 中的前 3 个原因是相互联系的。施工工艺差是一个普遍问题，但实际中有些情况难以实施，这是因为选择的方案中所涉及的材料和方法在现场很难实施。修补材料本身很少有不合适的，但有时在铺设或力学性能（如强度、刚度等）方面与基底不相容。前期处理、采用的规范和方法都很重要。有时发生诊断错误的情况也令人吃惊。通常能够确认主要劣化机制，但起作用的机制有时不止一种，裂缝出现的原因也有多种。

7.7.2.7 环境影响

不同环境的定义如表 7-6 所示，图 7-4 给出了每种环境下修补的成功率。

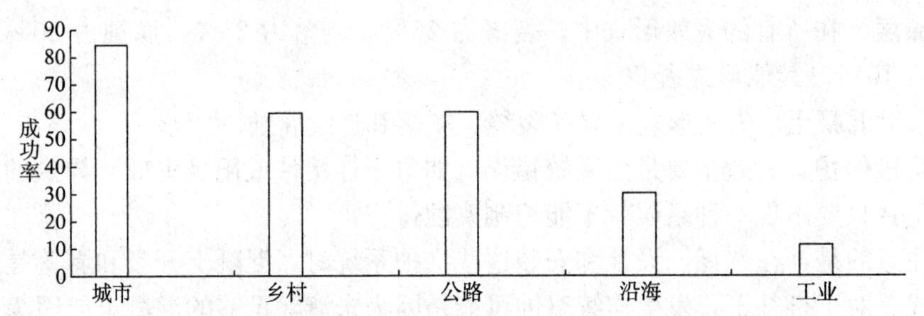

图 7-4 环境对维修性能的影响（经文献［7.15］允许，IHS BRE Press，2007）

城市中结构修补的成功率很高，而沿海和工业区的成功率较低，这可能是由于局部微气候的侵蚀造成的。表 7-5 中的所有修补类型都需要考虑一般的气候条件，对第 2～第 4 类维修形式，湿度和温度尤为重要，它不仅影响修补方案的选择，还影响材料的选择和规格。

7.7.3 从混凝土修复网（CONREPNET）项目中得出的一般结论

这份普查结果的离散性很大，因为表面上相同的修补实施起来可能有很大不同，这表明尽管当前可供使用的方法和指南一直在完善，但仍存在很多问题：有的未得到正确使用，有的在某些方面有缺陷。显然，修补技术是一项敏感的工作，需要将设计、材料和施工正确地结合起来。事实上，这与一般的混凝土施工相似。

作为工作内容的一部分，CONPRENET 团队共调查了 138 项与修补有关的研究计划，其中只有 60%的计划论述的问题在工程案例中可以得到确认。显然，有很大的空间提出一个与性能联系更为紧密的方法，因此，还应更多地考虑现场条件，因为目前实验室条件与现场条件有很大差别。如果不能提出这样一种方法，那么就不能有效地利用EN 1504的原则。Tilly在其论文[2.41]中就该方法的提出给出了以下建议：

(a) 密切注意劣化原因的调查和诊断，即劣化的性质和范围；

(b) 整套修补设计过程的独立检查，以确保主要环境下的相容性和适应性；

(c) 对现场工作有清晰的实施方案和周密的监督；

(d) 多进行试验，以满足验收要求，并将其用于之后的检测中；

(e) 对现场工人提供良好的培训；

(f) 整个设计过程中多进行培训，确保相关人员更好地理解满足建立的性能标准。

7.8　干预时间

本书前面的多个图中阐明了性能与时间在不同方面的关系。图3-13强调了承载力，但也引发了将其扩展到包括适用性等方面的建议。图4-8进一步解释了与腐蚀性能有关的不同方面。图3-3基于英国的实例介绍了桥梁加固的各种策略。

现在需要做的是，在按表7-5的第5类修补方法中作出选择的同时，还要考虑修补开始的时间。图7-5阐明了这种可能性。图7-5 (a) 为一般情况，示出了最低的可接受性能。

图7-5 (b) 与安全性有关，尽管它可能只是保持了现状，但人们通常希望将其强度提高到初始的未受损状态，甚至更高。如果对性能-时间曲线的梯度及最后阶段评估的最低性能（图7-5 (b) 的选择 (1) 和 (2)）有把握的话，可以立即采用这种做法。一般来说，可以选择表7-5中的第1类和第2类修补方法。

如果合理地满足了安全性要求（一直是最关注的），那么性能就更为一般，情况也大有不同，如图7-5 (c) 所示。这里人们主要关注的是通过改变性能-时间曲线的梯度延迟结构到达最低技术性能的要求。这样做的目的是为了满足适用性、功能性和美观要求或降低未来结构劣化的危险。修补的性能要求有很大不同，采用的方法也大不相同，具体方法可从表7-5中的第3类～第5类方法中选择。

由图7-5可以看出，直接通过改善结构承载力而改变结构性能和不改变结构性能的做法有明显的差异，这其中也有现实的原因，因为加固修补是根据不同标准作出的选择。

就干预的紧迫度而言，图7-5表明，开始修补时间取决于性能曲线到最低性能线的距离。如果安全水平不能令人满意，业主可以决定立刻维修或在合理的时间内维修［图7-5 (b)］。否则，开始修补的时间如图7-5 (c) 所示。一般来说，越接近实际结果，性能-时间曲线上的现状点就越高。

综上所述，可以采用分区法来解决干预时间和特点的问题，如图7-6所示。从图中可以看出，从1区到3区，对结构修补的需求是逐渐增加的。

如果采用这种方法，第5章和第6章所述的连续评估过程需格外严格，这样才能确定与实际建造条件相比性能的降低。从某种程度上说，不同分区之间的界限是主观确定的，取决于业主对日常维护和预防性维护的策略。

图7-6中，1区并未直接涉及结构性能，2区结构有一定程度劣化，但没有直接导致结构失效的迹象。如果所处环境很恶劣，需要进行监测，但本质上讲，在决定采取下述两项行动前，对处于2区状态的结构进行评估：

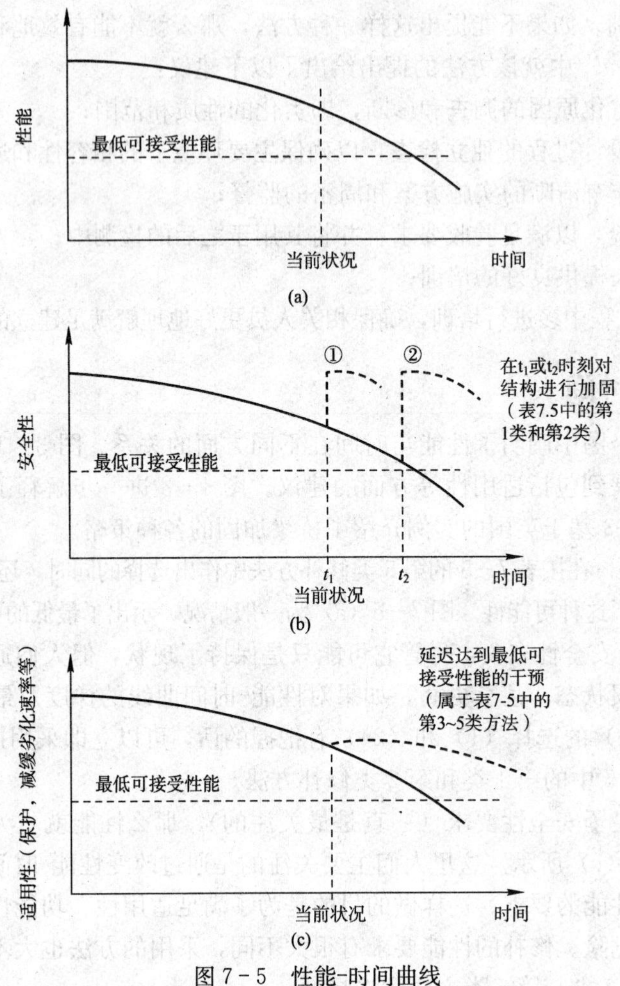

图 7－5　性能-时间曲线

（a）一般情况；（b）结构加固/修复；（c）适用性（预防等）

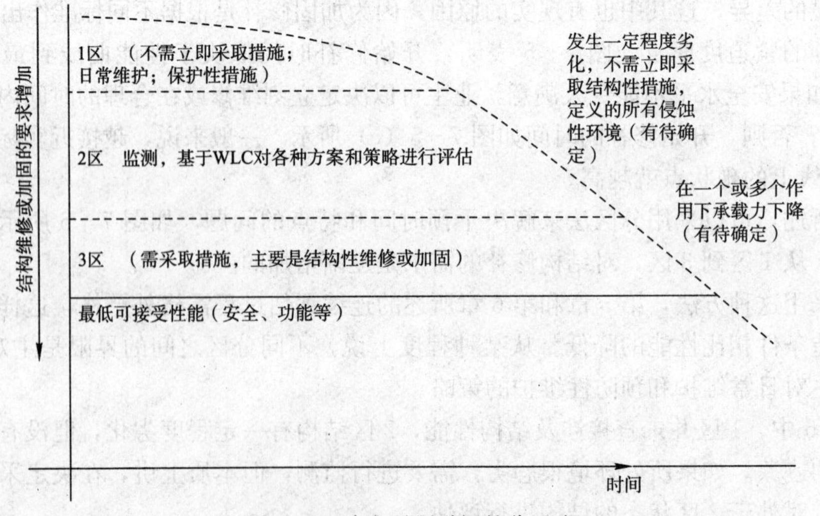

图 7－6　确定干预时间的分区法

—在较短的时间内，采取一定的预防措施；

—在可控制条件下允许进一步劣化，直到剩余承载力引起人们的担心时，再进行修补加固。

在3区，很明确需要对结构进行修补，唯一问题是如何在达到最低性能水平之前，准确确定实施修补的时间［图7-5（b)］。

图7-6只是象征性的，随具体结构类型和人群而不同。就干预时间而言，需要强调的是，在劣化的结构中，采用表7-5中第3类～第5类修补方法的时间一般要比第1类和第2类方法更早。普遍的结论是，从全生命周期成本（WLC）的角度看，较早采取预防措施要更为经济。

7.9 修补方案选择的一般原则

7.9.1 概述

修补方案的选择确是一个连续过程，类似于前述章节中推荐的评定方法。在这些评定方法中，先关注整体结构，检查完先前的记录，根据劣化的特点和范围进行检测和诊断，评估所处状态及对结构性能的影响，采用的是从一般到特殊的顺序。修补方案的选择与此类似，在确定采用的修补类型之前（表7-5），作为整体策略，首先要关注所要修复结构的整体性能要求（表7-1和表7-2），然后选择合理的修补方案（第7.4节）。图7-1示出了此连续过程的特点，第7.8节论述了如何确定修补开始的时间，同时还应将结构加固与预防措施区别开来。

这些说起来容易做起来难。从使用状态下修补效果得出的教训（第7.7节）告诉我们，过去规定的大部分方法都会引起成功率发生变化，同时也指出了引起变化的原因（第7.7.2.6节～第7.7.2.8节)。现在情况进一步复杂化，因为一些新的修补方案已经进入市场且已有方案的配方经常发生变化，这样就使得评估时很难在两者之间作出比较。

但有一点很清楚，即修补方案的选择不能孤立进行，要考虑各环节的衔接，即在供应链中各角色的作用，还要考虑整个过程是如何管理、控制和监测的。第7.7节告诉我们，修补方案的选择是一个敏感的过程，在所有方面和可以传达的内容之间要有一个共同认识，通常这会受到最低初始成本的影响。业主需要参与整个过程，不仅仅是一个具体的修补系统。必须从先前规定方法的做法向着与性能联系更紧密且阐述清晰的方法的方向转变。

在修补业发展的目前阶段，尚无一个万能的方法能告诉我们如何实现上述想法。尽管毫无疑问这一行业会继续发展下去，但有很明显的迹象表明，会有一个更为系统且结构化的方法产生，主要的驱动力如下：

· 尖端资产管理系统的发展越来越快；
· 考虑到成本和性能，对全寿命方法的需求日益增加；
· 业主对修补业和修补本身期望很高，所以要求也更加严格；
· EN 1504和其他标准的发展；
· 可持续发展。

最近很多出版物都详细介绍了这一领域的发展与进步，超过了传统修补手册的更新速度。文献［7.16～7.20］给出了选择方案。

图7-7所示为选择修补方案时的流程图。水准1和水准2是针对业主和结构的，覆盖了所有可能出现的情况，已超过本章范围，由业主和其技术顾问协商议后作出决定。

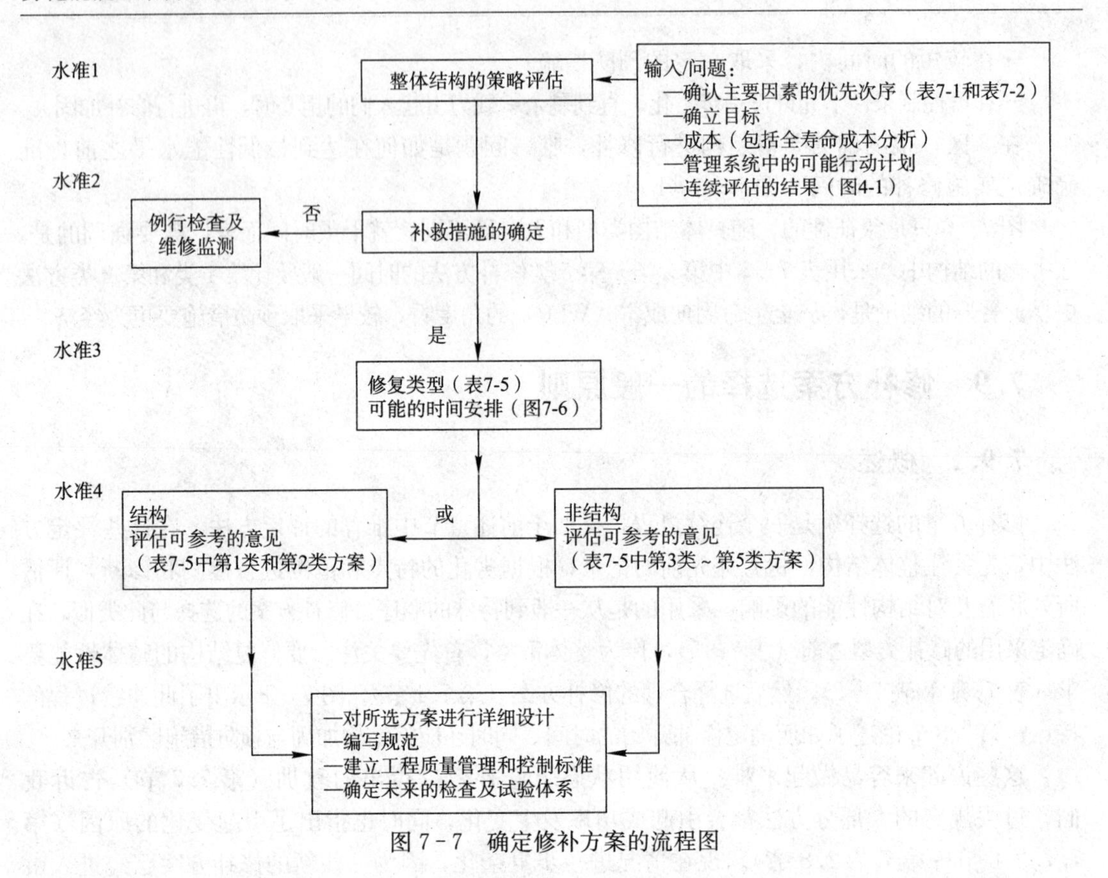

图 7－7　确定修补方案的流程图

水准 3 是针对结构的。至于是选择图 7－5 中的方案（b）还是方案（c），不仅取决于业主的战略计划和结构未来的长期目标，还取决于评估结果。

选择的主要区域是图 7－7 中的水准 4，这里的主要问题是确定选择方法，这样可以帮助我们从表 7－5 中的不同类型修补中确定一个最有价值的方案。当对有共同依据的方案进行比较时，要记住选择是相对的，不是绝对的。无论选择哪种方案，都要经历图 7－7 中水准 5 所包含的过程，正如之前所强调的，这是为确保所需性能与实际性能之间取得平衡。

7.9.2　辅助选择工具

7.9.2.1　概述

对于图 7－7 中的水准 2，需根据水准 1 的输入/问题来决定干预，并建立一个移向水准 3 的平台。选择基本上介于结构与非结构方案之间，表 7－5 指出了这些方案及其可能的应用。第 7.8 节给出了有关干预时间的建议，干预的时间取决于在性能-时间曲线（图 7－6）上所处的位置。

结构和非结构方案的选择过程是不同的，主要是因为性能要求和标准不同。选择的方法也不同，主要指使用不同的方法。在查看每份修补的基本策略之前，需了解目前已有的各种方法，下面对此进行介绍，更多更为详细的信息参见文献［7.12，7.16，7.21］。

在实际中使用这些方法时，必须要有远见。在使用数值表示的方法时，很容易因整个过程表面上的精确而忘乎所以，必须牢记输入数据的有效性和相关性及其他多方面的实际问题。混凝土修复网（CONREPNET）的报告[7.16]对此十分关注，列出了实现耐久修补存在的问题，如表 7－7 所示。

表 7－7　实现耐久修补的潜在问题——CONREPNET[7.16]

（经文献［7.16］允许，HIS BRE Press，2007）

主题范围	潜在的障碍或问题
设计	·业主的期望和要求未充分确定或很模糊 ·由于缺乏了解而导致修补设计错误或使用规范错误 ·未考虑或不了解修复系统/修复结构的耐久性 ·对整体结构的性能关注不够 ·对详细设计或修补规范方面关注不够，包括材料选择，现场出现未考虑的实际问题或耐久性不足
耐久性	·修复时间太晚（结构过度劣化） ·对修复性能的期望不切实际 ·对修复的耐久性，不同参与者的期望明显不同
决策	·缺少有关决策标准方面的知识 ·如何使用已有信息缺乏了解 ·有些业主对问题、风险和责任没有足够的了解 ·政府设定的折现率相对过高，促使人们产生不恰当的短期行为，与长期资产不相称（如桥梁等） ·很少使用全生命周期成本（WLC）分析，因为大多参与者对其理解地不充分 ·“主要参数”的选择不恰当，即对真正影响耐久性修复和所修复结构的因素不敏感 ·收集数据的质量和数量不满足资产管理要求 ·财政约束限制了非技术型业主在早期阶段获得合理的技术建议
财政约束	·缺乏工程预算，包括现场监管预算不能达到令人满意的水平 ·维修资金不够 ·在有效调查、评估和对成功的耐久性修复监测方面，缺乏业主价值上和效果的认同 ·与实体投资相比，咨询业务投资比重较大，而业主看不到该项投资的必要性 ·不恰当坚持选用报价最低的投标，即不是那些能提供最佳长期价值的投标 ·确立最佳方案时，缺乏使人信服的财政实践
较差的工艺/实施过程	·负责技术评价的人员未参与修复，存在各环节说明和连贯性问题 ·缺乏现场作业监督而导致施工质量差 ·参与修补的管理人员或总工程师可能缺乏工程经验，不能提供适当的技术指导
教育和培训	·缺乏独立的综合性指导或简单指导，既无技术性的指导，也无浅显易懂的说明 ·缺乏对修复过程整个环节的培训，有必要了解材料的特性及其使用和性能方面的限制
规定的要求、合同形式、保证书和保险问题	·确认相关的要求和有关如何满足这些要求的规定 ·合同既可用于各种可能的合作关系，又可用于技术方案/服务机构提供的各种选择 ·缺少适当及普遍公认的保证期、保险期 ·建议的工程实施方法，合适的担保/设施保险在欧洲一些国家的适用性和可能遇到的困难
材料问题	·材料以次充好，虽然理论上满足规范，但却未能提供同样的耐久性 ·难以对市场上的各种材料作出比较 ·不愿使用新材料，因为有可能会使性能变差，导致不利后果。这需要冒险精神和利益分享 ·标准中允许材料用不同方法（可供选择的试验方法）进行试验，从而产生不相容的结果。这需要进行协调，保持试验结果的一致性和相容性 ·由于缺乏性能标准和试验方法，业主、顾问、承包商及其他人之间就材料性能是否符合规范等问题可能产生分歧 ·修补中因出现极端不利天气引起耐久性问题

在选择不同的方法时，需要记住的是，最理想的情况是有一个与所要评估结构的场地条件相近的成功案例。考虑到传统的结构设计，这种情况很少会有，但选择过程应严格以尽可能接近这种情况。这就需要从如下方面清楚定义初始条件：

· 明确主要劣化机制；
· 确定劣化的特点、范围和位置；
· 确定局部微气候和环境条件。

7.9.2.2 选择方法的必要组成

表 7-5 所示的修补方案种类繁多，很难用一个通用的标准进行比较。现场大部分工作采用的是表中第 3 类～第 5 类方法，包括打补丁的方法，这些工作很多都未区别结构与非结构的不同，因此在确认选择方法的核心因素时，有必要将重点集中在这些类型的方法上。

无论是完全按照规范的方法，还是更加注重以性能为基础的方法，其主要因素如下：

(i) 指标判别（性能要求）；
(ii) 临界值定义；
(iii) 实施/交付问题的考虑；
(iv) 验收试验的应用和校验；
(v) 开发修复后的监测系统。

考虑所有必要的性能要求和设定限值（临界值）时，所用方法的核心在于第（i）和第（ii）阶段。在这项工作中，一些正在发展中的方法可能十分复杂，在确定每一指标的权重系数和多属性评估过程结果的目标时，需要一定的技巧。第（iii）～第（v）阶段将修正系数用于基本输出中，需要考虑实施和质量问题，还要考虑微气候因素。

在第 7.4 节介绍修补方案和性能要求之前，应注意该方法只是评估和决策的系统方法，当考虑图 7-7 中水准 1 的问题时，可以有效使用该方法。业主必须审核表 7-1 所列的性能要求，还要排出优先次序并确立目标。然后考虑各种修复方法的特点，同样的想法可用于表 7-2 与结构有关的要求中。

表 7-8 为从表 7-1 选取的一些性能要求，每种要求都给出了不同的性能指标，不过这些指标既不是决定性的也不是综合性的，业主可考虑什么对他是最重要的，并据此作出自己的选择，然后将权重系数用于每种指标中，达到预定的等级并确定分值，该分值反映了修补的紧迫性和特点。实际方法和分值系统取决于最优的选择方法（第 7.9.2.3 节）。最终结果体现在下面的修补指标（RI）上：

$$RI=\sum_{1}^{n}(PI)\times(WF)$$

式中 PI——相关的性能指标；
WF——相应的权重系数；
n——相关性能指标的数目。

这种方法是经验性的，需要大量的判断。不过，这是一个简单的数值方法，目的是使复杂的多属性评估过程更有条理。过去使用该方法时，考虑的大多是经济和耐久性问题，以后的趋势是更多考虑安全性、适用性和可持续发展问题。

表 7-8　确定修补紧迫性和特点的简单排序方法

表 7-1 的部分性能要求	性能指标（PI）	排序/权重系数（WF）
1. 安全性	失效后果 失效类型 坚固性（结构的敏感度） 修补的可靠性	对每种性能指标（PI），用下列之一种描述： 非常高　4 高　3 中　2 低　1 目标是确定一个分值，表示修复的紧迫性和特点。 分值越高，表示越紧迫
2. 适用性、功能和美观	刚度和变形 操作的连续性 外观 可检验性	
3. 耐久性	局部微气候 破坏作用的性质和数量 劣化范围和特点 修补系统的计划寿命	
4. 经济性	初始成本 全生命周期成本 使用成本	
5. 健康与安全	公共安全 重建期间的安全	
6. 可持续发展和环境问题	使用可持续材料 控制废气、噪声等 能源消耗	

表 7-8 中的前 4 项性能要求与修补的紧迫性和特点联系最为密切，同时还给出了对修补措施的期望。这里只是引出这一问题，为强调后面更详细的修补选择阶段，下面以打补丁为例进行说明。

第 7.4.3 节对打补丁方法作了介绍，表 7-5 将其归类为结构修补。在该方法中，因为清除了一定量的材料，会暂时削弱构件的强度和刚度，这要在编写工作计划时认真考虑。在此再一次强调前期准备的重要性。修补的基本性能要求是确保被修复构件作为一个复合体起作用，这需保持原混凝土和修补材料之间的相容性，及混凝土与新植钢筋间的有效粘结。

第 7.4.3 节给出了基本性能指标，当对市场上众多的修补方案进行选择时，有必要确立这些指标的相对重要性。混凝土修复网（CONREPNET）的报告[7.16]阐述了其中的一种方法，如表 7-9 所示。这里给出了 3 种性能要求，每一要求都有具体的性能指标及对相对重要性系数 I_m 的判断（I_m 的和应为 1.0）。第 5 列给出了暂定的性能标准，第 4 列给出了相应的得分值。修复性能指标（IPI）为第 4 列判断的得分值乘以第 3 列的相对重要性系数，这样第 6 列的得分值为：

$$IPI=\sum PI \cdot I_m$$

表 7-9 右下角是其分值的总和，然后将该分值与预定的目标值进行比较。对于表 7-9 所示的系统，目标值应为 3.0。如前所述，该方法给出了需要进行修补的判别尺度，即 $\sum PI \cdot I_m \geqslant 3.0$，但此该方法也可用于对不同的打补丁修补系统进行比较。

该方法也可用于比较不同的保护和补救措施。从广义上讲，有必要引入一个修正系数，该系数考虑了局部环境侵蚀的影响及其对可供选择修补方法耐久性的可能影响。为此，混凝土修复网（CONREPNET）建议使用大多数规范和标准中给出的环境分类系统（差别不大），如表 7－10 所示（欧洲规范 2[7.22]）。下面给出一个环境类别系数（EA），由此得到一个分值，该分值与表 7－10 中各等级下每种修补方法的预期性能有关，此方法的分值范围与表 7－9 的相同，即 1～4 分，4 分表示性能最差，1 分表示性能最好。混凝土修复网（CONREPNET）的建议值如表 7－11 所示，可以看出阴极保护和涂层方法一般对环境不太敏感。

表 7－9　CONREPNET 描述的打补丁方法的性能指标[7.16]（经文献［7.16］允许，HIS BRE Press，2007）

PR	PI	Im_{PI}	分值	性能标准（暂定）	总分值
性能要求	性能指标	相对重要性 ($\sum Im_{PI}=1$)			
粘结	剥离：修补部分与基底间的裂缝宽度（可见）	0.05	4 3 2 1	>0.4mm 0.1～0.4mm 0.05～0.1mm <0.05mm	$PI_1 \cdot Im_{PI1}$
	与基底的粘结	0.10	4 3 2 1	<0.3MPa 0.3～0.7MPa 0.7～1.1MPa >1.1MPa	$PI_2 \cdot Im_{PI2}$
渗透性	打补丁材料开裂	0.10	4 3 2 1	>0.4mm 0.1～0.4mm 0.05～0.1mm <0.05mm	$PI_3 \cdot Im_{PI3}$
	碳化系数	0.10	4 3 2 1	>6mm/√年 3～6mm/√年 1～3mm/√年 <1mm/√年	$PI_4 \cdot Im_{PI4}$
	氯离子扩散系数	0.10	4 3 2 1	$>5\times10^{-2}m^2/s$ $2\times10^{-2}\sim5\times10^{-2}m^2/s$ $1\times10^{-2}\sim2\times10^{-2}m^2/s$ $<1\times10^{-2}m^2/s$	$PI_5 \cdot Im_{PI5}$
	吸水性或吸附性	0.07	4 3 2 1	$>0.2mm/mm^2$ $0.15\sim0.2mm/mm^2$ $0.1\sim0.15mm/mm^2$ $<0.1mm/mm^2$	$PI_6 \cdot Im_{PI6}$
耐久性	钢筋电位	0.15	4 3 3 2 1	>－350mV（SCE） －250～－350mV（SCE） －250～－350mV（SCE） －100～－250mV <－100mV（SCE）	$PI_7 \cdot Im_{PI7}$
	钢筋腐蚀率	0.15	4 3 2 1	>10μm/年 5～10μm/年 1～5μm/年 <1μm/年	$PI_8 \cdot Im_{PI8}$

续表

PR	PI	Im_{PI}	分值	性能标准（暂定）	总分值
性能要求	性能指标	相对重要性（$\sum Im_{PI}=1$）			
耐久性	混凝土表面电阻	0.10	4 3 2 1	＜50Ω·m 50～100Ω·m 100～500Ω·m ＞500Ω·m	$PI_9 \cdot Im_{PI9}$
	混凝土表面力学强度	0.08	4 3 2 1	＜10MPa 10～20MPa 20MPa～母体混凝土强度 ＞母体混凝土强度	$PI_10 \cdot Im_{PI10}$ $\sum PI . Im_{PI}$

表 7-10　欧洲规范 2 中与钢筋腐蚀有关的环境分类[7.22]（经英国标准协会允许）

等级	环境描述	暴露举例
1. 无腐蚀或侵蚀的危险		
X0	没有钢筋或内置金属的混凝土： 除冻融、磨蚀、化学侵蚀之外的一切暴露条件 对有钢筋或内置金属的混凝土： 非常干燥	建筑物内部混凝土，周围空气湿度低
2. 由碳化引起的腐蚀 内有钢筋或内置金属的混凝土暴露于空气湿度中，暴露分为如下几类： 注：湿度条件和钢筋或内置金属的混凝土保护层有关系，许多情况下，混凝土保护层可以反映周围环境条件。在这些情况下，对周围环境进行分类是合适的，但这不能反映混凝土与其所处的环境之间有屏障的情况		
XC1	干燥或永久潮湿	建筑物内部的混凝土，周围空气湿度低 混凝土永远浸没在水中
XC2	潮湿，很少干燥	混凝土表面与水长期接触 各种基础
XC3	湿度适中	建筑物内部的混凝土，周围空气湿度适当或 免受雨淋的外部混凝土
XC4	干湿交替	混凝土表面与水接触，但不属于 XC2 的暴露等级
3. 除海水之外的氯化物引起的腐蚀		
XD1	湿度适中	混凝土表面接触到空气中的氯化物
XD2	潮湿，很少干燥	游泳池 混凝土接触到含有氯化物的工业用水
XD3	干湿交替	会受到氯化物喷溅的桥梁部分 道路 停车场
4. 由海水中的氯化物引起的腐蚀		
XS1	接触到空气中的盐分，但未直接接触海水	近海或海岸结构
XS2	永久浸没于海水中	部分海上建筑物
XS3	潮汐区、浪溅区	部分海上建筑物

表 7-11 CONREPNET[7.16]根据表 7-10 的环境等级提出的针对不同修补方法的环境类别系数（EA）评分（经文献［7.16］允许，HIS BRE Press，2007）

修补方法	EN 206 中的环境等级										
	X0	XC1	XC2	XC3	XC4	XD1	XD2	XD3	XS1	XS2	XS3
小块修补	1	1	1	2	3	2	3	4	2	3	4
涂层	1	1	1	1	2	1	2	3	1	2	3
灌缝	1	1	1	2	3	2	3	4	2	3	4
喷射混凝土	1	1	1	2	3	2	3	4	2	3	4
阴极保护	1	1	1	1	2	1	2	3	1	2	3

把环境类别系数（*EA*）的评定结果与基本修补性能指标（*IPI*）的值相加，可以得出一个新的指数，这需要对两者的相对重要性作出判断，CONREPNET 建议 *EA* 的权重取 20%，则

$$修复寿命指数（ILI）=0.8IPI+0.2EA$$

最后，回到具体的打补丁方法上，市场上的打补丁方法有很多不同的系统，在实施或质量控制的必要水平上都有不同程度的困难，对这些实际问题需要进行考虑。对这些问题，很难通过其他方式来处理，如使用打分的方法进行选择，只能根据整个修补系统设计过程中的需要进行判断，并考虑多个方面，如：

·规范；

·基底的前期准备；

·清晰的施工方案；

·监督水平；

·工程师及技术工人培训。

这里描述的方法不是很严密，但目的是使选择更有条理、更加客观且与性能联系更为紧密。基于以上原则，第 7.9.2.3 节将对具体系统进行详细的介绍。

7.9.2.3 目前正在发展中的方法

REHABCON 指南[7.21]有多个附录，评述了表 7-5 中的修补类型。指南也提供了在这些类型中进行选择的相对简单的方法，文献［7.23］中有阐述。本节根据文献［7.16］和文献［7.19］，对选择方法的更多详细内容作简要介绍。

对于每种方法，一般用缩写代替，具体如下：

(a) MADA——多元决策辅助方法

这是一种决策手段，其中可供选择的方法不止一种，对每种方法也不止一个标准。在 LIFECON 项目中[7.19]，从简单的排序法到复杂的临界值定义，采用了 3 种不同的方法，这些方法在确定加权属性值方面使用的手段是不同的。

(b) QFD——质量函数开发

QFD 始于 20 世纪 50 年代，最早用于工业产品的开发，本质上是一个矩阵方法，这种方法把需求与工艺特点通过权重系数联系起来，正如第 7.9.2.2 节所述，是一个定量的

方法。将该方法与定性的 RAMS（可靠性、可利用性、可维护性、安全性）方法相结合，即可实施有关维修计划。该方法的显著特点是它是一个综合性灵敏度分析方法。

(c) LMS——混凝土结构生命周期管理系统

从名称就可以看出，这不是一个单一方法，而是有关混凝土结构资产管理的综合性方法。该方法是在 LIFECON 计划[7.19]中产生的，包含大量相互关联的模块。LMS 起源于对生命周期成本分析的基本考虑，将 MADA、QFD 和风险分析技巧结合起来使用，使用范围很广，包括劣化机制、结构状况、维修和修补方法——所有这些都将重点放在生命周期性能规划和决策上。

这里未对这些方法进行详细描述，读者可参考文献［7.16］和文献［7.19］，这些文献描述了上面的方法和案例。这里提及这些方法只是为说明一些工具的基本要素（已在第 7.9.2.2 节作了论述）可以提出且已经形成用于进行选择的详细数值方法。如第 7.9.2.1 节所述，在使用这些方法时，必须要有远见。

7.10　欧洲标准 EN 1504[7.13]在选择过程中的作用

表 7-3 表明，EN 1504 已经颁布了 10 个部分，其中两部分正在修订中。总的来说，这里涉及 EN 1504-9 中有关修补的 11 项原则，在表 7-4 中已经作了简要介绍。其中，前 6 项原则是一般原则，后 5 项与防腐的不同方面有关。表 7-12 是对表 7-3 的扩充，从中可以看出这 10 部分与这 11 项原则不是相对应的。举例来说，EN 1504-2 和 EN 1504-7 介绍了有关表面涂层的内容，而其他部分介绍了整个过程的具体阶段，如第 9 部分的设计、第 10 部分的实施。

表 7-12[7.30]是从混凝土修复协会网站下载的，其中包含了各种情况说明，有助于将不同的原则同表 7-5 中所列的不同选择方案联系起来。

表 7-12　EN 1504 第 1 部分～第 10 部分内容概述[7.30]

欧洲标准化协会（CEN）标准	标题和简要描述	发行日期
英国标准（BS） 欧洲标准（EN） EN 1504-1：2005	定义 最近修订，之后完成 BS EN 1504 的其他部分，该部分给出了 EN 1504 标准系列中使用的统一定义	2005 年
EN 1504-2	表面保护系统：混凝土表面保护制品及系统的确认、性能（包括耐久性）和安全性的规定，目的是提高混凝土和钢筋混凝土结构的耐久性，包括新混凝土结构及维护和修补的工程	2004 年 10 月
EN 1504-3	结构和非结构修补：混凝土结构的结构性和非结构性修补产品和系统的确认、性能（包括耐久性）和安全性的规定	2006 年 2 月
EN 1504-4	结构粘结：对结构粘结制品确认、性能（包括耐久性）和安全及用于已有混凝土结构加固材料的结构粘结系统的特别要求，包括： —将钢板或由其他材料（如纤维增强复合材料）的板外粘贴于混凝土结构表面，包括层压板，目的是进行加固 —将硬化混凝土粘结到硬化混凝土上，在修复和加固过程中一般用于预制混凝土构件 —将新拌混凝土浇筑到已硬化混凝土上，形成粘结接缝，作为结构的一部分共同受力	2004 年 11 月

续表

欧洲标准化协会（CEN）标准	标题和简要描述	发行日期
EN 1504-5	混凝土注射：注射产品的确认、性能（包括耐久性）和安全的特别规定及合格标准： —混凝土裂缝、孔隙、微裂缝的传力（FTFC） —混凝土裂缝、孔隙、细裂缝的塑性填充（DFC） —混凝土裂缝、孔隙、细裂缝的膨胀填充（SFFC）	2004年12月
EN 1504-6	灌浆锚固钢筋或填充外部孔洞：钢筋锚固产品的确认、性能（包括耐久性）和安全性的规定，属于混凝土结构修补和保护的一部分	2006年9月
EN 1504-7	钢筋防腐：修补中已有混凝土结构钢筋活性及防护涂料产品和系统的确认和性能（包括耐久性）的规定	2006年9月
EN 1504-8	质量控制和合格评估：质量控制和合格评估流程的规定，包括根据EN 1504的第2～第7部分，混凝土保护和修补产品和系统的标记	2004年11月
DD ENV 1504-9：1997	产品和系统使用的一般原则：对素混凝土及钢筋混凝土结构的规定、保护和修补的基本考虑因素，包括其产品和系统，在EN 1504系列或其他相关的欧洲或欧洲技术认可书（ETA）中都有规定	1997年7月改为EN 1504-9
BS EN 1504-10	产品及系统的现场应用及工程质量控制：应用前或应用中对基底的要求，包括结构稳定性、存储、产品和系统的准备及应用，以满足混凝土结构保护和修补要求，包括质量控制、维护、健康、安全和环境	2004年3月
	由其他委员会制定的、与保护和修补有关的标准	
BS EN 12696：2000	混凝土中钢筋的阴极保护	2000年3月
pr EN YYY	采用喷射混凝土对结构进行修补和改造	未知
pr EN 14038-1	对钢筋混凝土进行电化学再碱化和除氯—第1部分：再碱化	未知，可能未颁布
pr EN 14038-2	对钢筋混凝土进行电化学再碱化和除氯—第2部分：除氯	未知，可能未颁布
EN 206-1：2000	混凝土—第1部分：规范、性能、生产和合格	已颁布

EN 1504的应用范围很广，它提供了一种与性能联系更为紧密的修补方法。该方法的主要特点如下：

（a）确定了性能要求；

（b）提供了设计依据；

（c）覆盖了实施的所有方面；

（d）确定了流程。该流程允许根据多种有关试验方法的相关标准对产品和系统进行合格性评估，具体选择见附录7-1的欧洲标准化协会标准及附录7-2的国际标准化组织标准。

有一点很明确，即修补业对此表示出积极的反映，EN 1504在未来的选择过程中将会扮演越来越重要的角色，特别是在有关防护方案和一般的打补丁修补方面。值得鼓舞的是，所用方法、修补材料、修补技巧和现场施工间的联系愈发紧密。

7.11 实践中修补方案的选择

第7.9节简述了当前使用的可选择的修补方法，更详细的内容可参考相关文献。参照

图7-7，本节针对这些内容着重介绍水准3、水准4和水准5。在实际中，选择方法的使用仅仅是整个过程中的一部分，还包括技术和功能方面的问题。

7.11.1 图7-7中的水准3——结构性或非结构性干预的确定

在这一层次上，已做出一些决策，因而采取一些措施是必要的，并需要根据其特性进行扩展。这是一个重要决策，而不是一个纯粹的选择过程。水准1的战略问题对此决定有指导作用，对表7-1中的性能要求及性能曲线上当前的位置（图7-5和图7-6）也十分敏感。如果位于图7-6中的3区，对结构进行修补是第一选择；如果位于2区，可以选择结构加固或预防方法。现在人们关注的是结构本身。影响这一决策的因素包括：

(a) 业主的态度，主要指劣化发生时业主能否及早采取行动，即业主在整个管理及维护策略中，对最低可接受技术性能的感知能力。

(b) 成本。这既与修补的投资成本有关，也与生命周期成本有关，而生命周期成本反过来与估计寿命及可使用方案的效率有关。一般说来，预防措施的初始成本要比结构措施成本低，但有效寿命也相对较短。

(c) 评估方法的特点及深度和对所得结果的把握。这不仅包括当前结构的状态，还包括明确辨析主要的劣化机理及估计未来的失效速率，即不仅是性能-时间曲线上的当前位置，还有该曲线未来的梯度。

(d) 失效范围、特点和位置，即距临界区的距离。

(e) 结构敏感度，即结构整体的坚固性及主要临界局部效应的特性。可能存在的剪切或冲切破坏隐患或发生脆性失效的可能性都需要考虑，及早对结构进行修复。

(f) 对作用在结构上真实外荷载的评估及对确定其效应精细分析的把握。当前的真实荷载可能要比设计时假定的值小，但在结构设计年限内，以后的荷载可能会增加。

(g) 结构的特点及接近劣化构件的容易程度。有的方案容易接近劣化的构件，对某种类型的结构，有的方案容易接近劣化的构件，如桥面板的磨耗层，这种情况外加固很方便。

对水准3的决策，没有一个一般的应用则，但确定是进行结构性修补还是非结构性修补很重要，因为水准4的每一个选择过程都不同。在上述所列的7项因素中，(a)和(b)通常是初步阶段，与图7-6中的分区有关。在确定修补类型及进行修补的时间方面，(c)～(g)涉及的主要是技术因素。

7.11.2 图7-7中的水准4——结构性修补

如表7-5中的第1类和第2类所列的选择方案，当涉及选择问题时，第1类中的外部方案需要重新归类为名副其实的加固方案[方案(a)、方案(b)和方案(c)]或阻隔方案[方案(d)、方案(e)和方案(f)]。

7.11.2.1 外加固方案

3种加固方案如下：

(1) 更换整个构件；

(2) 通过粘结板或采用某种约束进行加固；

（3）外部后张拉。

在上述 3 种情况中，技术方案的选择以计算为依据，首先评估未修复构件的残余承载力，其次确定采用不同方案如何进行加固。最后，根据成本和所针对结构的适应性进行方案选择。在选择过程中，第 7.9 节介绍的数值法起的作用不大。

方案（1）很简单。根据现行规范和标准设计新的构件，同时需要考虑如何将其置入剩余结构中。

方案（2）较复杂，因为有多种方法可供选择。历史上，外粘贴钢板的使用约始于 40 年前，很多国家都使用过此种技术，特别是日本，应用已经已达数千例，主要用于桥梁。英国的设计指南[7.24]，以大量试验资料为根据，如文献［7.2，7.3，7.6］和文献［7.25］。应特别注意所使用胶粘剂的长期性能，文献［7.25］和文献［7.26］对胶粘剂的发展进行了阐述。

粘贴板主要用于加固受弯和受剪的梁和板，需对板的端部认真进行设计。胶粘剂的选择、接缝厚度及将板粘结于混凝土的方法也很重要。使用该方法时，以下方面需要试验数据提供保证：

（i）强度的提高，假设板与混凝土共同工作良好；

（ii）胶粘剂长期和短期使用性能。

近年来，随着纤维增强复合材料的应用越来越普遍，外加固技术也在不断发展。如果将这种材料加工成薄片材，可直接代替钢板使用。如果是板状或带状材料，可以用来包裹约束构件，特别是柱的加固。文献［7.6］从设计角度介绍了这种加固技术，文献［7.4］对其作了补充，并涉及验收和检测，这也是所有修补系统中发展较快的一个具体例子。

混凝土协会技术报告 55[7.6]参考了 174 篇文献，这些文献大多都是过去十年中发表的。该报告清晰指出了国际上该方面研究工作的进展，设计使用年限预计为 30 年。具体的设计方法是将传统的分项系数用于受弯、受剪和受压构件计算，并设定对某些应用拓展的界限。

使用的纤维材料包括碳纤维、芳纶纤维和玻璃纤维，胶粘剂一般采用环氧树脂，但也可采用聚酯、乙烯基酯或聚氨酯。纤维复合材料的应力-应变曲线是一条直线，无屈服点，材料特性如表 7-13 所示[7.6]。因此，可采用无弯矩重分布的弹性分析方法进行计算，使用常规截面设计避免界面剥离失效或从混凝土剥落。不过使用中要随时进行检验。这些材料质量轻，强度高，所以比钢板有优势，而且施工时不需要临时支撑。

表 7-13　加固用纤维复合材料的特性（混凝土协会，版权所有[7.6]）

纤维	抗拉强度（N/mm^2）	弹性模量（kN/mm^2）	伸长率（%）	密度
碳：高强度①	4300～4900	230～240	1.9～2.1	1.8
碳：高弹性模量①	2740～5490	294～329	0.7～1.9	1.78～1.81
碳：超高弹性模量②	2600～4020	540～640	0.4～0.8	1.91～2.12
芳族聚酰胺：高强度和高弹性模量③	3200～3600	124～130	2.4	1.44
玻璃	2400～3500	70～85	3.5～4.7	2.6

① 聚丙烯酰胺基；

② 沥青基；

③ 也有相同强度但模量低的芳族聚酰胺，不用于结构加固。

混凝土协会有关纤维复合材料加固的验收、检验和监测方面的指导文件覆盖了试验的所有方面，强调了EN 1504中的方法，包括在粘贴和随后的调查、检测过程中资料的记录。不能过分强调其重要性，这是一个包括设计、安装和维修的整个过程，对达到期望的设计使用年限至关重要。表7－14给出了施工中的一些具体检验内容。

最后来看表7－5中第1类的第3种加固方案——外部后张拉。这种技术已经使用了几十年，它为由不同种类材料组成的结构构件提供了附加强度。后张拉加固主要用于受弯、受剪构件中，预拉钢筋的形式有多种，图7－8所示为比较简单的形式。

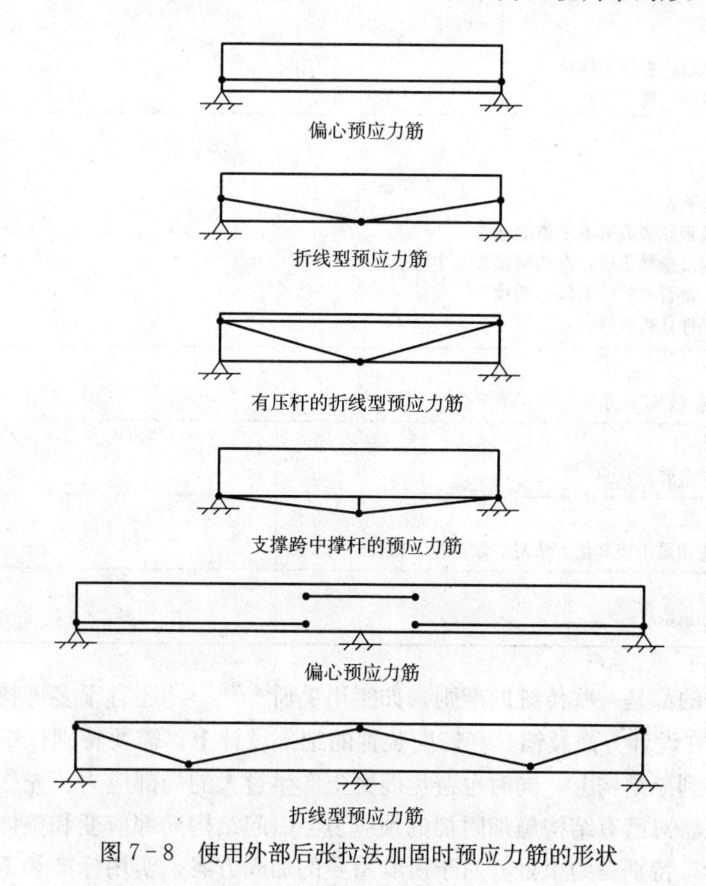

图7－8　使用外部后张拉法加固时预应力筋的形状

表7－14　纤维复合材料使用过程中需重点检验的内容

材料
·是否所有材料（板、钢筋网、胶粘剂、树脂等）都符合规范要求？
·材料有无合格证？
·所有材料是否按厂商的指导说明使用和贮存？
表面预处理
·混凝土表面的处理是否符合规范要求？
·表面平整度是否符合规范要求？
·必要时是否将混凝土构件拐角处处理成圆弧？
·纤维增强复合塑料（FRP）板表面的处理是否符合规范要求？

续表

胶粘剂
・各种成分的比例是否合适？ ・颜色是否均匀（组内或组间）？即搅拌是否连续？ ・应用是在施工结束前完成的吗？ ・是否对胶粘剂的厚度进行控制？若使用间隔装置，是否摆放在规定的位置？ ・在胶粘剂凝固过程中，结构是否受到大的振动？ ・在胶粘剂厚度变化处（如板的连接处），板件是否翘离表面？
板 ・板的方向正确吗？ ・初次与混凝土接触后，板是否移动？ ・碳纤维板是否接触到金属部件？
钢筋网 ・树脂的用量合适吗？ ・钢筋网的方向正确吗？ ・振实之后钢筋网是否起皱或有不平整的地方？ ・在与混凝土或其前层接触之后，钢筋网是否发生移动？ ・在安装后层之前，是否检验了前层的质量？ ・碳纤维网与金属部件是否接触？
养护 ・纤维增强复合塑料（FRP）系统是否正确养护？
测试 ・所准备试样是否符合要求？
检查 ・加固完成后，是否用敲击或其他方法对空隙进行了检查？
记录 ・是否坚持进行了记录？

设计所依据的都是一些传统的准则，如实用手册[6.2,6.17]，还有很多可特定应用目的的详细指南[7.27]。在设计方面及锚具和转向装置的细部设计上，需要特别仔细，以确保预应力可以有效传递到原结构上，同时也避免混凝土产生过大的局部应力。先张预应力钢筋通常需要横向约束。对已有结构施加附加的预应力会引起结构局部应变和整体变形。整个过程需要认真设计，特别是约束处。对于所有重要的加固方案，实用标准和工艺标准非常重要。在英国后张拉预应力已有标准和实用规范[7.28]。

上面简述的3种主要加固方案都是与工程有关的，满足了结构设计的需要。每种都有其特点，无论在设计还是施工方面都已得到认可。进行选择时，第7.9节所列的数值法作用不大，从技术角度讲，方案的选择取决于以下因素：

—劣化的范围和特点；

—目标是恢复原结构承载力还是寻求进一步加固；

—结构的特点及对所选方案的适应性；

—对通过分析和计算确定的方案可靠性的把握。

最重要的一点是，方案的选择是由各自的相对成本决定的，通常在各种方案的实施中根据与承包商协商后作出的成本比较结果进行选择。

7.11.2.2　外部隔离方案（表7-5中第1类方案中的（d）、(e)、(f)[7.5]）

这3种方案本质上是预防性方案，之所以归并为表7-5中的第1类，是因为它们都附加有主动的外部隔断，比表面处理或涂层（第3类）提供的隔断要强。

无论是从文献还是从实践中，有一点很明确，就是可通过控制混凝土表面的潮湿状态或隔离与良好的排水结合起来，来显著降低由一个主要机制（如腐蚀）引起的劣化速度。在英国，很多年前桥面板防水工程就有标准做法，最近又扩展到对桥面进行覆盖，以控制局部微气候。

实施外部隔断的方法很多，但没有必要做详细的研究，大多数经验都来自于桥梁。对于所采用方案的相对优点，可对照道路与桥梁设计手册（DMRB）中的方案进行评估[7.29]。不过此类方案可能要比表7-5中第3类方案的费用更高一些，至少初始成本是如此。

7.11.2.3　内部加固方案（表7-5中的第2类方案）

第2类方案定义为结构修补，文献所指的是一般的打补丁方法，通常未区分以修补保护为目的的填充小孔洞和以增强结构承载力为目的的修补。大多数情况下，使用的材料和技术相同，因为它们有相同的性能要求，但修补的目标却明显不同，这会影响我们在市场上对众多专用系统的选择。此外，有的修补只是结构上的修补，如在预先钻好的孔中布设钢筋以提高抗剪强度。

就已有的指南而言，混凝土协会报告38[7.8]专门介绍了用于修补保护的打补丁方法，规定的最大面积为0.5m²，深度小于100mm。该报告的内容已成为相关规定的样板。一般来说，修补手册（如文献［7.18］）为可选用的材料、系统和实施提供了参考，有关这方面的最新信息可在互联网上查到[7.30]。

对于结构性的打补丁方法，优先考虑的方案须能够获得较高的粘结强度，以确保新老混凝土间的协同作用，并且为钢筋提供充分的粘结和锚固，但当所打补丁仅仅是为了进行修补保护时，这种要求就不太重要了，但两层混凝土之间的粘着仍然很重要。在这两种情况下，表面涂层都可提供对所打补丁的附加保护。

实际中打补丁使用的是水泥和聚合物改性材料，它们的一个重要特点是低收缩性。图7-2清楚表明，腐蚀、裂缝和剥离是打补丁维修的主要失效模式，进行修补设计时应降低这类失效发生的风险。

第7.4.3节列出了一些修补材料应具有的特性，表7-9具体说明了在选择过程中如何对这些特性分级。需要注意的是，每个指标及相对重要性是不同的，这取决于主要目标是结构性修补还是保护性修补。正如表7-7所示，市场上的材料和系统很多，对它们进行比较很困难，不过随着现在的方法正向以EN 1504为基础的方向发展（第7.10节），第7.9节概括的一般方法在选择中是一个有用的出发点。

英国标准EN 1504-3：2004[7.13]制定了对修补砂浆和修补混凝土的性能要求，包括如何区分结构性和非结构性修补的应用，还对不同的使用方法（手工、喷射、重新浇筑等）提出了建议，并制定了质量控制和验收程序。

从第7.7节的反馈可明显看出，打补丁方法的成功率取决于施工工艺和现场施工的一般标准。这强调了方法陈述和监督水平的重要性，与验收程序的广泛使用也有关系。事实上，第7.7.3节已列出所有因素。不过，如果前期准备达不到标准，那么这些改善措施仍然是无效的。

前期准备始于评估阶段，不仅要确认劣化机制，还要确认劣化影响的范围及劣化是否会继续进行，对于腐蚀尤其如此，不仅要了解腐蚀的类型，还要将腐蚀活跃区从计划的修补区中清除。为此，建议使用一种清除劣化混凝土和锈蚀产物的保守方法，即同时清除一部分未劣化的混凝土。

在基底准备方面，提出如下建议：

1. 清除受污染的材料，形成修补区的轮廓，避免楔形边缘；
2. 彻底清洁基底（灰尘、泥土、油脂和油等）；
3. 避免出现微裂缝；
4. 预制混凝土表面需有适当的粗糙度；
5. 基底表面应预先洒水，浇筑时表面应保持干燥。

清除受污染混凝土的技术有多种，包括水冲法、喷砂和喷丸处理及使用气锤。在降低基底失效及保持1.5～2.0MPa的粘着强度方面，瑞典对这些技术的优缺点进行了研究[7.31]。研究表明，水冲法及喷砂和喷丸处理不会产生微裂缝，一般水冲法是首选，因为这种方法具有选择性的清除能力，并且对钢筋的损伤也是最小的。

对于钢筋，要消除所发生的腐蚀或避免使之失效。为防止未来发生腐蚀而采取保护措施也很重要，一般使用防腐涂料，防腐涂料可以是简单的隔离层、水泥制品或防腐涂层。

市场上有各种选择，所涉及范围远超过本小节的范畴。对修补进行合理的设计很重要，一方面使修补能够完全符合规定和施工方法的要求，另一方面反过来又获得良好的质量，容易通过验收。第7.9节和第7.10节中的选择方法可用于这种修补类型，同时在这两个小节，强调了现场施工的重要性。

7.11.3 图7-7中的水准4——非结构性修补

选择是表7-5中的第2类和第4类方案：

(a) 表面涂层和浸渍；

(b) 裂缝和孔隙填充；

(c) 电化学技术。

尽管文献［7.7，7.10，7.18，7.32］中包含一般的指导，但这里将重点放在EN 1504（表7-12）及其原则（表7-4）上。

7.11.3.1 涂层和浸渍（表7-5中的第3类方案）

表面处理的效果取决于混凝土的质量和孔隙率，如高强度的密实混凝土就很难取得很好的浸渍效果。表面状况也很重要，很多情况下涂层需要在涂刷之前认真进行准备。在劣化的初期阶段进行表面处理是最有效的。对于不同的侵蚀作用，表面处理的性能要求不同，还应考虑结构的特点、位置及表面的环境状况，尤其是在潮湿状态及温度可能发生变化的环境下进行表面处理，前者会影响粘着力，后者的涂层应是弹性的。

尽管仍可采用第7.9节的计算方法进行初步选择，但产品及其效力的变化范围很大，所以需要更为准确和细致，EN 1504标准对此有比较好的描述。EN 1504-2对表面处理进行了介绍，与第9部分（设计）和第10部分（施工）相呼应，第8部分介绍的质量控制和合格性评估以有关试验方法的众多标准（附表7.1和附表7.2）为根据。

表7-15说明了表面处理的不同类型方法和基本作用，并列出了主要基底材料。最后一列描述了每种类型方法的主要作用，与EN 1504的原则（表7-4）相对应。

表7-15 表面处理方法

处理方法	基本作用	主要基底材料	EN 1504的相关原则（表7-4）
厌水性浸渍	密封孔隙 形成防水表面	硅烷或硅氧烷	原则1、原则2和原则8
浸渍	堵塞孔隙 加固混凝土表面	主要为丙烯酸树脂或环氧树脂 可以是无机的（氟化合物）	原则1和原则5
涂层	形成连续的隔离层（0.1～5mm厚）	环氧树脂，丙烯聚氨酯	原则1、原则2、原则5、原则6和原则8

在进行选择时，考虑所涉及的缺陷类型及主要的侵蚀作用也很重要，因为这将指导我们遵循EN 1504的主要原则，表7-16给出了有关这方面的指导。

表7-16 不同侵蚀作用所依据的EN 1504主要原则

缺陷和劣化过程	原则	
	与混凝土缺陷有关	与钢筋腐蚀有关
侵蚀物质侵入，如氯化物、二氧化碳和酸性物质	原则1和原则6	原则8
碳化作用	原则1	
碱骨料反应	原则2	
冻融	原则2	
钢筋腐蚀		原则8
混凝土表面强度低	原则5	

混凝土修复技术在不断发展，因为不断有新的或改进的产品进入市场。总的来讲，这是很容易理解的。EN 1504的出现将一种系统的方法引入到产品性能要求和评估中，但并不能确认产品的长期效果（见第7.7节和文献[7.15～7.17]）。现场施工质量（包括表面状况和清理）对实施效果也很重要。由于施工过程中环境条件不断变化，短期的实验室试验并不能完全反映劣化随时间变化的真实状况。表面处理易受物理效应影响，如表面磨损、变位和应变的影响。

因此，在选择阶段，与不同专业技术方面的修补承包商保持联系是很重要的，因为承包商可以提供成功案例分析的细节，甚至作出担保，当然他们也会提供操作和质量控制的详细方法。

7.11.3.2 填充裂缝和空隙（表7-5中的第4类方案）

第7.3节和第7.4节介绍了有关这种类型修补的性能要求。有关这方面的内容在EN 1504-5中有介绍（表7-12），但侧重于灌缝方法，即EN 1504将对外表面小孔隙的填充看作是打微型补丁，然后应用第7.11.2.3节的方法。

裂缝注射的主要目的是提供保护，以防止侵蚀介质进入，即表7-4中的原则1。裂缝注射还可用于控制湿度（原则2），特别是与涂层一起使用时。表7-4认为裂缝注射可起到结构加固的作用，不过在恢复截面完整性方面这种作用一般很小。

注射材料可以以水硬性粘结料或聚合物胶粘剂为基础。市场上有很多关于修补材料或涂层的产品。尽管第7.9节的方法也可用于初步选择，但详细的评估只能采用与EN 1504-5中的方法类似的方法。粘着、收缩及和易性尤其重要，因为裂缝一般相对比较狭窄，可以穿透到钢筋的位置。在所有的预防性措施中，施工和工艺标准是最重要的。在选择阶段和编写工程规范的阶段，听取专业承包商的建议是很重要的。

7.11.4 图7-7中的水准4——电化学技术

7.11.4.1 概述

表7-5中的第1类～第4类方案代表了传统的修复方法，即通过加固或保护直接解决侵蚀作用的影响。电化学方法则不同，它针对的是结构本身的腐蚀过程，可以减缓腐蚀、控制腐蚀，最理想的是阻止腐蚀。目前，有4种处理腐蚀方法得到工程界的认可：

- 再碱化；
- 除氯；
- 阴极保护；
- 使用阻锈剂。

为充分了解每种技术是如何起作用的，必须对引起腐蚀的化学过程有所了解，文献[4.10～4.15]有这方面的介绍。表7-12表明，EN 1504没有关于这些方法的具体内容，而两个独立的欧洲标准涉及了这方面的内容[7.33,7.34]，可能是因为EN 1504已经在原则7～原则11中对腐蚀进行了说明（表7-4）。不像其他的修补标准，这些标准都与过程联系的非常紧密，而不是以产品为基础。文献[7.9]和文献[7.35]分别有关于单项技术和综合方法的一般指导，另外文献[7.36]中还有关于现场经验的一些反馈。

随着人们越来越强调现场管理和结构检测的重要性，这些方法在未来的应用会越来越多，有必要对其作用从整体上进行把握，为此图7-6提供了介入时间的参考。采用电化学技术越早，收效越大（图7-6中的1区和2区）。为了强调这一点，Tuutti提出了两阶段的腐蚀模型[4.17]，如图7-9所示。

将起始阶段和发展阶段两条直线叠加在一起得到两个介入点，记为主动介入点和反馈式介入点。在起始阶段，腐蚀尚未发生，但碳化或氯化物已接近钢筋，业主希望采用再碱化、除氯技术或使用阻锈剂避免或延缓腐蚀的发生。

如果在发展阶段介入，那么介入时腐蚀已经发生，理想的目标是阻止进一步腐蚀或至

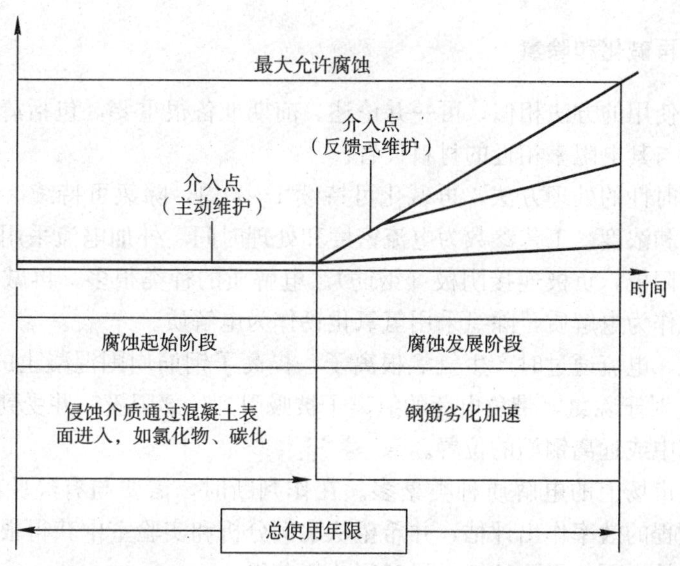

图7-9　简化的两阶段腐蚀模型（Tuutti[4.17]，经文献［7.16］允许，IHS BRE Press，2007）

少降低腐蚀速率（图中的一条粗斜线）。电化学技术可以解决这一问题，同时也可避免出现新的腐蚀电池。当使用物理方法进行修复时，新的腐蚀电池可能会出现在修补区的边缘。

所有电化学方法的原理和实施细节都是相同的，主要不同在于电流的大小和为了满足不同目标所采取处理方法的持续时间。图7-10为不同过程的示意图。

该系统提供了外部阳极，电流通过电解质经混凝土流向钢筋，这样阴极就像在一个电池中。这种系统通过合理的设计，可以起到如下作用：

· 恢复孔隙溶液的碱性—再碱化（图7-10中的RA）；
· 除去侵蚀性氯离子—除氯（图7-10中的CE）；
· 将钢筋再钝化到负电位—阴极保护（图7-10中的CP）。

图7-10为每种方法的简化过程，第7.11.4.2节～第7.11.4.4节提供了有关基本原理之外的其他信息，同时也指出了每种方法可能的不同，具体情况可查阅本节的参考文献。

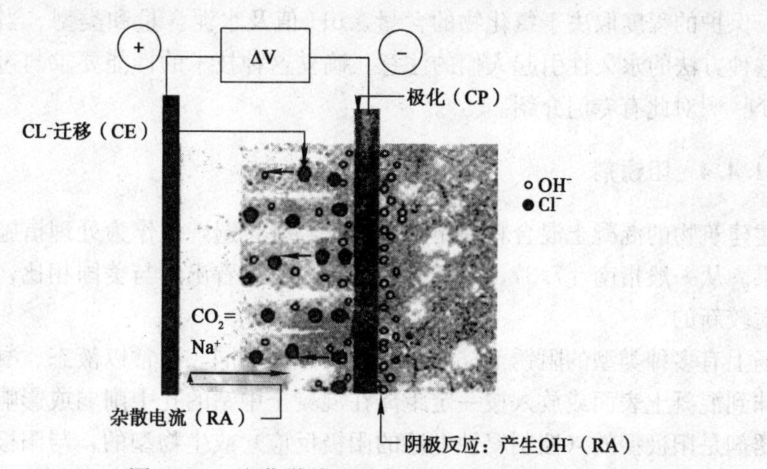

图7-10　电化学处理时发生的不同过程

7.11.4.2　再碱化和除氯

这两个过程使用的方法相似，可一并论述。前期准备很重要，包括清洁钢筋、除去开裂的混凝土并用与其电阻率相近的材料代替。

两者都是临时性的处理方法，再碱化可持续1～2周，除氯可持续3～15周，这取决于氯化物的分布和浓度。工艺参数为电流密度和处理时间。外加电流采用直流电，直流电的正极连接临时阳极，负极连接阴极（钢筋）。电解质的种类很多，再碱化通常采用碳酸钠或碳酸钾溶液作为电解质，除氯采用氢氧化钙作为电解质。

对于再碱化，电流通过时产生氢氧根离子，提高了钢筋周围混凝土的碱度，pH值最低应为10～11。对于除氯，带负电荷的氯离子被吸引到外部阳极，并受到阴极的排斥，最后消失在电解液中或远离钢筋的位置。

在实施中，市场上的电解质种类繁多。在作判断时，需要与有经验的承包商进行协商，对电化学过程的效率作出评估，并希望从案例分析和实验室中获得根据。其影响可能持续很长时间，效果可能需要持续一段时间才能获得。

也要考虑到其中可能存在的危险，包括：

·如果存在活性骨料，增大碱度可能会导致碱骨料反应；

·两个过程都会在钢筋周围产生氢气，对某种类型的钢筋，可能会导致氢脆；

·两个过程一般不建议用于高强度钢筋的情况，如预应力钢筋；

·钢筋附近混凝土的孔隙结构可能会受到影响，但如果是变形钢筋，一般不太可能产生粘结问题。

7.11.4.3　阴极保护

这是一个永久性的处理方法，可使用外加电流，也可使用牺牲阳极系统，前者的阳极一般是钛，后者是锌或铝。外加电流系统费用一般要高一些，还需要监测和维护，但从长远角度考虑更可靠一些。保持电流不变很重要。牺牲阳极系统使用起来比较简单，但监测比较困难。

阴极保护的程度取决于氯化物的含量、pH值及水泥含量和类型。当有可能发生再污染时，这种方法的永久性引起人们的注意。确立这种技术的性能要求与过程有关，英国标准BS EN[7.33]对此有专门介绍。

7.11.4.4　阻锈剂

新建建筑物的混凝土混合料使用阻锈剂已经很普遍，但作为处理措施也可能会产生相反的效果。从一般指南［7.37，7.38］中的年代可以看出，与美国相比，这种技术在英国算是相对较新的。

市场上有多种类型的阻锈剂，产生效果的方式不同，通常以液态、凝胶体或粉末的形式，涂抹到混凝土表面或放入按一定距离在混凝土中钻的孔中削弱或影响腐蚀过程。最常用的阻锈剂是阳极型的（控制腐蚀电池的阳极反应）或生物型的，与阳极和阴极有关，由复杂的化学混合物组成，可能会产生多种阻锈机制。阻锈剂的用量及在一定时间内按规定的要求对其进行维护是至关重要的。

阻锈剂的使用未包括在 EN 1504 规定的范围内，仅第 10 部分涉及有关现场应用和质量控制问题。随着获得的经验和反馈越来越多，预期会有更多详细的指导，如混凝土修复协会网指南 [7.10]。

7.12　本章总结

本章并未对已有的各种保护、预防、修补或加固方案进行详细介绍，只是提供了一个全面的视角及更多信息源，这种情况一直在改变且会一直持续下去。

我们注意到，人们正在远离单纯以经验为基础的修补选择方法，越来越向着以科学为基础的方向发展，即从第 7.9 节向第 7.10 节的方向发展，随着业主的期望越来越高，这种趋势有助于满足他们的需要。

第 7.7 节强调了在不同的施工和环境条件下，在使用中需要更多有关修补的反馈。介入时间也很重要；预防一般要比修补更好，其全生命周期成本较低。

附表 7-1　支撑保护和修补材料的欧洲标准 EN 1504 的欧洲标准化协会标准

有关保护和修补材料的欧洲标准试验方法		状态	涂层和表面处理	修补砂浆	结构粘结	注射产品	锚固产品	钢筋保护
标准	名称		1504 - 2	1504 - 3	1504 - 4	1504 - 5	1504 - 6	1504 - 7
BS EN 1542	通过拉拔试验测定粘结强度	P		√				
BS EN 1543	聚合物抗拉强度发展测定	P				√		
1544	温度为 23℃和 50℃时拉应力下的徐变	已到期					√	
BS EN 1766	用于试验的基准混凝土	P	√	√	√	√		
BS EN 1767	红外线分析	P	√					
BS EN 1770	热膨胀系数测定	P			√			
1771	注射能力测定：湿介质-干介质	P				√	√	
BS EN 1799	混凝土表面结构胶粘剂适用性的试验测定	P			√			
BSEN 1877 - 1	与环氧树脂有关的活性功能—第 1 部分：环氧当量测定	P	√					
BS EN 1877 - 2	与环氧树脂有关的活性功能—第 2 部分：用总碱性值测定胺功能	P	√					
1881 - 1	拔出试验—第 1 部分：未开裂混凝土	P					√	
BS EN 12188	为描述结构胶粘剂的特征测定钢与钢的粘结	P			√			
BS EN 12189	施工时间测定	P			√			
BS EN 12190	修补砂浆的抗压强度试验	P		√				

续表

有关保护和修补材料的欧洲标准试验方法		状态	涂层和表面处理	修补砂浆	结构粘结	注射产品	锚固产品	钢筋保护
BS EN 12192-1	粒度测定分析—第1部分：预拌砂浆干压强度的试验方法	P		√				
BS EN 12192-2	粒度测定分析—第2部分：聚合物粘结填充剂的试验方法	P			√			
BS EN 12614	聚合物玻璃化转变温度测定	P						√
BS EN 12615	抗剪强度试验	P			√			
BS EN 12617-1	第1部分：聚合物和表面保护系统线收缩试验	P	√					
BS EN 12617-2	聚合物胶粘剂的裂缝注射产品的收缩—第2部分：体积收缩	P						√
BS EN 12617-3	第3部分：结构胶粘剂早期收缩试验	P			√			
BS EN 12617-4	第4部分：收缩和膨胀试验	P		√				
BS EN 12618-1	注射产品在延性受限条件下的粘结和延伸能力	P						√
BS EN 12618-2	有和无热循环条件下注射产品粘结力试验—第2部分：抗拉粘结方法	P						√
BS EN 12618-3	有和无热循环条件下注射产品粘结力试验—第3部分：斜剪方法	P						√
BS EN 12636	混凝土与混凝土粘结试验	P			√			
BS EN 12637-1	注射产品的相容性—第1部分：与混凝土的相容性	P						√
BS EN 12637-3	注射产品的相容性—第2部分：注射产品对弹性体的影响	P						√
BS EN 13057	抗毛细吸收能力测定	P		√				
BS EN 13062	触变性	P	√					
BS EN 13294	硬化时间测定	P		√				
BS EN 13295	抗碳化能力测定	P		√				
BS EN 13395-1	和易性测定—第1部分：触变性修补砂浆试验	P		√				
BS EN 13395-2	和易性测定—第2部分：水泥或砂浆流动性试验	P		√				
BS EN 13395-3	和易性测定—第3部分：修补混凝土流动性试验	P		√				
BS EN 13395-4	和易性测定—第4部分：修补干砂浆的应用	P		√				
BS EN 13396	氯离子侵蚀测定	P		√				

续表

有关保护和修补材料的欧洲标准试验方法		状态	涂层和表面处理	修补砂浆	结构粘结	注射产品	锚固产品	钢筋保护
BS EN 13412	受压弹性模量测定	P		√				
BS EN 13529	抗严重化学侵蚀能力	P	√					
BS EN 13578	湿混凝土相容性	P	√					
BS EN 13579	厌水浸渍干燥试验	P	√					
BS EN 13580	厌水浸渍的吸水性和耐碱性	P	√					
BS EN 13581	盐冻试验后憎水浸渍混凝土质量损失测定	P	√					
BS EN 13584	受压徐变	P		√				
BS EN 13687 - 1	热相容性测定—第 1 部分：除冰盐浸入下的冻融循环	P		√				
BS EN 13687 - 2	热相容性测定—第 2 部分：雷暴雨循环（热冲击）	P		√				
BS EN 13687 - 3	热相容性测定—第 3 部分：无除冰盐作用时的热循环	P		√				
BS EN 13687 - 4	热相容性测定—第 4 部分：干热交替	P		√				
BS EN 13687 - 5	热相容性测定—第 5 部分：抗温度冲击能力	P	√					
BS EN 13733	结构胶粘剂耐久性测定	P			√			
BS EN 13894 - 1	动力荷载作用下疲劳性能测定—第 1 部分：养护期间	P			√			
BS EN 13894 - 2	动力荷载作用下疲劳性能测定—第 2 部分：硬化后	P			√			
BS EN 14068	注射产品的水密性测定	P						√
BS EN 14117	水泥注射产品黏性测定	P				√		
BS EN 14406	膨胀率和膨胀发展测定	P				√		
BS EN 14497	渗透稳定性测定	已到期				√		
BS EN 14498	气干和蓄水循环之后体积和重量变化	已到期				√		
BS EN 14629	硬化混凝土氯化物含量测定	已到期						√
BS EN 14630	用酚酞法测定硬化混凝土碳化深度	已到期						√

注：1. 本附录是从混凝土修复协会网 www.cra.org.uk 下载的，由 Hywel Davies 编制，有效期至 2006 年 10 月 2 日。
2. 每一标准与欧洲标准 EN 1504 的对应部分有关。“P”表示“已颁布”。

附表 7-2　与欧洲标准 EN 1504 各部分相关的可供选择的国际标准（ISO 标准）

标准（除非有说明，否则为欧洲标准草案 prEN）	名　称	涂层和表面处理	修补砂浆	结构粘结	注射产品	锚固产品	钢筋保护
		1504-2	1504-3	1504-4	1504-5	1504-6	1504-7
EN ISO 1517	涂料和油漆表面干燥试验—小玻璃球法	√					
EN ISO 2409-6	涂料试验方法—第 6 部分：划格试验	√					
EN ISO 2808	涂料和油漆薄膜厚度测定（ISO2808：1997）	√					
ISO 2811-1	涂料试验方法—用比重瓶法测定密度，BS 3900-A19：1998 中也可找到	√					
ISO 2811-2	涂料试验方法—用浸水体法或锤法测定密度，BS 3900-A20：1998 中也可找到	√					
EN ISO 2812-1	涂料和油漆对液体的抵抗力测定（化学抵抗力）	√					
EN ISO 2815	涂料和油漆巴克霍尔兹压痕试验（ISO2815：1973）	√					
EN ISO 3219	绝对速度确定的情况下用旋转式黏度计测定黏度	√					
EN ISO 3251	涂料和油漆中清漆和胶粘剂非挥发性物质测定	√					
EN ISO 3274	产品几何规范（GPS）—表面结构轮廓法-接触式仪器（电笔）的名义特性（ISO 327：41996）	√					
EN ISO 3451-1	粉煤灰塑性测定——般方法	√					
prEN ISO 4628-2	涂料和油漆—涂层劣化评估—缺陷数量、大小及变化强度定义—第 2 部分：鼓泡程度评估	√					
prEN ISO 4628-3	涂料和油漆—涂层劣化评估—缺陷数量、大小及变化程度定义—第 3 部分：剥落程度评估	√					
prEN ISO 4628-4	涂料和油漆—涂层劣化评估—缺陷数量、大小及变化强度定义—第 4 部分：开裂程度评估	√					
prEN ISO 4628-5	涂料和有漆—涂层劣化评估—缺陷数量、大小及变化程度定义—第 5 部分：剥落程度评估	√					
prEN 4628-6	涂料和油漆—涂层劣化评估—缺陷数量、大小及变化强度定义—第 6 部分：用纱带法测定粉化速率	√					
EN ISO 5470-1	橡胶或塑料涂层结构—抗磨损测定。第 1 部分：泰伯磨损试验	√					
BS EN ISO 6272	涂料和油漆—落锤试验	√					

续表

标准（除非有说明，否则为欧洲标准草案prEN）	名　称	涂层和表面处理	修补砂浆	结构粘结	注射产品	锚固产品	钢筋保护
		1504－2	1504－3	1504－4	1504－5	1504－6	1504－7
EN ISO 7783－1	涂料和油漆—透湿速率测定—第 2 部分：对游离薄膜使用盘式法	√					
EN ISO 9514	涂料和油漆—液态系统适用期测定，试样准备、调配和指导	√		√			

注：本附录是从混凝土修复协会网 www. cra. org. uk 下载的，由 Hywel Davies 编制，有效期至 2006 年 10 月 2 日。

本章参考文献

7.1 Perkins P.H. *Repair, protection and waterproofing of concrete structures*. E.H. Spon, UK. 3rd Edition. 1997.

7.2 Mallett G.P. *Repair of concrete bridges: state of the art review*. Thomas Telford Ltd, UK. 1994.

7.3 Highways Agency et al. *Post-tensioned concrete bridges. Anglo-French liaison report*. Thomas Telford Ltd, London. UK. 1999. p. 164.

7.4 The Concrete Society. *Strengthening concrete structures with fibre composites – acceptance, inspection and monitoring*. Technical Report 57. 2002. The Concrete Society, Camberley, UK.

7.5 The Concrete Society. *Construction and repair with wet-process sprayed concrete*. Technical Report 56. 2002. The Concrete Society, Camberley, UK.

7.6 The Concrete Society. *Design guidance for strengthening concrete structures using fibre composite materials*. Technical Report 55 2nd Edition. 2004. The Concrete Society, Camberley, UK.

7.7 The Concrete Society. *Guide to surface treatments for protection and enhancing durability*. Technical Report 50. The Concrete Society, Camberley, UK.

7.8 The Concrete Society. *Patch repairs of reinforced concrete subject to reinforcement corrosion*. Technical Report 38. 1991. The Concrete Society, Camberley, UK.

7.9 The Concrete Society. *Cathodic protection of reinforced concrete*. Technical Report 36. 1989. The Concrete Society, Camberley, UK.

7.10 The Concrete Society. *Enhancing reinforced concrete durability*. Technical Report 61. 2006. The Concrete Society, Camberley, UK.

7.11 Tilly G.P. Performance of repairs to concrete bridges. *Proceedings of the Institution of Civil Engineers. Bridge Engineering*. Vol. 157. pp. 171–174. September, 2004. ICE, London, UK.

7.12 REHABCON. EC Innovation and SME project EC DE ENTR-C-2. Strategy for maintenance and rehabilitation concrete structures. Deliverable D2 of Work Package 2.2. Available from the Building Research Establishment (BRE), Garston, UK, November, 2002.

7.13 CEN. Products and systems for the protection and repair of concrete structures – definitions, requirements, quality control and evaluation of conformity. EN 1504, Parts 1–10. CEN, Brussels.

7.14 Alexander M. et al. Concrete repair, rehabilitation and retrofitting. Taylor & Francis, London, UK. 2006. p. 511.

7.15 Tilly G.P. and Jacobs J. Concrete repairs: observations on performances in service and current practice. CONREPNET Draft Document for comment. Available from Building Research Establishment (BRE) Garston, UK. 2006.

7.16 CONREPNET. Achieving durable concrete structures; adopting a performance-based intervention strategy. First draft document, October 2006. pp. 225. Available from the project co-ordinator: Building Research Establishment (BRE), Garston, UK.
7.17 Baldwin N.J.R and Kine E.S. Field studies of the effectiveness of concrete repairs. Phase 4 report. Health & Safety Executive (HSE). UK. RR 186. HSE Books, UK. 2003.
7.18 Emmons P. and Matthews S.L. (editors). *Concrete repair manual*, 2nd Edition. International Concrete Repair Institute, USA. 2003.
7.19 LIFECON. Life cycle management of concrete infrastructures for improved sustainability. EC Competitive and Sustainable Growth Programme. Contract GIRD – CT – 2000 – 037B. Deliverables are located at website www.wtt.fi/rte/strat/projects/lifecon/summary.htm.
7.20 NORECON. Network on repair and maintenance of concrete structures. 3 technical reviews on: Decisions and requirements for repair; Repair methods; Guidelines for manufacturers, contractors and consultants on the basis of European Standards. Documents are located at website www.nordicinnovation.net.
7.21 REHABCON Manual – Strategy for maintenance and rehabilitation in concrete structures. Innovation and SME Programme – Contact IPS – 2000 – 0063. Website: www.cbi.se/rehabcon/rehabconfiles.
7.22 British Standards Institution (BSI). Eurocode 2: Design of concrete structures – Part 1.1: General rules and rules for buildings. BS EN 1992-1-1: 2004. BSI, London, UK. 2004.
7.23 Andrade C. and Izquierdo D. *Evaluation of best repair options through the repair index method RIM*. Paper contained in reference 7.14. Taylor and Francis, London, UK. 2006. pp. 283–284.
7.24 Highways Agency. *Steel plate bonding*. BA30/94. The Highways Agency, London. UK. 1994.
7.25 Allen R.T.L., Edwards S.C. and Shaw J.D.N. *The repair of concrete structures*, 2nd Edition. Blackie Academic & Professional, London, UK. 1994.
7.26 Mays G.C. and Hutchinson A.R. *Adhesives in civil engineering*. Cambridge University Press, UK. 1992.
7.27 Highways Agency. *Design of bridges and concrete structures with external and unbonded tendons*. BD and BA58/02. Highways Agency, London, UK. 1994.
7.28 Concrete Society. *Durable bonded post-tensioned concrete bridges*. Technical Report 47, 2nd Edition. 2000. Concrete Society, Camberley, UK.
7.29 Highways Agency. Design Manual for Roads and Bridges (DMRB). Website – http://www.official-documents.co.uk/documents/deps/ha/dmrb/index.htm.
7.30 Concrete Repair Association (GRA) www.cra.org.uk.
7.31 Sivfwerbrand J. Shear bond strength in repair concrete structures. *Materials and Structures*. Vol. 36, July, 2003. pp. 419–424.
7.32 Thomas H. *Handbook of coatings for concrete*. Whittles Publishing, Scotland, UK. 2002.
7.33 British Standards Institution (BSI). *Cathodic protection of steel in concrete*. BS EN 12696: 2000. BSI, London, UK. 2000.
7.34 CEN. *Electro-chemical re-alkalisation and chloride extraction treatments for reinforced concrete*. pr EN 14038. In draft form. CEN, Brussels.
7.35 Mietz J. Electro-chemical rehabilitation methods for reinforced concrete structures. European Federation of Corrosion (EFC) Publication 24. The Institute of Materials, London, UK. 1998.
7.36 Elsender J. et al. Repair of reinforced concrete structures by electro-chemical techniques – field experience. EFC Publication 25. The Institute of Materials, London, UK. 1998.
7.37 National Research Council (NRC). *Concrete bridge protection and rehabilitation : corrosion inhibitors and polymers*. Report SHRP-S-666. 1993. NRC, Washington, USA.
7.38 Mortlidge J.R. and Sergi G. *Corrosion inhibitors for reinforced concrete*. BRE Information Paper. BRE, Garston, UK. 2003.

第8章　展望未来

本章在回顾过去约50年工程实践的基础上，尝试预测工程技术未来的变化。

从各方面的资料知道，当前英国用于每年修复和维护工程的投资超过了建筑业产值的50%，或是十亿。随着混凝土基础设施使用时间的延长，越来越多的结构需要修复；同时，因为很多已有的修复方法耐久性较差（第7.7节），所以在将来一段时间内还需再次修复。这方面不断的资金管理，即使不超过新建工程的投资，也将会达到与其相同的规模。在这种情况下，应了解什么变化是期望发生的，同时什么将会影响它们。

8.1　动力

总的来说，除本行业的普遍愿望——总体上要"做得更好"之外，还有其他两个重要要求。

8.1.1　顾客/业主的需求

业主很满意资产管理的日常维护和不断改善，其目的一般是为了改善其基本职能、运营方式和提高其一般标准（老问题）。他们对房屋尚未达到期望的寿命时，因耐久性不足而额外增加费用感到不满意。无论是对新建还是要修复的建筑，人们一般都有更多的需求。目前正发生从建筑物的最低初始成本到全寿命成本观念的重大转变（虽然并不具有普遍性）。

8.1.2　可持续发展

工业界还没有完全的可持续发展的观念，只是以相对比较认真的态度，着重于比较容易的能源、排放和废弃物问题。基础建设要消耗很多的自然资源，在建筑物的使用年限内，选择更为合适的结构满足业主对性能的要求是一个重要课题，同时减少因大量的修复工程而造成的运营中断。

如上所述，对于新建和改造的建筑，维修是普遍存在的问题。可持续发展观念将会深入到不同修复业的各个过程。Arya和Vassie[8.1]给出了如何进行上述工作的指导。总的来说，该方法与第7.9节提到的修复方法相似。

8.2　设计问题

以下几个方面须引起注意：

8.2.1　"荷载"评估

目前已能够识别和了解多种腐蚀作用，包括硫酸盐侵蚀、碱骨料反应、磨蚀和溶蚀。规范中对材料的要求和规定降低了发生这些腐蚀的风险。

但是，结构使用性能的反馈信息表明了设计时考虑环境影响的重要性（第2章、第4

章和第7章第7.7节是关于修复的问题）。除考虑混凝土等级外[2.29]，传统的设计方法还需结构工程师考虑风和温度的影响，但却常常忽视了水的作用。表2-5～表2-9表明，现实中不同类型的结构会受部分微气候的影响，表2-2表明了水对结构耐久性的重要性，强烈反映了设计中水与温度、风同样重要。

8.2.2 建筑和结构细部

根据第8.2.1节，需要在结构详细分析与结构细部设计间建立一个良好的平衡，特别是节点和直接暴露在局部环境中的结构各部分，如图2-2所示。在这种情况下，有必要搞清楚水为何会进入结构的敏感部位，如图2-4和图2-9所示。

8.2.3 整体思想

作者对此感慨很多（文献［2.1］）。设计和细部设计应与材料规范和施工联系起来。第2章第2.3节表明了后者的重要性，施工现场混凝土的质量和保护层厚度可能会发生变化。关于混凝土保护层，文献［2.19～2.26］提供了一个达到要求标准的方法。最近开始鼓励设计师通过增加保护层厚度和其他方法达到此目的[8.2]。

这种情况很多是由于现场不良工艺和缺乏质量控制引起的，这就要求使全体施工人员了解施工方案并对他们进行培训。但原因远不止于此，设计阶段适当考虑施工能力也是必要的。令人高兴的是，在采用EN 1504开发修复系统时，将受性能要求推动，将重点放在了重体思想上，对新建建筑来说，同样的方法也是必不可少的。毋庸置疑，现代混凝土更耐用，同时混凝土技术也是朝着有利的方向发展，例如自密实混凝土的工作性，最后的总装修工程也很重要。

8.3 修补系统的发展——EN 1504的影响

虽然欧洲标准EN 1504全部10部分的内容已经颁布了，但其在实践中的应用仍处于相对初级阶段，由于受到多人的支持，也适时颁布了一些标准（表7.17、表7.18）。将来它会变得更为重要，受到修复行业的积极响应。文献［8.3］给出一个案例。除此之外，还要开发试验修复材料和系统的设备，支持EN 1504的基本方法，文献［8.4］给出一个案例。

如果欧洲标准EN 1504的所有部分都得到广泛使用，并能与其基本原则联系起来，那将是鼓舞人心的，即总包装方法——设计、材料、操作、质量保证和验收试验。

8.4 试验技术

近年来，试验方法已经改进很多，特别是无损检测技术（NDT）（表8-1）。第4章的表4-10所列内容支持了这一观点，表4-9证实了初步判别的问题。最近，文献［8.5］介绍了这方面的资料，比较了第4版与至今颁布已几十年的第1版之间的不同。

表 8-1　已有的无损检测方法——Grantham[8.6]

性能研究	检测	设备类型
混凝土中钢筋的腐蚀	半电池电位	电化学的
	电阻率	有关电的
	线性极化阻抗	有关电的
	交流阻抗	电化学的
	保护层厚度	电磁的
	碳化深度	化学/微观的
	氯化物浓度	化学/有关电的
混凝土质量、耐久性和劣化	表面硬度	机械的
	超声波脉冲速度	电化学的
	射线照相技术	放射性的
	辐射探测技术	放射性的
	中子吸收测量	放射性的
	相对湿度	化学/有关电的
	磁导率	水力学的
	吸收作用	水力学的
	岩相分析	微观的
	硫酸盐含量	化学的
	膨胀	机械的
	含气量	微观的
	水泥品种和含量	化学/微观的
	耐磨性	机械的
混凝土强度	钻芯取样	机械的
	拔出试验	机械的
	拔出试验	机械的
	抗折试验	机械的
	内部断裂试验	机械的
	抗渗透	机械的
	老化	化学/有关电的
	同步温度养护	有关电/电子的
完整性和性能	敲击法	机械的
	脉冲反射法	机械/有关电的
	动态响应法	机械/有关电的
	声发射法	电子的
	热发光法	化学的
	温度记录法	红外线的
	雷达检测	电磁的
	钢筋位置检测	电磁的
	应变或裂缝测量	光学/机械/有关电的
	荷载试验	机械/电子/有关电的

Grantham[8.6]论述了对人们态度和工程实践可能和应有的影响。除表 4-11 所包括的传统无损检测技术性能的重大改进外，新技术能够提供更为详细和相关的信息，例如目前可探测钢筋是否遭到腐蚀，从而掌握修复是否有效。

为进行初步分析，首先要研究无损检测方法的作用。这些新技术表明，这种作用可变为一个连续的监控制度。近年来，英国建筑研究与信息协会（CIRIA）[8.7]已对这种可能性进行了较深入的研究。数据自动处理技术使其有广泛应用成为了现实，且能够更好地控制资产管理过程。

8.5 资产管理系统的发展

第 3 章对本领域的发展进行了简要论述，同时给出了指南 4 个方面的参考资料：

1. 国内和国外指南；
2. 特定结构的方法；
3. 有关特定腐蚀作用的文献给出的建议；
4. 有关检验和试验方法的文献给出的指导。

第 3 项和第 4 项给出了进行评估的原始数据，分析结果供第 1 项和第 2 项所用。第 1 项侧重于资产管理体系内容和框架的形成，所涉及的指南可以是正式的（如英国标准和国际标准），也可以是非正式的［非官方团体的研究结果，如国际混凝土联盟（fib），美国混凝土学会（ACI）］。

第 2 项中提到了资产管理系统本身的发展。针对不同的结构类型采用不同的体系是合情合理的，例如停车场就不同于核设施。人们在桥梁领域作了大量研究（由于其重要性），同时在英国，实用规范比较重视由英国公路管理局发布的多种标准和通知[3.22]。

随着更多的信息或新的指导文件的出现，不同结构对应的不同方法的难点在于使其不断更新。很多建筑业主已经采用具有查询功能的计算机系统进行管理。作为其中的一部分，子系统是必不可少的，它可划分为评估新信息的知识数据库，并合理地用于操作或处理子系统。SAFEBRO 系统有这样的子系统（图 3-5），在未来发展过程中将看到这一方法广泛的应用。

事实上，上面提到的发展是我们所希望的，同时也是系统的发展，更期望的是技术的发展。第 5 章和第 6 章的全部内容强调了对最低可接受技术性能构成的需要。第 6 章中，用考虑劣化影响的改进设计公式进行评价，并考虑了荷载和力学性能的实测值。这样做很简单，并且可与原设计中采用的设计值直接比较，该设计值是通过经验和半概率方法得到的，可随必要输入值的质量和数量而变化。

仍有改进的空间。在研究过程中，当前的重点是可靠性和安全性评估的概率方法。从某种意义上讲，这与最初设计方案得到的数据是一致的（图 6-2）。但因为某些原因，评估时应更加谨慎。

- 必要输入值的质量和数量；
- 结构敏感性，隐藏强度的可能及其他荷载传递路径，真实的边界条件；
- 已竣工建筑的总体质量，混凝土强度和钢筋细部的局部变化；
- 从设计图纸和先前的检查了解结构的性能。

由表3-2可知，加拿大桥梁协会[3.11]已尝试对可靠指标方法提出建议。作者认为这是很有前途并需进一步发展的方法，涉及对确定性和全概率方法的校准。

8.6　本章总结

由于实际需要，期望评估和管理过程的各环节都能够得到发展。本章的前几节介绍了这些情况可能发生的地点及其使用的场合。

重要的是，整个设计过程中要保持平衡。现如今人们对破坏机理了解甚多，但对其在实际环境使用中所产生的影响却知之甚少。这说明在研究过程中应更加重视现场测量。正如第6章所论及的，对结构剩余承载力评估的关心同样需高于对一般问题的关注。修复行业现在正在迅速发展，同时，欧洲标准EN 1504的基本原则和方法，可以保证使其向着正确方向发展。

在将评估中学到的知识用于提高新建建筑建造工艺水平的同时，也希望有更多的技术改进，今后不再犯同样的错误。随着新建建筑的不断出现，现有的实践经验不再完善，所以在设计、细部构造和施工方面需要更大的改进。

本章参考文献

8.1 Arya C. and Vassie P.R. Assessing the sustainability of methods of repairing concrete bridges subjected to reinforcement corrosion. *International Journal of Materials and Product Technology*, Vol. 23, No. 3/4 Interscience Enterprises Ltd. 2005.

8.2 Shaw C. Cover to reinforcement – getting it right. *The Structural Engineer*, Vol. 85, No. 4. 20 February 2007. pp. 31–35. ISructE, London, UK.

8.3 Threadgold M. and Williams B. *Concrete repair strategies – The provisional European Standard and advanced repair mortar development concrete*, Vol. 40, No. 4. May 2006. pp. 30–31. The Concrete Society, Camberley, UK.

8.4 Meldrum V. Field testing equipment for coatings applied to concrete. *Concrete*, Vol. 40, No. 3. April 2005. pp. 36–37. The Concrete Society, Camberley, UK.

8.5 Bungey J., Millard S. and Grantham M. *Testing of concrete in structures*. 4th Edition. Taylor and Francis, London, UK. 2006.

8.6 Grantham M. Developments in non-destructive testing in the concrete industry. *Concrete*, Vol. 40, No. 3. April 2006. pp. 32–33. The Concrete Society, Camberley, UK.

8.7 CIRIA. *Intelligent monitoring of concrete structures*. Publication C6661. CIRIA, London, UK. 2007.

译 后 记

房屋建筑、桥梁、港口码头及各种其他基础设施都属于国家的资产。这些基础设施的建造要花费巨大的投资，在一个时期被认为是拉动国民经济发展的支柱产业。然而西方经济发达国家的经验表明，基础设施建成后的维护和管理也是一个需要认真对待的问题，处理不当会成为国家造成的经济负担。如在英国，目前建筑维修的费用已经占到建筑业预算的50%。我国近年正从事世界上最大规模的基础设施建设，半数以上的工程建设在我国大地上进行，未来几十年后也必然会面临着同样的问题。所以，吸收西方发达国家的经验，避免走同样的弯路是非常重要的，也是与可持续发展的理念相适应的。

本书是由英国学者乔治·萨默维尔（George Somerville）编写的，主要反映了英国、西班牙和瑞典等欧洲国家的经验。混凝土结构是世界上各国使用最多的结构形式，混凝土结构的耐久性问题是目前各国学者和工程技术人员及政府非常关心的一个问题，国内外有关混凝土结构耐久性、维护加固等方面的著作也很多，但从更高的管理层次进行综合分析和论述的不多，本书则是这方面的一本重要著作。

本书的特点主要反映在如下几个方面。

（1）注重整体性。一个建筑物是一个系统，其性能劣化往往不是一个方面的原因导致的，而是由多种因素促成的，如结构劣化可能涉及设计、材料、施工、外界整体环境、局部环境等多方面的原因。本书特别强调从整体着眼考虑混凝土结构的劣化和维护问题，只有对各方面进行综合的分析才能得出比较合理的结论，进而采取正确的决策。

（2）基于性能的方案选择和维修。基于性能的设计是当前国内外学术界和工程界讨论比较多的问题。本书在已有结构维修方案选择和材料选取方面也持基于性能的观点。基于性能的方法是相对于传统的基于规范的方法而提出的。传统的基于规范的方法要求按照规范规定的材料、方法进行设计或维修，这在一定程度上限制了新材料和新技术的应用，阻碍了技术进步和科技创新；而基于性能的设计或维修只面向性能要求和目标，不规定使用的材料和方法，不强调达到目标的实施过程，为科技人员的技术革新提供了空间。当然，实现基于性能的设计或维修还有很多的工作要做。

（3）全寿命设计和管理。只注重早期设计而不考虑后期的使用造成了西方发达国家今天巨大的维修、修复费用和经济负担，为此总结出钢筋混凝土结构著名的“五倍定律”。本书进一步强调了结构全寿命设计和管理的重要性，在保证要求的安全性能和使用性能的前提下，全寿命最小成本才是追求的目标。

提到全寿命设计，在开始翻译本书时，译者看到了2011年第2期《特别关注》杂志转载的题为“修路要管100年”的一篇文章。讲述的是该文作者初到美国芝加哥，看到修一条不会有太多的车子来往小公路的事情，路面厚度有30多厘米，如果在国内的话，这种小公路的水泥路面也就只有20cm厚。之后该文作者又到了一个正在铺设地下管道的施工现场，管子的材质是厚达15cm的钢筋混凝土，管道直径更是足有2m，两个人并排在里面跑来跑去都没问题。而该作者家附近公路的管道直径最多50cm，故她为此大惑不解。而美国朋友告诉她：“这已经是非常小的规模了，在美国，如果是主干道地下管道，时常会被做成‘地下长河’，两米高三米宽的地下管道到处都是。虽然大部分时间都是在浪费空间，但是，哪怕是百年不遇的大雨大涝，也不会在城里留下积水。至于路面的水泥加厚，虽然这里的车不会太多，但也要用最好的材质和最高的要求施工，这样就足以应付以后可能会出现的各种情况。”从全寿命设计的角度而言，这种考虑不无道理，前期投资加大一些，可以在很大程度上避免后期反复的维修和修复，对于其他建筑物也是如此。

(4) 结构信息的反馈。本书中比较常用的一个词是“反馈”。土木工程是从经验发展起来的一门学科，所存在的问题很多是在使用过程中发现的。对结构检测、维护过程中发现的问题进行分析和总结，用于改进设计规范、避免类似的问题在未来设计的结构中再次出现，是非常重要的。

本书共分8章，其中第1章和第8章由贡金鑫翻译，第2章～第7章由何化南翻译，全书由商怀帅校对，最后由贡金鑫统稿并对文字加工。由于译校者能力有限，本书翻译稿定会有很多理解不深、词不达意甚至翻译错误之处，希望读者批评指正。

贡金鑫

2012年6月25日